Eckart Koch

Praxistraining Interkulturelles Management

Eckart Koch

Praxistraining Interkulturelles Management

Für Führungspraxis, Projektarbeit und Kommunikation

2., vollständig überarbeitete und erweiterte Auflage

UVK Verlagsgesellschaft mbH · Konstanz
mit UVK/Lucius · München

Prof. Dr. Eckart Koch lehrt Internationale Wirtschaftsbeziehungen und Interkulturelles Management an der Hochschule München und ist als Berater und Gutachter für internationale Entwicklungsvorhaben in Asien und Afrika tätig (www.eckart-koch.de).

Bibliografische Information der Deutschen Bibliothek
Die Deutsche Bibliothek verzeichnet diese Publikation in der Deutschen Nationalbibliografie; detaillierte bibliografische Daten sind im Internet über <http://dnb.ddb.de> abrufbar.

ISBN 978-3-86764-724-3

Einbandgestaltung: Susanne Fuellhaas, Konstanz
Einbandmotiv: © iStock Ltd. – wildpixel

UVK Verlagsgesellschaft mbH
Schützenstr. 24 · 78462 Konstanz
Tel. 07531-9053-0 · Fax 07531-9053-98
www.uvk.de

Was erwartet Sie?

Als Mitarbeiter, Manager oder Berater[1] stehen Sie vor neuen interkulturellen Aufgaben oder Herausforderungen. Sie haben umfangreiche Fachkenntnisse, Beratungs- oder Managementerfahrungen. Aber trotzdem finden Sie sich immer mal wieder in ungewohnten Situationen, die von Ihnen die „richtigen" Reaktionen erfordern und neue Fragen aufwerfen. Wahrscheinlich haben Sie bereits Erfahrungen mit verschiedenen kulturellen Begegnungen, möchten aber noch besser damit umgehen können. Vielleicht fühlen Sie auch etwas unsicher bei dem Gedanken in Zukunft noch häufiger mit Vertretern anderer Kulturen zu tun zu haben und wollen Ihr „Handwerkszeug" erweitern. Oder Sie möchten einfach nur interkulturelle Situationen und die Reaktionen Ihrer Partner oder Mitarbeiter und auch Ihre eigenen besser verstehen.

Hierbei will Sie das *Praxistraining Interkulturelles Management* unterstützen! Die erste Auflage wurde dafür gründlich überarbeitet und aktualisiert. Durch noch mehr Beispiele, Fragen und Problemstellungen stehen nun Ihre Interessen noch stärker im Mittelpunkt.

Vielleicht tragen Sie sich mit dem Gedanken, eine neue Aufgabe im Ausland zu übernehmen, oder Sie leiten ein Team, dessen Mitglieder aus verschiedenen Ländern und Kulturen kommen, oder aber Sie haben in Ihrer neuen Position einfach sehr viel mit dem Ausland und mit kulturell anders geprägten Menschen zu tun. Durch die *Globalisierung* werden Unternehmen und Organisationen und damit Mitarbeiter, Manager und Berater gezwungen, sich mit den Besonderheiten anderer Länder und Kulturen zu beschäftigen. Kulturelle und interkulturelle Kenntnisse werden zum Erfolgsfaktor – für grenzüberschreitende Tätigkeiten und für den Umgang mit unterschiedlichen Kulturen im eigenen Land. Ein Überblick über Erscheinungsformen und Akteure der Globalisierung bildet daher auch die Einführung in dieses Buch (Teil I).

Was ist aber nun *interkulturelles Management?* Erste Anfänge der Beschäftigung mit diesem Thema lassen sich zwar schon bis Mitte der 1960er Jahre

---

[1] In diesem Buch wird überwiegend die männliche Form bei Berufs-und sonstigen Personenbezeichnungen verwendet. Dies geschieht ausschließlich aus Gründen der besseren Lesbarkeit. Selbstverständlich sind hiermit immer alle Geschlechter gemeint.

zurückverfolgen[2]. Dennoch wurde dieses Thema erst mit der Globalisierung für die Wissenschaft interessant, so dass man hierüber erst seit Ende der 1980er Jahre auch im deutschsprachigen Raum diskutiert, meist unternehmensintern und mit deutlichem Bezug auf Trainingsaspekte.[3] Es sollte daher inzwischen eine gewisse Übereinstimmung in Bezug auf Begriffe und Definitionen bestehen. Tatsächlich gibt es – zumindest aus meiner Sicht – aber immer noch keine zufriedenstellenden Definitionen und die Abgrenzungen zu verwandten Themen bleiben häufig unscharf.[4] Interkulturelles Management bezieht sich auf den Umgang mit Mitarbeitern und Vorgesetzten, Kunden und Lieferanten, Partnern und Entscheidungsträgern, sowohl in fremden Kulturen unter unterschiedlichen Bedingungen und Zielsetzungen als auch mit Vertretern anderer Kulturen innerhalb der eigenen Kultur. In Teil zwei werden daher die wichtigsten Aspekte des interkulturellen Managements definiert und abgegrenzt, und es werden Vorschläge zur Systematisierung und Strukturierung gemacht, um eine bessere Einordnung von interkulturellen Managementansätzen zu ermöglichen (Teil II).

Was verstehen wir unter *interkultureller Managementkompetenz*? Bei Befragungen international tätiger Unternehmen erklären diese zwar, dass interkulturelles Management notwendig sei, sie setzen sich hiermit aber meist nur – wenn überhaupt – sporadisch und oberflächlich auseinander.[5] Bei Fragen nach interkulturellen Kompetenzen wird häufig ausweichend oder recht allgemein geantwortet: Für eine systematische Auseinandersetzung fehlen entweder Kenntnisse, ein geeignetes Instrumentarium oder das Problembewusstsein und eine Einschätzung der Erfolgspotenziale. Meist werden eher kurzfristig zu lösende Probleme (mit ad hoc-Lösungsansätzen) genannt oder es wird auf interkulturelle Kurztrainings verwiesen, deren Ziele entweder unklar bleiben oder sich auf „Dos and Don'ts" beschränken. In der Fachliteratur werden interkulturelle Management-Themen meist nur unter den Aspekten „kommunizieren, verhandeln und Konflikte lösen" behandelt. Diese (Teil-)Aspekte sind wichtig! Allerdings

---

[2] Nach Early und Singh (1995), S. 328, markieren die 1966 publizierten Studien zu *managerial values* von Haire, Ghiselli und Porter den Beginn der Beschäftigung mit Interkulturellem Management.

[3] vgl. Reinecke (2001), S. 5

[4] vgl. stellvertretend zur allgemeinen Kritik an der Forschung zum interkulturellen Management Holzmüller (2009) und zum interkulturellen Personalmanagement Festing (2009), S. 532ff

[5] vgl. hierzu Kapitel 6

wird durch sie der Anspruch an eine ganzheitliche Herangehensweise nicht eingelöst.[6] In Teil drei wird daher überlegt, welche Managementkompetenzen benötigt werden und in welcher Form diese erworben werden können. Das *Vier-Stufen-Prozessmodell* stellt hierfür einen praxisorientierten Rahmen dar und kann als individuelles und institutionelles Entwicklungsmodell genutzt werden. (Teil III)

Wenn Sie an *pragmatischen interkulturellen Ansätzen* interessiert sind, könnten sie auch zunächst die ersten Kapitel überspringen – und die Lektüre später nachholen – und gleich mit Teil vier beginnen. Hier lernen Sie den *Kommunikationsstil Süd* kennen, den Sie als Kommunikationsstrategie bei Interaktionen mit vielen Kulturen und vor allem kulturübergreifend in multikulturellen Situationen anwenden können. Das gleiche Ziel, allerdings mit einer etwas anderen Akzentuierung, hat der *Managementstil Süd*, der in Teil fünf vorgestellt wird. Sie erhalten verständliche, praktikable und leicht erlernbare Verhaltensgrundsätze, die die übliche nationalkulturelle Orientierung überwinden und weit über stereotypisierende Hinweise hinausgehen. Dabei müssen Sie keine starren Regeln befolgen. Vielmehr können Sie die „Managementgrundsätze" flexibel mit Ihrem eignen Stil verknüpfen. Beide Ansätze werden theoretisch begründet und sind innovative Versuche, auf konkrete kulturelle Handlungserwartungen managementrelevante Antworten zu formulieren (Teil IV und V).

Was ist das Besondere an *interkulturellen Projekten*? Diese sind eine spezielle Form interkultureller Managementtätigkeit. Einige Besonderheiten werden im letzten Teil erläutert. An Hand vieler Beispiele können Sie verschiedene Projekttypen besser unterscheiden und zuordnen. Sie erhalten Hinweise, was Sie bei der Planung, etwa der Situationsanalyse und der Ziel- und Strategieplanung, und der Durchführung besonders beachten sollten. Schließlich wird auf Kosten-/Nutzenaspekte und Möglichkeiten der Ergebniskontrolle näher eingegangen (Teil VI).

Ist Ihr Interesse geweckt? Ich freue mich über Ihre Anmerkungen, Hinweise, konstruktive Kritik, Erfahrungen und Vorschläge (koch@hm.edu).

München, im Herbst 2016 Eckart Koch

---

[6] vgl. zu den vielfältigen, aber methodisch-inhaltlich noch unzureichenden Forschungsansätzen die umfangreiche Analyse von Holzmüller (2009), insbesondere S. 256f.

Inhaltsübersicht

Inhaltsverzeichnis

Teil I: Globalisierung der Wirtschaft

Diesen ersten Teil kann ich auslassen – denken Sie. Jeder weiß doch, was Globalisierung ist! Aber ist das wirklich so? Haben Sie schon einmal Ihren Freunden oder Ihrer Familie erklärt, warum Ihre geschäftlichen Reisen ins Ausland in letzter Zeit zugenommen haben? Warum Sie überlegen, eine Position im Ausland anzunehmen? Und was dies eigentlich mit der Globalisierung zu tun hat? Können Sie ihnen Globalisierung beschreiben? Woran zeigt sich Globalisierung und welche Erscheinungsformen gibt es? Kann man Globalisierung messen? Sind Unternehmen die einzigen Global Player oder gibt es auch andere wichtige Akteure der Globalisierung? Spielt vielleicht Ihre geographische Region eine Rolle im Rahmen der Globalisierung? Auf diese und viele andere Fragen erhalten Sie in diesem Teil Antworten. Eine Zusammenfassung finden Sie am Ende jedes Kapitels.

1 Was ist Globalisierung?

Stellen Sie sich vor, Sie sind in einem Unternehmen der Sportartikelbranche (oder auch einer anderen Konsumartikelbranche) beschäftigt, das seinen Sitz in Deutschland hat. Die Sportartikel lässt Ihr Unternehmen überwiegend in eigenen Unternehmen in China, Indonesien, Brasilien und der Slowakei produzieren, die dort eingesetzten Maschinen stammen aus Deutschland und China, das Rechnungswesen wird in Indien abgewickelt und die letzte weltweite Werbekampagne wurde unter der Leitung eines US-amerikanischen Beratungsunternehmens von Agenturen in Südafrika, Argentinien und Hongkong entwickelt und schließlich in Irland hergestellt.

Zunächst: Bitte beschreiben Sie, was dieses Beispiel mit Globalisierung zu tun hat und versuchen Sie dann Globalisierung möglichst allgemein zu beschreiben. Überlegen Sie anschließend, welche Akteure hier direkt oder indirekt eine Rolle spielen könnten.

Beispiel 1/1

„Wenn zum Beispiel ein Amerikaner einen Pontiac Le Mans von General Motors kauft, beteiligt er sich unbewusst an einer internationalen Transaktion. Von den 10.000 Dollar, die er an GM zahlt, gehen etwa 3.000 Dollar für Montagearbeiten nach Südkorea, 1.750 Dollar für hochtechnologische Komponenten (Motor, Getriebe und Elektronik) nach Japan, 750 Dollar für Styling und Konstruktion nach Deutschland, 400 Dollar für verschiedene kleinere Komponenten nach Taiwan, Singapur und Japan, 250 Dollar für Werbung und Marketing nach Großbritannien und etwa 50 Dollar für Datenverarbeitung nach Irland und Barbados. Der Rest – weniger als 4.000 Dollar – geht an Marktstrategen in Detroit, Anwälte und Banken in New York, Lobbyisten in Washington, Renten- und Krankenversicherungsangestellte im ganzen Land sowie an GM-Aktionäre.“[7]

[7] Reich (1997), S.128

Dieses Beispiel aus den 1990er Jahren deutete schon damals die nach wie vor wichtigsten Entwicklungen an, die wir heute mit dem Begriff Globalisierung bezeichnen:

- Das rasche Wachstum des internationalen Handels führte zur Entstehung eines Weltmarkts für Waren und Dienstleistungen. Die *Internationalisierung der Märkte für Güter und Dienstleistungen* ließ das Welthandelsvolumen für Güter und Dienstleistungen in den letzten 50 Jahren etwa doppelt so schnell ansteigen wie die Weltproduktion von Gütern und Dienstleistungen.
- Die zunehmende Nutzung kostengünstigerer Produktionsmöglichkeiten im Ausland führte zu einer *Internationalisierung der Produktion*, die sich in einem Anstieg der grenzüberschreitenden Investitionen (Direktinvestitionen) und Zusammenschlüssen von Unternehmen und den weltumspannenden Produktionsaktivitäten der *transnationalen Unternehmen* ausdrückt.
- Ungleiche Arbeitsbedingungen und Entwicklungssituationen in den Weltregionen und Ländern führen zu ungleicher werdenden Arbeitsbedingungen: Hohe Arbeitslosigkeit auf der einen und (Fach)Arbeitskräftemangel auf der anderen Seite beschleunigen die *internationale Migration* und lassen *internationale Arbeitsmärkte* entstehen. Dabei konzentriert sich Mobilität auf eher niedrig qualifizierte, meist aus Niedriglohnländern oder aus Ländern mit niedrigen Sozialstandards stammende Arbeitskräfte und auf hochqualifizierte Arbeitnehme wie Manager und Spezialisten.
- *Die Internationalisierung der Finanzmärkte* zeigt sich schließlich in dem Wachstum internationaler Finanztransaktionen, deren Volumen sich trotz mehrerer internationaler Finanzkrisen auf über 4 Bio US-Dollar täglich (!) und kumuliert auf weit über eine Billiarde US-Dollar pro Jahr (p.a.) beläuft. Die Steigerungsraten liegen bei bis zu 14% p.a. und weisen das größte Wachstum aller Wirtschaftsindikatoren auf

Aus **volkswirtschaftlicher** Sicht ist Globalisierung die Strategie, sich bei dem Versuch, den Einsatz der Produktionsfaktoren, also von Arbeitskräften, Sachkapital und Natur, immer weiter zu verbessern (*Optimierung der Allokation der Ressourcen*), immer weniger durch nationale Grenzen aufhalten zu lassen. Damit werden wirtschaftliche und die Wirtschaft unterstützende Aktivitäten immer mehr von der nationalen auf die globale Ebene verlagert.

Aus **betriebswirtschaftlicher** Sicht ist Globalisierung der Sammelbegriff für die globale Ausweitung sämtlicher einzelwirtschaftlicher Aktivitäten der nunmehr zu Global Player avancierten Unternehmen. Produkte und Dienstleistungen werden weltweit verkauft *(global selling)* und die hierzu benötigten Teilprodukte weltweit beschafft *(global sourcing)*.

Hierfür werden die weltweit günstigsten Produktionsmöglichkeiten durch Produktionsverlagerungen genutzt, entweder durch *outsourcing* – die Verlagerung von Prozessen in andere Unternehmen, durch *offshoring* – die Verlagerung von Unternehmensteilen ins Ausland, oder durch grenzüberschreitende *Mergers* and *Acquisitions* (M&A). Unternehmen schließen sich zu *globalen Unternehmensnetzen* zusammen, die ihrerseits mit anderen Unternehmensnetzen kooperieren und selbst Teil weiterer Netze werden können. Diese Entwicklung schreitet so rasch voran, weil die Investitionstätigkeit der Unternehmen nur noch wenige Grenzen kennt und die grenzüberschreitenden Investitionen, die *Direktinvestitionen* (*Foreign Direct Investments, FDI*), und die *globalen Finanztransaktionen* ständig zunehmen. Die Mobilität der Produktionsfaktoren *(Faktormobilität)*, insbesondere diejenige des Kapitals, steigt dabei laufend, während die hierfür anfallenden *Transaktionskosten* tendenziell sinken.

Von besonderer Bedeutung ist die Intensivierung des weltweiten **Standortwettbewerbs**. Dabei können *die* Länder Vorteile aus dieser Entwicklung ziehen, die in der Lage sind, fortgeschrittene Technologie und Innovationsfähigkeit mit vergleichsweise niedrigen Löhnen und hoher Produkt- und Servicequalität zu verbinden. Länder, die es aus unterschiedlichen Gründen versäumt haben oder nicht in der Lage sind, sich der Wirtschaftsdynamik aktiv zu stellen, etwa durch Abschottung, Bürokratie oder fehlende politische Voraussetzungen, sind dagegen auf der Verliererseite zu finden.

Andererseits stellt der internationale Wettbewerbsdruck neben überkommenen Privilegien der etablierten Industrienationen auch politisch-soziale Errungenschaften der bisherigen wirtschaftlichen Entwicklung, wie Sozial- und Umweltstandards, in Frage. Diese Entwicklung hat sowohl politische als auch wirtschaftliche Folgen: Die Interdependenz der an der Weltwirtschaft beteiligten Staaten führt zu einer Zunahme *internationaler politisch-ökonomischer Abhängigkeiten*, die bei globalen Wirtschafts- und Finanzkrisen, wie den Verschuldungskrisen der Schwellenländer in den 1980er und 1990er Jahren, den Weltfinanzkrisen 2001/2002 und 2008/

2009 und der Europäischen Schuldenkrise seit 2010/2012 evident wurden. Abbildung 1/1 zeigt die Entwicklung der bedeutendsten ökonomischen Indikatoren der Globalisierung in den letzten 25 Jahren.

Indikator	Volumen in Bio US$				Wachstum p.a. 1990–2013
	1990	2000	2010	2013	
Internationaler Handel (Güter + Dienstleistungen)[1)]	3,8	5	19	23	9 %
Internationale Devisentransaktionen (pro Tag) [2)]	0,6	2	4	5	10 %
Direktinvestitionen[3)] (FDI) Bestand im Ausland (outward stock)	2,3	19	21	26[6)]	11 %
Migration Mio Menschen im Ausland lebend[4)]	154	175	221	247	2 %
Zum Vergleich: Weltsozialprodukt[5)]	22,5	33	65	76	5 %

Abbildung 1/1: Erscheinungsformen der Globalisierung[8]

Globalisierung vernetzt die einzelwirtschaftlichen Akteure und die Volkswirtschaften, so dass die Weltwirtschaft sich zunehmend integriert. Die *Staaten* sind einerseits (temporärer) Standort der transnationalen Unternehmen und Unternehmensbereiche und andererseits die Märkte, auf denen die global erzeugten Produkte und Leistungen gehandelt werden. Diese Doppelrolle führt zu wirtschaftlich-sozialen Strukturveränderungen und beeinflusst das Verhalten der politischen Akteure: Nationale Entscheidungen, etwa das Abstimmungsverhalten in internationalen Organisationen oder die Struktur nationaler Budgets, erhalten globale Bedeutung. Andererseits werden die Global Player gegenüber Entscheidungen der Nationalstaaten unempfindlicher. Ihnen nicht genehmen Entscheidungen – eine Finanztransaktionssteuer einzuführen, Umweltauflagen zu erhöhen oder hohe Steuern – weichen sie durch Verlagerung ihrer wirtschaftlichen Aktivitäten aus. Dadurch verringert sich die Wirksamkeit nationaler politischer Entscheidungen. Kurz: Globalisierung eröffnet Unternehmen und Staaten neue Chancen, konfrontiert sie aber auch mit neuen Risiken.

Die Zivilgesellschaften durchlaufen dabei beschleunigte sozio-kulturelle Wandlungsprozesse. In den *dualen Wirtschaftsstrukturen* der Entwicklungs- und Schwellenländern, dem Nebeneinander von traditionalen, ländlichgeprägten Wirtschaftsformen und hochentwickelten sozio-ökonomischen

---

[8] (1) WTO: International Trade Statistics, div. Jahre; (2) UNCTAD: WIR, div. Jahre; (3) BIZ: Jahresberichte, div. Jahre; (4) Deutsche Bank Research 2010 (bis 2010)

Strukturen in den Metropolen, führt dies zu einer Lockerung sozialer Bindungen an Familie und Abstammungsregion. Religiöse Vorschriften, traditionelle Bräuche und kulturelle Normen verlieren für wachsende Teile der Bevölkerung gegenüber den „neuen" Werten des modernen Sektors und den mit diesen verknüpften Lebensformen und Konsumvorstellungen an Bedeutung. Westlich geprägte Werte, wie Individualismus und Konsumorientierung, ergänzen die ökonomischen Werte der Industrialisierung und Globalisierung, wie Rationalisierung und Ökonomisierung aller Lebensbereiche, Technisierung, beruflicher Differenzierung und Spezialisierung. Die Menschen werden dadurch einerseits freier, anderseits aber auch bindungsloser und empfänglicher für Einflüsse, die von den globalen Akteuren genutzt werden (können).

In den Industrieländern dagegen setzt sich der Trend zur multikulturellen Gesellschaft fort. Die neuen Chancen werden jedoch zum Teil von den damit einhergehenden Herausforderungen überlagert. Die Gesellschaften und ihre Integrationsbereitschaft sind von ihrer neuen Aufgabe vielfach überfordert, Rückschläge überwiegen. Dennoch hat es den Anschein, als ob die Einsicht in die Vorteile einer Integrationsstrategie und in die Notwendigkeit eine solche zu entwickeln und umzusetzen in vielen Gesellschaften zunimmt.

Viele Gesellschaften befinden sich also in schwierigen Transformationsprozessen, in denen die *Kultur* eine zentrale Rolle spielt. Die Globalisierungsprozesse beeinflussen die Kultur, sie führen einerseits zu progressiver Veränderungsbereitschaft und liberalisierten kulturellen Standards und andererseits zu Verkrustungen, Rückschritten und einem neuen Traditionalismus. Neue kulturelle Orientierungen durchdringen keineswegs alle kulturellen Schichten, sondern beschränken sich meist auf die „kulturelle Oberfläche" von Gesellschaften oder auf die einen *westlichen Lebensstil* bevorzugende soziale Gruppen: Trotz dieser „Oberflächenharmonisierung" bleiben kulturelle Unterschiede also weiter bestehen. Kulturen scheinen ähnlicher, als sie es tatsächlich sind bzw. sind unterschiedlicher als sie erscheinen. Hinzu kommt, dass kulturelle Grenzen durch Migration und grenzüberschreitende Impulse unschärfer werden, so dass neue komplexe *multikulturelle* Räume mit eigenen kulturellen Mustern entstehen.

Kultur und kulturelle Unterschiede müssen also auch zukünftig von Ihnen und anderen Akteuren der Globalisierung berücksichtigt werden. Ihre eigenen Standards und Verhaltensweisen können Sie nur eingeschränkt auf Interaktionspartner jenseits der eigenen Landesgrenzen oder auf interkulturelle Teams übertragen. Der Stellenwert *interkultureller Kompetenz*, mit dessen Hilfe kulturell geprägte Verhaltensweisen, Reaktionen und Eigenheiten der Interaktionspartner besser erkannt und eingeordnet werden können, bleibt damit hoch und steigt mit der weiter wachsenden Bedeutung globaler ökonomischer Transaktionen noch an.

Nach diesen Überlegungen möchte ich Globalisierung wie folgt beschreiben:

> **Globalisierung** ist ein dynamischer Prozess, der die wirtschaftliche Vernetzung der Welt durch den zunehmenden grenzüberschreitenden Austausch von Gütern, Dienstleistungen, Sach- und Finanzkapital sowie von Arbeitskräften vorantreibt, die wirtschaftliche Bedeutung nationaler Grenzen verringert und den internationalen Wettbewerb intensiviert; so dass durch das Zusammenwachsen von wichtigen Teilmärkten die Möglichkeiten internationaler Arbeitsteilung immer intensiver genutzt werden, sich der weltweite Einsatz der Ressourcen laufend verbessert, neue Chancen und Risiken entstehen und die wirtschaftlichen und politischen Akteure gezwungen sind, sich verändernde Rollen, die zunehmende interkulturelle Interaktionen und Herausforderungen mit sich bringen, zu übernehmen.

Finden Sie, dass Globalisierung hiermit zutreffend beschrieben wird? Fehlen wichtige Aspekte oder sind einzelne überflüssig?

Zusammenfassung Kapitel 1

Globalisierung ist Ursache für professionelle interkulturelle Kontakte vieler Akteure auf allen Ebenen und in den unterschiedlichsten Sektoren. Dies erfordert Kompetenz in interkulturellen Fragen, insbesondere im interkulturellen Management:

Das Welthandelsvolumen für Güter und Dienstleistungen steigt doppelt so schnell wie deren Produktion, die Direktinvestitionen und Zusammenschlüsse von Unternehmen steigen doppelt so schnell, das Wachstum der internationalen Finanztransaktionen ist nochmals stärker und auch die internationale Migration erhöht sich, allerdings langsamer als die anderen Erscheinungsformen der Globalisierung. Durch Globalisierung wird versucht, die *Allokation* der volkswirtschaftlichen *Ressourcen* zu optimieren, indem die Global Player *global selling* und *global sourcing* betreiben und ihre Produktion durch *outsourcing* oder *offshoring* sowie durch

Mergers & Acquisitions immer wettbewerbsfähiger machen. Hierbei nimmt die *Faktormobilität* zu, während die *Transaktionskosten* tendenziell sinken.

Die Globalisierung vernetzt einzelwirtschaftliche Akteure und Staaten miteinander, so dass die internationalen politisch-ökonomischer Abhängigkeiten zunehmen. In dem intensivierten Standortwettbewerb haben die Länder Vorteile, die Technologieinnovationen mit niedrigen Löhnen kombinieren, während andere Länder, die hierzu nicht in der Lage sind, tendenzielle Verlierer der Globalisierung sind: Globalisierung eröffnet also neue Chancen und konfrontiert mit neuen Risiken. Durch den sozio-kulturellen Strukturwandel ändern sich kulturelle Werte und Traditionen, die neue Chancen und Herausforderungen mit sich bringen. Trotzdem bleiben kulturelle Unterschiede weiterhin bestehen. Kulturen scheinen ähnlicher, als sie es tatsächlich sind bzw. sind unterschiedlicher als sie erscheinen, so dass kulturelle Unterschiede von den Akteuren der Globalisierung weiterhin berücksichtigt werden müssen.

2 Akteure der Globalisierung

Unternehmen sind nicht die einzigen Akteure der Globalisierung. Auch internationale staatliche Organisationen, regionale Zusammenschlüsse von Ländern und nationale Organisationen verfolgen eigene Interessen im Rahmen der Globalisierung und gestalten sie mit. Alle haben damit auch einen Bedarf an interkulturell kompetenten Managern.

Welche Interessen könnten diese Akteure bei der Gestaltung der Globalisierung verfolgen und welche Funktion könnte ein interkultureller Manager dabei ausüben?

Gemeinsam ist allen Akteuren der Globalisierung, dass nie die Institutionen selbst global tätig werden, sondern es sind immer *Menschen* als Beauftragte, Vertreter oder Manager, die tatsächlich interkulturell handeln. Damit sind es auch immer Menschen, die mit Vertretern anderer Kulturen interagieren, um die Vorstellungen und Ziele ihrer Organisationen zu erreichen und hierfür interkulturelle Kompetenz mitbringen müssen.

Beispiele 2/1

Die *BSH Bosch* und *Siemens Hausgeräte GmbH* ist eine weltweit tätige Unternehmensgruppe mit 42 Fabriken in 13 Ländern; zusammen mit einem globalen Netz von Vertriebs- und Kundendienstgesellschaften sind fast 80 Gesellschaften in 50 Ländern mit über 50.000 Mitarbeitern für die BSH tätig. Die *Linde Group* verfügt über 600 Konzerngesellschaften in mehr als 100 Ländern. Die *Volkswagen AG* betreibt in 20 Ländern Europas und 11 Ländern Amerikas, Asiens und Afrikas 119 Fertigungsstätten und bietet ihre Fahrzeuge in 153 Ländern an. Die *Siemens AG* ist in über 200 Ländern mit fast 290 Fertigungsstätten weltweit präsent.[9]

[9] vgl. www.bsh-group.de (Unternehmensprofil); www.the-linde-group.com (Linde worldwide); www.volkswagenag.com (Produktionsstandorte); www.siemens.com (Siemens weltweit).

Transnationale Unternehmen (TNCs)

Für grenzüberschreitende Handels- und Dienstleistungsaktivitäten sind die wichtigsten Akteure der Globalisierung die Unternehmen, die heute meist als transnationale Unternehmen *(Transnational Corporations, TNC)*[10] bezeichnet werden, verantwortlich. TNCs sind gekennzeichnet durch über den Globus verteilte Unternehmenseinheiten und einem Management, das in der Lage ist, die daraus resultierenden erweiterten internationalen und interkulturellen Anforderungen zu erfüllen. Zu den TNCs zählen auch kleinere und mittlere Unternehmen (KMU), von denen die *Hidden Champions*, die unbekannten Weltmarktführer, hervorzuheben sind.[11] Nach Schätzungen der UNCTAD, der UN-Organisation für Handel und Entwicklung, gab es im Jahre 2008, dem letzten Jahr für das Zahlen vorliegen, weltweit über 80.0000 TNCs, mit über 800.000 Tochtergesellschaften, die 45 Mio Mitarbeiter außerhalb ihres Heimatstandortes beschäftigten. Aktiva, Umsätze und Beschäftigte stiegen in den 15 Jahren zwischen 1993 und 2008 um etwa 60% oder 7% p.a. (vgl. Abbildung 1/2).

	1993	**1995**	**1999**	**2003**	**2010**	**2014**
Anzahl: TNCs	38.000	45.000	60.000	70.000	80.000 1)	k.A.
Anzahl: Tochter-unternehmen	250.000	280.000	508.000	690.000	800.000 1)	k.A.
Ausland: ***Aktiva** (Bio US$) * **Umsatz** (Bio US$) * **Beschäftigte** (Mio) (nur Top 100)	1,3 1,6 5,6	1,7 2,0 5,8	1,8 2,1 6,0	3,9 3,0 7,2	7,5 5,0 8,7	8,3 (60%) 2) 6,1 (66%) 9,6 (57%)
	Top 100 = ca. 60 % der Gesamtgröße (2010)					

1) 2008, nach (konservativen) Schätzungen von McKinsey (2015) hat sich die Anzahl der Muttergesellschaften bis 2013 nicht nennenswert erhöht
2) Prozentsätze sind Anteile an den Gesamtdaten: Inland + Ausland (2014)

Abbildung 1/2: Transnationale Unternehmen – Entwicklungsdaten[12]

---

[10] vgl. Bartlett / Ghoshal (2002)

[11] vgl. Simon (2007)

[12] UNCTAD: World Investment Report, verschiedene Jahrgänge

Web table 28. The world's top 100 non-financial TNCs, ranked by foreign assets, 2013[a]
(Millions of dollars and number of employees)

Ranking by: Foreign assets	Ranking by: TNI[b]	Corporation	Home economy	Industry[c]	Assets: Foreign	Assets: Total	Sales: Foreign	Sales: Total	Employment: Foreign[d]	Employment: Total	TNI[b] (Per cent)
1	81	General Electric Co	United States	Electrical & electronic equipment	331 160	656 560	74 382	142 937	135 000	307 000	48,8
2	34	Royal Dutch Shell plc	United Kingdom	Petroleum expl./ref./distr.	301 898	357 512	275 651	451 235	67 000	92 000	72,8
3	67	Toyota Motor Corporation	Japan	Motor vehicles	274 380	403 088	171 231	256 381	137 000	333 498[e]	58,6
4	56	Exxon Mobil Corporation	United States	Petroleum expl./ref./distr.	231 033	346 808	237 438	390 247	45 216	75 000	62,6
5	21	Total SA	France	Petroleum expl./ref./distr.	226 717	238 870	175 703	227 901	65 602	98 799	79,5
6	38	BP plc	United Kingdom	Petroleum expl./ref./distr.	202 899	305 690	250 372	379 136	64 300	83 900	69,7
7	9	Vodafone Group Plc	United Kingdom	Telecommunications	182 837	202 763	59 059	69 276	83 422	91 272[e]	88,9
8	68	Volkswagen Group	Germany	Motor vehicles	176 656	446 555	211 488	261 560	317 800	572 800	58,6
9	66	Chevron Corporation	United States	Petroleum expl./ref./distr.	175 736	253 753	122 982	211 664	32 600	64 600	59,3
10	36	Eni SpA	Italy	Petroleum expl./ref./distr.	141 021	190 125	109 886	152 313	56 509	83 887	71,2
11	73	Enel SpA	Italy	Electricity, gas and water	140 396	226 006	61 867	106 924	37 125	71 394	57,3
12	17	Glencore Xstrata PLC	Switzerland	Mining & quarrying	135 080	154 932	153 912	232 694	180 527	190 000	82,8
13	3	Anheuser-Busch InBev NV	Belgium	Food, beverages and tobacco	134 549	141 666	39 414	43 195	144 887	154 587	93,3
14	97	EDF SA	France	Utilities (Electricity, gas and water)	130 161	353 574	46 978	100 364	28 975	158 467	34,0
15	1	Nestlé SA	Switzerland	Food, beverages and tobacco	124 730	129 969	98 034	99 669	322 996	333 000	97,1
16	33	E.ON AG	Germany	Utilities (Electricity, gas and water)	124 429	179 988	115 072	162 573	49 809	62 239	73,3
17	75	GDF Suez	France	Utilities (Electricity, gas and water)	121 402	219 759	72 133	118 561	73 000	147 199	55,2
18	59	Deutsche Telekom AG	Germany	Telecommunications	120 350	162 671	50 049	79 835	111 953	228 596	61,9
19	64	Apple Computer Inc	United States	Electrical & electronic equipment	119 918	207 000	104 713	170 910	50 322	84 400	59,6
20	31	Honda Motor Co Ltd	Japan	Motor vehicles	118 476	151 965	96 055	118 176	120 985	190 338[e]	74,3
21	88	Mitsubishi Corporation	Japan	Wholesale trade	112 762	148 752	17 645	75 734	19 790	65 975[e]	43,0
22	25	Siemens AG	Germany	Electrical & electronic equipment	110 462	137 863	85 441	99 543	244 000	362 000	77,8
23	8	ArcelorMittal	Luxembourg	Metal and metal products	109 602	112 308	74 369	79 440	175 565	232 000	89,0
24	46	Iberdrola SA	Spain	Utilities (Electricity, gas and water)	108 679	127 235	23 534	44 106	18 702	30 680	66,6
25	58	Johnson & Johnson	United States	Pharmaceuticals	96 803	132 683	39 402	71 312	75 220	128 100	62,3

Abbildung 1/3: Die 25 größten Transnationalen Unternehmen[13]

Abbildung 1/3 zeigt die 25 größten TNCs. Das Ranking richtet sich hier nach dem absoluten Volumen des im Ausland investierten Kapitals. Die zweite Spalte zeigt das Ranking nach dem *Transnationalitätsindex TNI*. Der TNI wird als einfacher ungewichteter Durchschnitt aus den folgenden drei Teilindizes berechnet:

- ausländisches Kapital am Gesamtkapital
- ausländische Umsätze am Gesamtumsatz und
- ausländische Beschäftigte an der Gesamtzahl aller Beschäftigten des Unternehmens.

Dies bedeutet, dass der TNI in hohem Maße von dem als Hauptsitz angegebenen Land abhängt. Transnationale Unternehmen, die ihren Sitz in einem kleinen Land haben, etwa in der Schweiz oder in Belgien, weisen daher regelmäßig vergleichsweise hohe Indexziffern auf. Das folgende Beispiel verdeutlicht diesen Zusammenhang.

Beispiele 3/1

Die deutsche EON AG hatte 2013 ein Auslandsvermögen in Höhe von 124 Mrd USD und stand weltweit an 16. Stelle. Würde ein Ranking entsprechend des TNI erstellt, nähme sie Platz 33 ein. Dieser Platz ergibt sich aus den errechneten TNI in Höhe von 73,3, dem Mittel aus den genannten drei Teilindizes. Im Vergleich dazu hat das Getränkeunternehmen Anheuser-Busch mit Sitz in Belgien auf Platz 13 einen TNI von 93,3 und damit den dritthöchsten TNI aller TNCs.

Globalisierung findet üblicherweise zunächst innerhalb des eigenen Wirtschaftsblocks statt und erweitert sich dann auf die *Triade*, hier als Sammelbezeichnung für die wirtschaftlich wichtigsten Länder Europas, Nordamerikas und Asiens verwendet.

Staaten und Zusammenschlüsse von Staaten

Die TNCs treiben die Globalisierung entscheidend voran. Sie sind aber keineswegs die einzigen Treiber der Globalisierung. Akteure sind ebenfalls die einzelnen Staaten sowie Zusammenschlüsse von Ländern *(Regionalintegrationen)*, wie etwa die Europäische Union (EU), die Nordamerikanische Freihandelszone (NAFTA) oder die Freihandelszone der Südostasiatischen Staaten (ASEAN Free Trade Area, AFTA). Staaten setzen die Rahmenbedingungen nach innen durch Steuern, nationale Gesetze und Infrastruktur und nach außen durch ihre Zoll- und Wechselkurspolitik, soweit sie diese Autonomie als Mitglieder von Regionalintegrationen noch besitzen. Abbildung 1/4 gibt einen Überblick über die größten Regionalintegrationen.

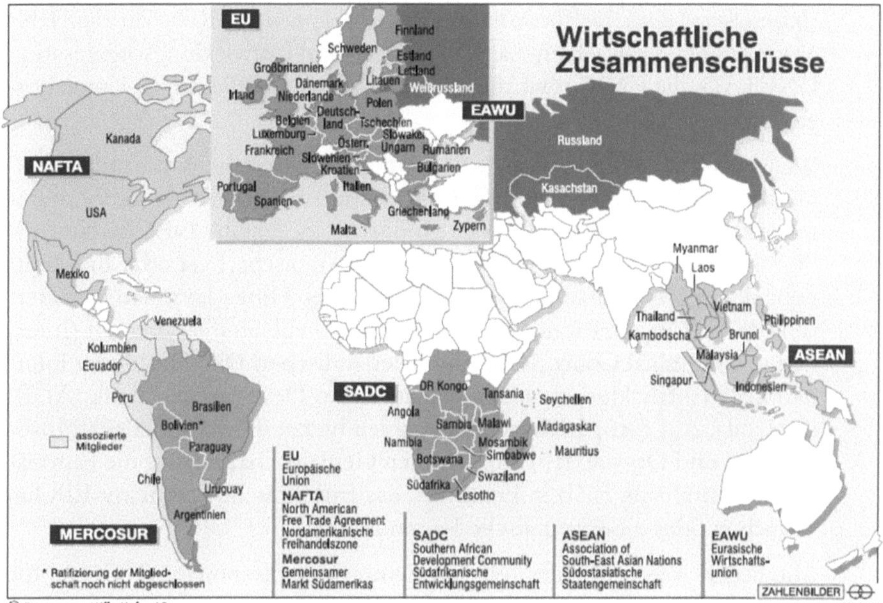

 621 956

Abbildung 1/4: Zusammenschlüsse von Staaten

Als Mitglieder von Regionalintegrationen beeinflussen die Staaten die Entwicklung der Globalisierung: Sie können so die Aktivitäten von Unternehmen begünstigen und damit zur Schaffung von Arbeitsplätzen beitragen oder diese behindern und dadurch möglicherweise die Wettbewerbsfähigkeit negativ beeinflussen. Dies gilt ebenso, wenn Staaten als Mitglieder von *Staatenbündnissen*, wie der Gruppe der 20 (G20) oder von *internationalen Organisationen*, wie den Vereinten Nationen (UN) oder dem Internationalen Währungsfonds (IWF), die weltweiten Rahmenbedingungen für die Globalisierung mitgestalten.

Internationale Organisationen

Staaten können sich durch die Mitgliedschaft in internationalen Organisationen auf internationaler Ebene abstimmen und dabei versuchen ihre eigenen Interessen soweit wie möglich durchzusetzen. Internationale Organisationen sind äußerst aktive Akteure der Globalisierung. Sie gestalten die

Rahmenbedingungen und das Regelwerk und beeinflussen die Mechanismen der Globalisierung. Dies geschieht durch die vielen *Sonderorganisationen* der Vereinten Nationen, wie die Welternährungsorganisation FAO, die Bildungs- und Wissenschaftsorganisation UNESCO oder die Weltbank (*International Bank für Reconstruction and Development, IBRD*). Zu den UN-*Spezialorganisationen* zählen u.a. die Handels- und Entwicklungsorganisation UNCTAD, die UN-Entwicklungsorganisation UNDP und die Umweltorganisation UNEP.

Weitere wichtige Internationale Organisationen sind die Welthandelsorganisation WTO, die NATO, die Organisation für Sicherheit und Zusammenarbeit in Europa OSZE, der „Industrieländerclub" OECD, die Erdölorganisation OPEC, der Europarat, die Arabische Liga oder die Zentralbank der Zentralbanken BIZ (BIS) in Basel. Hinzu kommen so unterschiedliche Organisationen wie der Internationale Strafgerichtshof (International Criminal Court, ICC) im niederländischen Den Haag oder internationale Entwicklungsbanken, wie die Asian Development Bank (ADB) in Manila. Auf europäischer Ebene zählen hierzu die verschiedenen Institutionen und Organe der Europäischen Gemeinschaften, wie die Europäische Zentralbank EZB in Frankfurt, das Europäische Patentamt EPO in München oder die Europäische Kommission.

Mitglieder internationaler Nichtregierungsorganisationen (NGOs), die sich meist um soziale oder Umweltfragen kümmern, wie Greenpeace, Amnesty International oder der Worldwide Fund for Nature WWF, sind dagegen keine Staaten, sondern Privatpersonen.

Global Cities

Aufgrund unterschiedlicher urbaner Attribute und Leistungsspektren, vor allem aber aufgrund ihrer politischen und wirtschaftlichen Relevanz, zählen Städte und Stadtregionen, wie New York, London, Shanghai, Tokyo, Brüssel, Hamburg, Frankfurt oder Bangalore oder die Stadtstaaten Singapur und Hongkong zu gewichtigen Akteuren, die auf der globalen Bühne ihre Interessen vertreten.[14] In Global Cities konzentrieren sich politische Steuerungs-, Finanz- und weitere wichtige Dienstleistungsfunktionen für die globalen Akteure. Die benötigten internationalen Fach- und Führungs-

---

[14] Die Zeitschrift Foreign Policy stellt in Zusammenarbeit mit der Unternehmensberatung A.T. Kearney und dem Chicago Council on Global Affairs jährliche Rankings der Global Cities zusammen, wobei 25 Einzelkriterien, zu fünf Dimensionen zusammengefasst, bewertet werden.

kräfte einerseits sowie der Bedarf an einfachen Dienstleistungen andererseits, zudem die Notwendigkeit, hochwertige Kultur-, Erholungs- und Vergnügungseinrichtungen bereitzustellen, machten Global Cities zu Anziehungspunkten und zu Zentren internationaler Migration.

Global Cities zeichnen sich neben anderen Merkmalen durch freien Zugang zu Information und Technologie sowie zu kulturellen und vielen anderen Dienstleistungen aus *(Open Cities)*. Es sind attraktive *Lifestyle Centers,* die relevante und interessante Unternehmen und Persönlichkeiten anziehen oder *Regional Gateways,* die das Image oder sogar die Identität ihres Landes prägen (*National Leaders*). Als politische Zentren (*Policy Hubs*) sind sie vielfach Sitz internationaler Organisationen und wichtiger politischer Institutionen. Aus diesen Gründen ziehen sie erhebliche Investitionen auf sich, dienen als Finanzzentren und als Plattform für internationale Wirtschaftskontakte *(Platform Cities)*.[15]

Globale Regionen

Ähnlich wie Städte können Regionen Akteure der Globalisierung sein. Regionen sind subnationale Einheiten, die aufgrund ihrer wirtschaftlichen Stärke, Infrastruktur, Offenheit und Ausrichtung intensiv in die Globalisierung eingebunden sind. Beispiele sind *Shutoken* in Japan (Tokio plus vier weitere Städte mit 35 Mio Einwohnern und einem BIP, das über 50% des deutschen BIPs beträgt), die *Ile de France* (die Region um Paris), *Norditalien* (um die Industriestädte Mailand und Turin), das Bundesland *Bayern*, *Guandong* in Südchina, *Dalian* in Nordchina, das *Silicon Valley* in Kalifornien oder die *Mumbai-Region* in Indien. Da globale Entwicklungen sich schnell und intensiv auf Wirtschaft und Regionalpolitik in solchen hochentwickelten Regionen auswirken oder von diesen initiiert werden, sind die globalen Regionen daran interessiert, direkt oder indirekt über ihre Regierungen für sie günstige Entscheidungen zu bewirken. Dies gilt im Übrigen auch für manche grenzübergreifende regionale Kooperationen, etwa die *Regio*, das Länderdreieck Deutschland (Südbaden), Frankreich (Elsass) und Schweiz (Basel).

Nationale Organisationen

Staatliche und nicht-staatliche nationale Organisationen sind als Mitglieder internationaler Vereinigungen als Global Player ebenfalls grenzüberschreitend aktiv. Beispiele sind die Deutsche Bundesbank als Mitglied der BIZ und der Europäischen Zentralbank (EZB), die Industriegewerkschaft

---

[15] vgl. o.V. Foreign Policy (2008)

Metall als Mitglied des Internationalen Gewerkschaftsbundes IGB, die Arbeitgeberverbände, die großen Kirchen oder der Deutsche Fußball-Bund DFB als Mitglied der FIFA. Unmittelbare Global Player sind der Deutsche Industrie- und Handelskammertag DIHK mit seinen Mitgliedsorganisationen, den Außenhandelskammern (AHKs), oder Organisationen, die im Bereich der Entwicklungszusammenarbeit arbeiten, wie die Deutsche Gesellschaft für Internationale Zusammenarbeit GIZ in Eschborn und Bonn, die verschiedenen deutschen politischen Stiftungen (z.B. die SPD-nahe Friedrich-Ebert-Stiftung FES oder die CDU-nahe Konrad-Adenauer-Stiftung KAS)[16], die Arbeiterwohlfahrt (AWO-International) oder kirchliche Hilfsorganisationen, wie Brot für die Welt. Schließlich nutzen auch die Akteure der internationalen Kriminalität die Möglichkeiten der Globalisierung und der globalen Vernetzung. Abbildung 1/5 gibt einen Überblick über die globalen Akteursgruppen.

Abbildung 1/5: Globale Akteure

16 Weitere deutsche politische Stiftungen sind die Heinrich-Böll-Stiftung (Bündnis 90 / Grüne), die Hanns-Seidel-Stiftung (CSU), die Rosa-Luxemburg-Stiftung (Die Linke) und die Friedrich-Naumann-Stiftung (FDP).

Globalisierung ist der wesentliche Treiber für die Notwendigkeit sich mit Fragen der interkulturellen Kommunikation und des interkulturellen Managements auseinanderzusetzen. Die große Anzahl an interkulturellen Kontakten der vielen verschiedenen Akteure auf allen Ebenen und in den unterschiedlichsten Sektoren, verbunden mit der Notwendigkeit eigene und gemeinsame Ziele in interkulturellen Kontexten zu erreichen, erfordert zunehmend interkulturelle Kompetenz aller Beteiligten. Und dies gilt auch, wenn sich kulturelle Grenzen immer stärker durch Migration, Erfahrungen und die Vielzahl globalisierungsbedingter Impulse verändern und verwischen.

Zusammenfassung Kapitel 2

Etwa 80.0000 **Transnationale Unternehmen** (TNC) mit 800.000 Tochtergesellschaften und 45 Mio Mitarbeitern außerhalb ihres Heimatstandortes sind für grenzüberschreitende Handels- und Dienstleistungsaktivitäten verantwortlich. Die Bedeutung der TNCs lässt sich entweder an dem Volumen des im Ausland investierten Kapitals oder an dem *Transnationalitätsindex* (TNI), dem Durchschnitt aus drei Teilindizes, messen. Wichtige Akteure sind außerdem einzelne **Staaten** sowie **Regionalintegrationen**, wie die EU oder die NAFTA. Staaten setzen die Rahmenbedingungen nach innen durch Steuern, Gesetze und Infrastruktur und nach außen durch ihre Zoll- und Wechselkurspolitik, soweit dies nicht in die Zuständigkeit der Regionalintegrationen fällt. **Internationale Organisationen**, wie die WTO, die NATO, die OSZE und die OECD sowie die UN und ihre *Sonderorganisationen* (z.B. UNESCO und Weltbank) und *Spezialorganisationen* (z.B. UNCTAD und UNDP) gestalten die Rahmenbedingungen und das Regelwerk der Globalisierung aktiv mit. In **Global Cities**, wie New York, London oder Brüssel oder den Stadtstaaten Singapur und Hongkong, konzentrieren sich politische Steuerungs- oder wichtige Finanzdienstleistungsfunktionen für die globalen Akteure. Global Cities können sich auszeichnen durch freien Zugang zu Information und Technologie *(Open Cities)*, sind attraktive *Lifestyle Centers* oder *Policy Hubs* und prägen als *National Leaders* die Identität ihres Landes. **Globale Regionen**, wie das *Silicon Valley*, die *Ile de France* oder das Bundesland *Bayern* sind aufgrund ihrer wirtschaftlichen Stärke ebenfalls Akteure der Globalisierung. Da globale Entwicklungen sich schnell auf Wirtschaft und Regionalpolitik dieser hochentwickelten Regionen auswirken, sind sie daran interessiert, direkt oder indirekt über ihre Regierungen für sie günstige Entscheidungen zu bewirken. Schließlich sind auch **nationale Organisationen** wie die *Deut-*

sche Bundesbank als Mitglied der EZB, die großen *Kirchen* oder die *IG Metall* als Mitglied des Internationalen Gewerkschaftsbundes IGB grenzüberschreitend aktiv. Weitere Beispiele sind der *DIHK* mit den *Außenhandelskammern* oder Organisationen der *Entwicklungszusammenarbeit*, wie die GIZ in Eschborn und Bonn oder die die verschiedenen deutschen *politischen Stiftungen*, wie die FES oder die KAS.

Teil II: Interkulturelles Management – Abgrenzung und Systematisierung

Sie wissen natürlich, was Management ist und eine der vielen Definitionen ist Ihnen sicherlich geläufig. Aber welche zentralen Funktionsbereiche und Dimensionen umfasst Management? Hierzu gibt es in Theorie und Praxis viele unterschiedliche Meinungen. Entspricht der hier vertretene Dreiklang: Fachkompetenz, Prozesskompetenz und Führungskompetenz Ihrer eigenen beruflichen Erfahrung?

Interkulturelles Management ist eine besondere Managementvariante. Was könnte man hierunter verstehen? Inwiefern unterscheidet es sich von internationalem Management? In welcher Hinsicht erweitert interkulturelles Management das allgemeine Management? Und vor allem: Welche unterschiedlichen interkulturellen Aspekte sollten Sie in einem interkulturellen Managementkontext berücksichtigen? Schließlich: Arbeiten Sie als Manager lieber in anderen Kulturen oder mit anderen Kulturen? Welche Unterschiede müssen Sie hierbei beachten?

Auf diese Fragen erhalten Sie in diesem Teil Antworten und Vorschläge. Überlegen Sie, ob und inwiefern Ihnen diese helfen, interkulturelles Management besser zu verstehen.

3 Allgemeines Management

3.1 Managementdefinitionen

Als Manager kennen Sie Ihre Aufgaben genau. Trotzdem ist es vielleicht gar nicht so einfach, einer anderen Person zu erklären, was Sie tatsächlich tun.

Das gilt auch dann, wenn Sie als interkultureller Manager tätig sind. Bitte versuchen Sie Management und Interkulturelles Management zu definieren und voneinander abzugrenzen, bevor Sie dieses Kapitel lesen. Überprüfen Sie dann später, ob Sie sich mit den folgenden Erklärungen und Definitionen anfreunden können.

Auch wenn es vielleicht so scheinen mag, es ist nicht so einfach, den Begriff *Interkulturelles Management* zu definieren. Gleich zu Anfang tauchen einige Schwierigkeiten auf:

- *Management* umfasst eine Vielzahl sehr unterschiedlicher Gestaltungs- und Interpretationsmöglichkeiten. Dies führt dazu, dass der Begriff inflationär verwendet wird. Es ist fast unmöglich, mit *einer* Definition alle Spielarten und das gesamte Spektrum des Managements zu erfassen.
- Ähnlich verhält es sich mit dem *Kulturbegriff*. Kultur kann kaum umfassend beschrieben werden. Da sie in vielen Bereichen eine Rolle spielt, bevorzugt jede Fachdisziplin ihre eigene Interpretation. Man schaue sich hierzu nur u.a. die kulturwissenschaftliche, anthropologische und psychologische Literatur an. So fanden schon 1952 Kroeber/Kluckhohn insgesamt 164 verschiedene Definitionen von Kultur oder *culture.*[17]
- Wir haben es also aus doppelter Sicht mit keineswegs eindeutig bestimmten und bestimmbaren Begriffen zu tun. Das Hinzufügen der Vorsilbe „*inter*" erschwert dieses Vorhaben zusätzlich.
- Schließlich wird auch mit dem Begriff der *Definition* keineswegs eindeutig umgegangen. Muss diese alle relevanten Aspekte umfassen oder ge-

[17] Kroeber/Kluckholm (1952)

nügt eine pragmatische, einprägsame, aber dadurch auch verkürzte Formulierung?

Aufgabe des Managers ist die zielorientierte Gestaltung von Beziehungen zwischen Menschen, Sachen und Situationen. Dafür arbeitet er mit kompetenten Mitarbeitern, Experten und Beratern zusammen. Diese sollen dazu veranlasst werden, im Organisationsinteresse liegende Ziele effizient, effektiv und möglichst kreativ in festgelegten Zeiträumen zu erreichen. Hierfür muss der Manager neben Fach- und Führungswissen und möglichst auch entsprechenden Erfahrungen die notwendigen Prozesse richtig steuern können. Management ist also ein komplexer Vorgang, der in der unüberschaubaren Managementliteratur zu einer Flut von Definitionen geführt hat. Die folgende Liste ist eine kleine Auswahl:

> Management ist die Erreichung fremder Ziele mit fremden Mitteln auf eigenen Wegen. (*Holzbaur*)[18]
>
> Management ist die Leitung soziotechnischer Systeme in personen- und sachbezogener Hinsicht mithilfe von professionellen Methoden. (*Ulrich/Fluri*)
>
> Management ist die zielorientierte Gestaltung, Steuerung und Entwicklung des soziotechnischen Systems Unternehmung in sach- und personenbezogener Dimension. (*Hopfenbeck*)
>
> Management is getting things done through other people. (*American Management Association*)
>
> Management ist zielorientiertes Gestaltungs- und Lenkungshandeln in Betrieben als organisierten, kontinuierlich zweckgerichteten menschlichen Handlungsgemeinschaften. (*Jung et al.*)[19]
>
> Als Funktion umfasst das Management im weitesten Sinne alle zur Steuerung eines Unternehmens notwendigen Aufgaben und Entscheidungen. (*Meckl*)[20]
>
> Management kann aus funktionaler Sicht als ein Komplex von Steuerungsaufgaben verstanden werden, die bei der Leistungserbringung im Unternehmen zu erfüllen sind. (*Scherm/Süß*)[21]

---

[18] vgl. zu den Definitionen 1–4: Holzbaur (2000), S. 27–33

[19] Jung et al. (2010), S. 6

[20] Meckl (2006), S. 23

[21] Scherm/Süß (2001), S. 13

> Management ist das Gestalten, Lenken und Weiterentwickeln zweckorientierter soziotechnischer Organisationen. (*Rüegg/Stürm*)[22]

Management bezieht sich im Kern auf die eigene Organisation, auf die Zusammenarbeit mit Mitarbeitern, Eigentümern und andere Organisationseinheiten. Hinzu kommt die Gestaltung organisationsexterner Beziehungen mit Vertretern der Organisationsumwelt, wie Kunden, Partnern, Konkurrenten oder Lieferanten. Ferner gibt es mehr oder weniger intensive Kontakte zu Verbänden, sozialen und politischen Interessengruppen, wie NGOs oder religiösen Vereinigungen, zur „Öffentlichkeit" und zu Medienvertretern sowie zu staatlichen Instanzen: der Exekutive, Judikative oder Legislative. Abbildung 2/1 gibt einen Überblick über das Spektrum der Managementbeziehungen bei Unternehmen.

Abbildung 2/1: Managementbeziehungen[23]

Betrachtet man den Kern der unterschiedlichen Managementdefinitionen und berücksichtigt, dass sich Management auf die Gestaltung von internen und externen Beziehungen bezieht, schlage ich in Anlehnung an Ulrich (1984) folgende Managementdefinition vor:

---

[22] Rüegg-Stürm (2003), S. 22 in Anlehnung an Ulrich (1984)

[23] s.a. Dülfer/Jöstingmeyer (2008) S. 243ff.; Rüegg-Stürm (2003)

Management ist die (laufende) (professionelle) zielorientierte Gestaltung, Steuerung und Entwicklung komplexer Strukturen und Prozesse von Organisationen.

Diese Definition trägt der Komplexität des Managements Rechnung. Sie umfasst Managementverantwortung auf unterschiedlichen Hierarchieebenen, kurz- und langfristig orientierte Vorgänge und verschiedene Sach- und Personenbereiche. Auch wenn aus Übersichtlichkeitsgründen nicht explizit genannt, schließt die Gestaltungsaufgabe selbstverständlich auch Zielsetzungsprozesse mit ein, während die Klammerausdrücke darauf verweisen, dass Management üblicherweise ein permanenter Vorgang ist, der professionell gehandhabt wird. Es sind aber auch Managementsituationen denkbar, denen diese Merkmale fehlen und die trotzdem von dieser Definition erfasst werden. Noch ein wichtiger Hinweis: Management ist keineswegs auf Unternehmen beschränkt, sondern bezieht sich natürlich auf alle Arten von Organisationen.

3.2 Managementdimensionen

Als Manager haben Sie Führungsaufgaben und Führung kann daher auch als Teil des Managements gesehen werden. Trotzdem werden heute vielfach Management und Führung als zwei voneinander getrennte Bereiche behandelt. Die folgende Betrachtung von Managementdimensionen sieht Führung dagegen als (wichtigen) Teil des Managements? Was meinen Sie? Entspricht diese Auffassung Ihrer Business Reality?

Welche verschiedenen Dimensionen des Managements lassen sich unterscheiden? Hierzu gibt es unterschiedliche Ansichten, Ansätze und Interpretationen. Etwas vereinfachend sollen im Folgenden drei Managementdimensionen in den Mittelpunkt gestellt werden: Managementfelder, Managementprozesse und Führung (Leadership).

Ein kompetenter Manager, so die Ausgangshypothese, muss in allen Dimensionen kompetent sein. Er muss Fach-, Prozess- und Führungskompetenz besitzen, wobei Art und Umfang der benötigten Kompetenzen organisations-, funktions- und situationsabhängig sind und in Abhängigkeit von der jeweiligen Managementebene variieren.[24] Die Beschaffung und Vermittlung von sachgerechten Informationen sowie die kommunikative Steuerung aller Prozesse sind integrative Bestandteile aller drei Kompetenzbereiche. Vgl. hierzu Abbildung 2/2.

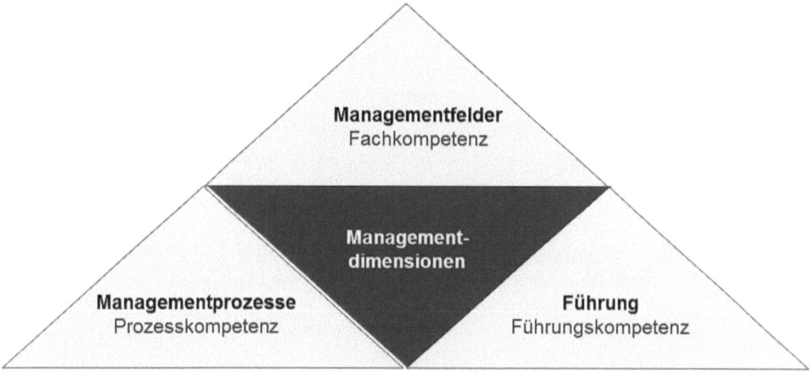

Abbildung 2/2: Managementdimensionen und -kompetenzen

Fachkompetenz ist Grundlage für die Fähigkeit, fundierte Entscheidungen in bestimmten **Managementfeldern** und auf Unternehmensebene zu treffen. Es setzt sich zusammen aus Expertenwissen, spezifischen Fachkompetenzen und relevanten Erfahrungen. Breite, Tiefe und Qualität der benötigten Fachkompetenz sind abhängig von der Hierarchieebene: Der Gruppenleiter als Vertreter des unteren Managements wird eine andere Art von Fachkompetenz benötigen als das dem Topmanagement angehörende Vorstandsmitglied. Bei der Fachkompetenz kann es sich handeln um die

- Kompetenz eines Vertriebsmanagers, der ein Vertriebssystem für das südliche Afrika konzipieren soll,
- organisationsrelevante Fachkompetenz eines Teamleiters, der mit einem interkulturell zusammengesetzten Team einen Ablaufplan für den Aufbau einer Fertigungsstätte in Mexiko entwickeln soll,
- produktionsspezifische Kompetenz eines Nachwuchsmanagers, der die stellvertretende Leitung eines Werkes in Spanien übernehmen soll oder um die

---

[24] Abweichend hierzu Bolten (2002), der Fachkompetenz, strategische Kompetenz, soziale und individuelle Kompetenz unterscheidet oder Stender-Monhemius (2006), die berufliche Kompetenz als Fach-, Selbst-, Methoden- und soziale Kompetenz beschreibt.

- strategische Kompetenz eines Bereichsvorstands, der die Verantwortung für das „China-Geschäft“ übernommen hat.

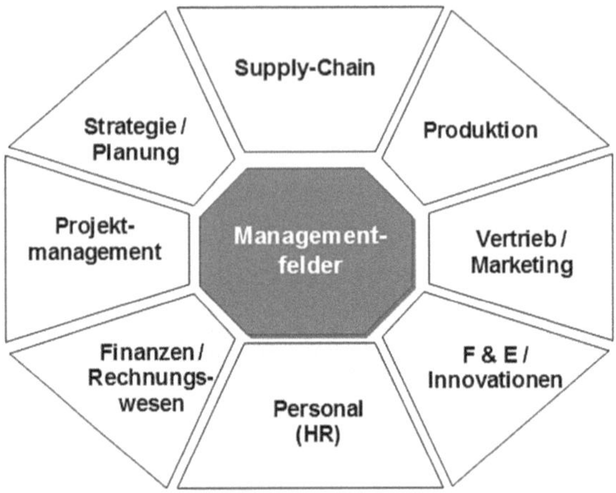

Abbildung 2/3: Managementfelder – Fachkompetenz

Fachkompetenz, gekoppelt mit intellektuellen, analytischen und kommunikativen Fähigkeiten, schafft die Voraussetzungen für eine sachgerechte Auseinandersetzung mit Entwicklungen und Herausforderungen und das Finden von adäquaten Lösungen. Mit einem fachlichen Hintergrund können Prozesse und Strukturen adäquat und zielorientiert gestaltet werden. Mit dem Erreichen höherer Hierarchiestufen und steigender Managementverantwortung kann leichter auf die Möglichkeit zurückgegriffen werden, Fachexpertise durch geeignete Mitarbeiter und andere Quellen schnell und gezielt abrufen zu können. Zudem wird sie zunehmend durch die Fähigkeit ersetzt, Strukturen und logische Prozesse zu (er-) kennen und die richtigen Fragen stellen zu können, um Potentiale und Gefahren schnell erkennen zu können. Abbildung 2/3 stellt einige zentrale Managementfelder in Unternehmen dar, in denen Fachkompetenz gefragt ist.

? *Welches Managementfeld ist für Sie besonders relevant? Bitte notieren Sie stichwortartig die Fachkompetenzen, die Sie hierfür benötigen. Auf welche Punkte müssen Sie in einem interkulturellen Kontext besondere Rücksicht nehmen?*

Prozesskompetenz bezieht sich darauf, strategische oder operative **Managementprozesse**, Projekte oder Leistungserbringungen kompetent zu steuern. Strategische Prozesse zielen auf den Aufbau langfristiger nachhaltiger Wettbewerbsvorteile, während operative Prozesse effiziente Abläufe und Problemlösungsroutinen gewährleisten sollen.[25] Prozesskompetenz bezieht sich im Wesentlichen auf die Planung von Prozessen zur Zielerreichung, das Treffen und Nachhalten von Entscheidungen, die Koordination und Kontrolle der Umsetzung sowie die Überwindung von Problemen und Lösungshindernissen für die verschiedenen Leistungs- und Unterstützungsprozesse einer Organisation. Beispiele hierfür sind Planung, Koordination und Wirkungskontrolle

- einer Marketingkampagne oder der Produktion eines neuen Produkts,
- der Übernahme eines innovativen Nischenanbieters,
- der Entwicklung von IT-Produkten,
- der Bereitstellung von Lager- und Transportkapazitäten oder
- der Entwicklung von Personalkapazitäten.

In den ersten drei Fällen handelt es sich um *Leistungsprozesse*, die unmittelbar den Kernzielen des Unternehmens dienen, in den letzten beiden Fällen um *Unterstützungsprozesse* als Voraussetzung für die Erbringung der Leistungsprozesse.

Schon im Vorfeld der *Planung* sind geeignete Lösungskonzepte und Vorgehensweisen zu untersuchen und zu bewerten und adäquate Entscheidungen zu treffen, für die die Akzeptanz von Gremien, Aufsichtsorganen, der Muttergesellschaft oder durch Vorgesetzte gesichert werden muss. Dies umfasst ebenfalls Tätigkeiten wie Budgetplanung und Bereitstellung von Ressourcen oder die Erstellung eines Businessplans und die Entwicklung von steuerungsrelevanten Kennziffern und Indikatoren.

Vor und während des *Durchführungsprozesses*, der durch Steuerung, Koordination und Monitoring gekennzeichnet ist, müssen relevante Personen und Institutionen informiert oder beteiligt werden und ggf. Kooperationspartner (Abteilungen, politische Instanzen, Partnerunternehmen) einbezogen werden.

Die Koordinationsfunktion erfordert den Einsatz (Auftrag, Delegation), die Instruktion und die Motivation von geeigneten Mitarbeitern und die Entwicklung einer sachgerechten Umsetzungsorganisation mit adäquatem

---

[25] vgl. zu diesem Abschnitt: Rüegg-Stürm (2003), S. 69ff.

Operationsplan und der Umsetzung der erforderlichen Aktivitäten in der angemessenen Reihenfolge.

Abbildung 2/4: Managementprozesse[26]

Abbildung 2/4 zeigt die verschiedenen Prozess-Schritte, die auf der Basis der die Organisation leitenden Vision und Mission sowie der Werte und – in Abhängigkeit von der Ebene der zu steuernden Prozesse – der langfristigen Strategien und Ziele durchlaufen werden.

Ein Management-Informations-System (MIS) erlaubt ein effektives Monitoring und Controlling und informiert über erreichte Teilergebnisse, die Einhaltung von Terminen und Qualitätsstandards sowie den Ressourceneinsatz und erlaubt eine effektive Kostenkontrolle. Eine Abweichungsanalyse und Feedback-Aktivitäten stehen am Ende eines Management-Cycles. Der Koordinationsprozess selbst erfordert häufige Planungs- und Entscheidungsprozesse und permanente Vermittlungsprozesse mit allen relevanten internen und externen Beteiligten.

26 siehe hierzu u.a. Jung et al. (2011), S. 119ff.

> *Bitte nennen Sie Beispiele für Prozesse, für die Sie verantwortlich sind. Welche Prozessschritte sind für Sie besonders wichtig? Welche müssen besonders sorgfältig geplant werden? Gehen Sie dabei nach einer bestimmten Routine vor? Müssen Sie diese Planungsroutine in einem interkulturellen Umfeld ändern und wenn ja, in welcher Weise?*

Führungskompetenz (Leadership) ist die dritte zentrale Managementkompetenz. Führung sorgt dafür, eine Organisation und ihre Mitarbeiter zielgerichtet in einem Prozess dauerhafter Entwicklung und Optimierung zu ihrer Höchstleistung zu bringen oder, verkürzt ausgedrückt, die richtigen Entscheidungen zu treffen und umzusetzen.

Führungs- und Prozesskompetenz sind eng miteinander verknüpft. Um die Zukunftsfähigkeit der Organisation zu sichern, müssen neue Technologien und Innovationen vorangebracht, die notwendigen Ressourcen organisiert und die interne und externe Akzeptanz gesichert werden.[27] Es müssen Wandlungsprozesse[28] durchgesetzt und die erforderlichen Organisationsentwicklungsprozesse eingeleitet werden. Beispiele hierfür sind die Integration von Innovationen, die immer schnellere Entwicklung marktfähiger neuer Produkte und Leistungspakete, das Eingehen von Kooperationen und die Weiterentwicklung von Netzwerken, die Bewältigung neuartiger Risiken oder das Aufgreifen von die gesellschaftliche Akzeptanz sichernden Themen. Hierfür müssen einerseits die Organisationsstruktur, die Organisationskultur und das Leistungspektrum sowie andererseits die Sicherstellung und Motivation der *Human Resources* und die Informations- und Kommunikationsbeziehungen laufend optimiert werden.

Führungskompetenz beinhaltet mithin eine breite Palette sowohl von Kompetenzen zur institutionellen Unternehmensführung als auch zur Mitarbeiterführung und Fähigkeiten, wie

- zukunftsfähige *Visionen* und Werte zu entwickeln und dafür zu sorgen, dass diese die Mitarbeiter und die Organisation prägen und handlungsleitend wirken,

---

[27] vgl. Fockenbroch, D./Terpitz, K. (2010)

[28] Als Beispiel für kontinuierliche Prozesse kann das *Total Quality Management* (TQM) und für radikale Änderungsprozesse das *Business Re-Engineering* genannt werden; einen kurzen Überblick über Business Process Management gibt vom Brocke (2010); s.a. Rüegg-Stürm (2003), S. 83ff.

- ergebnis-, markt- und kundenorientierte *Strategien* zu entwickeln und durchzusetzen, Blockaden abzubauen und Change-Prozesse einzuleiten sowie strategische Kooperationen zu initiieren und zu pflegen,
- *Organisation* und *Organisationskultur* flexibel weiterzuentwickeln sowie ziel- und ergebnisorientiert und die Interessen der Mitarbeiter berücksichtigend zu informieren und zu *kommunizieren*,
- hierfür die richtigen *Mitarbeiter* zu finden, diese zu befähigen und zu motivieren (HRM und HRD) und notwendige soziale Prozesse einzuleiten und zu steuern.

Abbildung 2/5 zeigt die zentralen Aspekte von Führung im Überblick.

Abbildung 2/5: Zentrale Führungsaspekte

Welche Führungsaspekte sind in Ihrer Position besonders wichtig? Welche werden Sie zukünftig noch weiter ausbauen? Bei welchen sehen Sie in einem interkulturellen Umfeld einen besonderen Handlungsbedarf?

3.3 Kontextbezogenes Management

Management vollzieht sich in einem bestimmten Handlungskontext, der die handlungsrelevanten Variablen mitbestimmt und modifiziert. Der Kontext kann die verschiedenen Interessen und Motivationen, die Erwartungen an Handlungsverlauf und Handlungsergebnisse, die Interpretation bzw. das Verständnis der Inhalte und die Bereitschaft hierauf zu reagieren so stark beeinflussen, dass die beabsichtigten Ergebnisse verfehlt werden. Mindestens drei verschiedene Kontextbündel sind hierbei zu unterscheiden:

- Zum einen handelt jede an der Managementsituation beteiligte Person auf der Grundlage ihres persönlichen, sozialen und *kulturellen Hintergrunds*,
- zum zweiten beeinflusst die jeweilige Organisation, in der Management stattfindet, insbesondere ihre Ziele (z.B. Unternehmen, NGOs) und *Organisationskultur*, die Formen und Möglichkeiten des Managementhandelns und
- schließlich hat der gesamte organisationsexterne Kontext, die *Organisationsumwelt*, einen erheblichen Einfluss auf die Organisation selbst und auf die Formen und das Spektrum des Managementhandelns.

Management gestaltet also immer Sachverhalte, in denen Menschen als Elemente von sozio-kulturellen Systemen in mehrdimensionalen Kontexten agieren. Der erfolgreiche Manager hat zumindest eine Vorstellung von diesen Kontexten und kann handlungsrelevante Aspekte antizipieren. Hierfür hat er spezielle Kenntnisse erworben, mit denen er sein Repertoire an Instrumenten und Tools erweitert und seinen Managementstil anpasst hat.

Hier sollen drei Kontexte unterschieden werden, die später näher erläutert werden.

- Handelt ein Manager im *nationalen* Kontext, muss er die typischen rechtlichen, wirtschaftlichen und sozialen etc. Bedingungen seines nationalen Handlungsumfelds kennen und berücksichtigen.
- Bewegt er sich im *internationalen* Kontext, gilt dies analog für die Bedingungen seiner Einsatz- oder Bezugsländer.
- Handelt er im *interkulturellen* Kontext, also im In- oder im Ausland mit Personen unterschiedlicher Kultur, so muss er die Einflüsse der Kulturen auf seine Handlungspartner kennen oder einschätzen können.

Abbildung 2/6 zeigt, dass die Managementkompetenzen entsprechend der Einsatzbereiche um nationale, internationale und interkulturelle Kompetenzen ergänzt werden müssen.

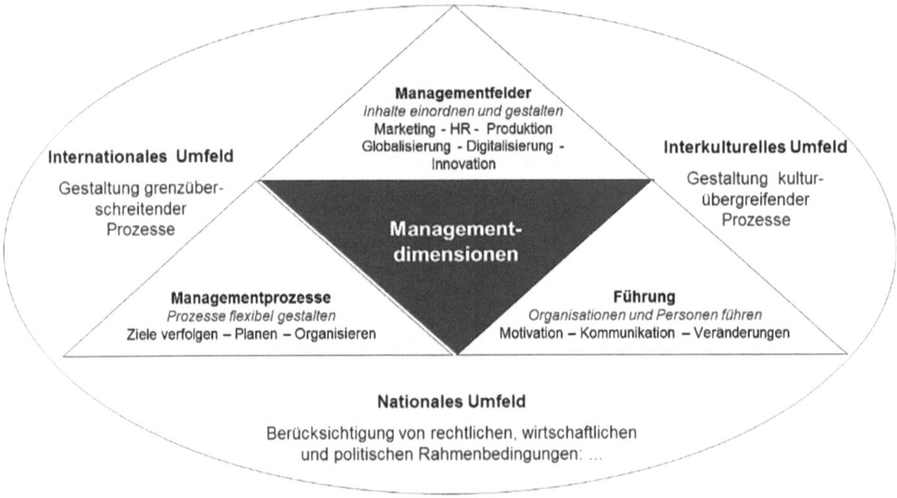

Abbildung 2/6: Kontextbezogenes Management

Zusammenfassung Kapitel 3

Unter *Management* soll die Gestaltung, Steuerung und Entwicklung von Strukturen und Prozessen zur Erreichung von Zielen einer Organisation verstanden werden. Die zentralen *Managementdimensionen* lassen sich wie folgt zusammenfassen:

Fachkompetenz setzt sich zusammen aus Expertenwissen, einzelnen Fachkompetenzen und einschlägigen Erfahrungen. Die Notwendigkeit über spezifische Fachkompetenzen zu verfügen nimmt mit steigender Hierarchiestufe ab. Sie wird ersetzt durch die Fähigkeit einerseits Fachexpertise durch geeignete Mitarbeiter und andere Quellen abrufen zu können und andererseits relevante Strukturen und logische Prozesse zu kennen, um so Möglichkeiten und Potentiale, Schwächen und Gefahren zügig erkennen zu können. *Prozesskompetenz* bezieht sich darauf Managementprozesse, Projekte oder Leistungserbringungen kompetent steuern zu können. Strategische Prozesse zielen auf nachhaltige Wettbewerbsvorteile, während operative Prozesse effiziente und effektive Abläufe gewährleisten. Prozesskompetenz umfasst Planungs-, Entscheidungs-, Koordinations- und Kontrollaktivitäten und schließt Zielsetzungen und Konzeptentwicklungen mit ein. *Führungskompetenz* soll die Zukunftsfähigkeit einer Organisation sichern, indem diese und ihre Mitarbeiter durch geeignete und angepasste (Führungs-) Instrumente dazu gebracht werden, sich neuen Entwicklungen anzupassen bzw. diese Entwicklungen mitzugestalten und die notwendigen Strukturen und Prozesse zu schaffen und zu optimieren.

Der *Handlungskontext*, der bestimmt wird durch die betreffenden Personen, die Organisation und die Organisationsumwelt, beeinflusst die Handlungsvariablen des Managers. Die Organisationsumwelt kann national, international und/oder interkulturell geprägt sein. Der Managementerfolg hängt damit davon ab, ob der Manager den relevanten Kontext erkennt und seinen Managementstil an die jeweiligen Kontexte anpasst.

4 Internationales und interkulturelles Management

4.1 Internationales Management

Stellen Sie sich vor, Sie haben die Aufgabe, eine Marktanalyse für die Gründung einer Tochtergesellschaft in Asien durchzuführen und dafür fünf von Ihnen ausgewählte Länder anhand eines Kriterienkatalogs zu vergleichen. Wie gehen Sie bei der Auswahl der Kriterien vor? Welche Kriterien sind für Sie besonders wichtig? Wie priorisieren Sie die Kriterien?

Viele einschlägige Publikationen zu diesem Thema liefern entweder nur unzureichende Definitionen, umschreiben die Begriffe oder unterscheiden nicht oder nur ungenau zwischen internationalem und interkulturellem Management.

Internationales Management ist *grenzüberschreitendes* Management. Es beschäftigt sich daher zusätzlich mit den Besonderheiten anderer Nationen und muss internationale Unterschiede beachten. Die weiterhin existierenden nationalen Grenzen und deren Überschreitung schaffen neue Rahmenbedingungen und beeinflussen die Umsetzung von Zielen und den Managementerfolg. Für die zu untersuchenden Elemente des externen Unternehmensumfeldes liefert die *PEST-Analyse* eine Grundlage. PEST steht für diejenigen externen Triebkräfte, die das Unternehmen nicht direkt beeinflussen kann: **P**olitische, wirtschaftliche (**e**conomic), **s**oziokulturelle und **t**echnologische Faktoren.[29] Beispiele hierfür sind:

- **Politische Faktoren**

  Allgemeine und branchenrelevante Steuergesetze, Vorschriften für Kapitaltransfers, Arbeitsgesetze, Regierungsform und politische Stabilität

- **Ökonomische Faktoren**

  Indikatoren zum Wirtschaftswachstum und zur Wirtschaftsstrukturentwicklung, Ressourcenverfügbarkeit, Schlüsselindustrien, Branchenstrukturen, Infrastruktur, Lohnniveau und Kaufkraft

---

[29] vgl. Recklis, D. (2006)

- **Sozio-kulturelle Faktoren**
  Bevölkerungsentwicklung und Demographie, Einkommensverteilung und Konsumverhalten, Bildungsniveau und Mobilität
- **Technologische Faktoren**
  Technologisches Niveau der eigenen Branche, Zugang zu Technologie, staatliche und private F&E-Ausgaben, Qualität der Forschungseinrichtungen und des Forschungsniveaus, Start-up-Situation und Fördermöglichkeiten.

Die PEST-Analyse kann auch zur *PEST**LE**-Analyse* erweitert und damit um *rechtliche* und *ökologische* (**l**egal, **e**cological) Faktoren ergänzt werden.[30] Zusätzlich können auch noch weitere Einflussfaktoren einbezogen werden, etwa *klimatisch-geographische* Besonderheiten oder *nationale Besonderheiten* bei Verfahren und Abläufen. Durch eine sorgfältige Analyse dieser nationalen Spezifika und die Einbeziehung der festgestellten Besonderheiten in strategische Entscheidungen kann Management im internationalen Kontext erfolgreich gestaltet werden. Ich schlage daher folgende Definition vor:

> **Internationales Management** ist die (laufende) (professionelle) zielorientierte Gestaltung, Steuerung und Entwicklung komplexer Strukturen und Prozesse von Organisationen – **unter notwendiger Berücksichtigung unterschiedlicher nationaler Rahmenbedingungen.**

Abbildung 2/7 zeigt beispielhaft, welche internationalen Aspekte ausgewählte Managementfelder beeinflussen können.[31]

---

[30] s.a. Cheverton (2004), S. 72ff.

So kann das in vielen Sprachen verfügbare Online-Portal „e-justice.europa.eu" die mehr als zehn Millionen EU-Bürger, die pro Jahr in grenzübergreifende Gerichtsverfahren verwickelt sind, mit Informationen und Hilfe bei Rechtsfragen unterstützen.

[31] vgl. die Beiträge in Oesterle/Schmid (Hrsg.) (2009) S. 517–730. Auf den Untersuchungsbereich des internationalen Managements soll an dieser Stelle nicht weiter eingegangen werden. Diese expandierende Teildisziplin der Betriebswirtschafts- und Managementlehre wird heute in einer Vielzahl von Lehrbüchern aus unterschiedlichen Blickwinkeln hervorragend beleuchtet. Stellvertretend seien hier genannt: Scherm/Süß (2001), Marcharzina/Oesterle (Hrsg.) (2002), Kutschker/Schmid (2002), Meckl (2006), Welge/Holtbrügge (2006), Söllner (2008), Oesterle/Schmid (Hrsg.) (2009)

Ansatzpunkte für notwendige fachliche internationale Managementkompetenz

Nr	Managementfelder	Internationale Managementkompetenz ist u.a. in folgenden Teilbereichen häufig erforderlich
1	***Strategisches Management***	Entwicklung der globalen Unternehmensstrategie, Entwicklung und Umsetzung von Markteintritts-strategien, Einbeziehung von politisch-rechtlichen Rahmenbedingungen, Planung und Umsetzung von Standortpolitik
2	***Internationales Netzwerkmanagement***	Planung und Umsetzung eines globalen Unternehmenskommunikationssystems, Organisation und Weiterentwicklung von internationalen Netzwerken
3	***Internationales Supply-Chain-Management***	Sicherstellung der Kette vom Vorlieferanten zum "Kunden-Kunden" durch *Global Sourcing*, Logistik und Lagerung, Optimierung der globalen Absatz- und Lieferplanung
4	***Internationales Produktionsmanagement***	Umsetzung von Off-Shoring-Konzepten, Standortbewertung, Aufbau und Kontrolle von ausländischen Werken, Materialflussmanagement
5	***Internationales Marketing***	Marktpotentialeinschätzung und -segmentierung, Planung von Marketing-Strategien und -Budgets
6	***Internationales Kooperationsmanagement***	Planung strategischer Partnerschaften, Kenntnis rechtlicher und organisatorischer Rahmenbedingungen für M&A
7	***Internationales Finanzmanagement***	Planung und Umsetzung von Kapitalbeschaffung und -anlagen, Rechtliche Voraussetzungen für Direktinvestitionen, Management von Währungsrisiken und Kurssicherung, Umsetzung von internationalen Accounting Standards, Angleichung des Rechnungswesens
8	***Internationales Innovationsmanagement***	Planung und Umsetzung von internationalen F&E-Aktivitäten, Suchen von F&E-Standorten, Entwicklung von Struktur- und Geschäftsmodellinnovationen, Kenntnis und Anwendung nationalen Patentrechts
9	***Internationales Vertragsmanagement***	Vertragsgestaltung für Kauf-, Liefer- und Logistikverträge, Risikomanagement unter Einbeziehung nationaler versicherungsrechtlicher Aspekte, Kenntnis und Umsetzung lokaler Rechtsgepflogenheiten, etwa im Arbeits- und Wettbewerbsrecht, Maßnahmen der Rechtsdurchsetzung
10	***Internationales Personalmanagement***	Internationale HR-Strategie: Personalbeschaffung und -entlohnung, Mitwirkung bei Entsendeverträgen, Schulung von ausländischen Mitarbeitern
11	***Operatives Controlling***	Sicherstellung von Wirtschaftlichkeit, Liquidität und Erfolg, Anpassung des MIS, Klärung von Verrechnungsproblemen, Umsetzung und Prüfung von Kennzahlen und Standards

Abbildung 2/7: International relevante Managementfelder

4.2 Kultur und Management

Nachdem wir den Begriff „Kultur" nun schon häufig erwähnt haben, stellt sich die Frage, was man sich hierrunter eigentlich vorzustellen hat? Bitte definieren Sie Kultur und vergleichen dann Ihren Ansatz mit den Definitionen weiter unten. Welcher Kulturbegriff entspricht Ihren Vorstellungen und Erfahrungen? Und warum?

Internationales Management behandelt die „hard facts" grenzüberschreitender Managementtätigkeit. Auch hier können schon kulturelle Aspekte, etwa des Personalmanagements oder des Marketings, angesprochen werden. Ganzheitliches *interkulturelles Management* geht allerdings weit darüber hinaus und bezieht sich auf alle Aspekte der drei Managementdimensionen in interkulturellen Managementsituationen im In- und Ausland. Ein interkulturell kompetenter Manager besitzt demzufolge die Fähigkeit, in kulturanderen oder kulturübergreifenden Kontexten erfolgreich zu handeln. Zum Einstieg stelle ich Ihnen eine (kleine) Auswahl an *Kulturdefinitionen* vor:

> [1] „Denn der Begriff Kultur meint jene Wirklichkeit, aus der sich die kulturelle Existenz der Menschen in all ihren verschiedensten gesellschaftlichen und geschichtlichen Ausprägungen immer schon verwirklicht. ... Wir können Kultur als Gesamt- und Wirkungszusammenhang nicht als einen uns äußerlichen Gegenstand bestimmen, sondern haben unsere und andere Kulturen aus dem Gesamtzusammenhang menschheitlicher Kultur zu begreifen." (*Schmied-Kowarzik*)[32]
>
> [2] „Kultur ist ein universelles, für eine Gesellschaft, Organisation und Gruppe aber sehr typisches Orientierungssystem. (...) Es beeinflusst das Wahrnehmen, Denken, Werten und Handeln aller ihrer Mitglieder und definiert somit deren Zugehörigkeit zur Gesellschaft. Kultur als Orientierungssystem strukturiert ein für die sich der Gesellschaft zugehörig fühlenden Individuen spezifisches Handlungsfeld und schafft damit die Voraussetzungen zur Entwicklung eigenständiger Formen der Umweltbewältigung." (*Thomas*)[33]

[32] Schmied-Kowarzik, W. (1993), S. 77

[33] Thomas (1996), S. 112; s.a. ders. (1993), S. 380f.

> [3] „Kultur ist (...) die heterogene und sich ständig verändernde Matrix, vor deren Hintergrund wir handeln und unsere Welt bewerten, mit der wir uns identifizieren oder von der wir uns abgrenzen, die wir durch unsere individuellen Taten aber auch vorantreiben und verändern." *(Breidenbach/Nyíri)*[34]
>
> [4] „... society's culture consists of whatever it is one has to know or believe in order to operate in a manner acceptable to its members, and do so in any role that they accept for any one of themselves" *(Goodenough)*[35]
>
> [5] „When we speak of the culture of a group, a tribe, a geographical region, a national minority, or a nation, culture refers to the collective mental programming that these people have in common; the programming that is different from that of other groups, tribes, regions, minorities or majorities, or nations." *(Hofstede)*[36]
>
> [6] „Culture is a fuzzy set of attitudes, beliefs, behavioural norms, and basic assumptions and values that are shared by a group of people, and that influence each member's behaviour and his/her interpretations of the „meaning" of other people's behaviour." *(Spencer-Oatey)*[37]

Unter **Kultur** werden offensichtlich einerseits explizite Werte und Normen und andererseits implizite Grundannahmen von Gesellschaften, Teilgesellschaften oder sozialen Gruppen verstanden, durch die diese sich nach außen abgrenzen und nach innen integrieren. In jedem Fall beeinflusst Kultur unser Leben in ganz unterschiedlichen Bereichen. Kultur hat Einfluss auf die Beziehung zu anderen Menschen und zur Natur, zu Konsumgütern – auch zur Nahrungsaufnahme, zum Wohnen und zur Musik, sie steht in enger Beziehung zu unserem Zeitverständnis, zur Haltung gegenüber Religion und Traditionen und beeinflusst somit unsere Erwartungen, Haltungen und Verhaltensweisen zum Teil direkt, zum Teil eher indirekt.

Kulturelle Regeln werden überliefert und von den Mitgliedern der Gemeinschaft erlernt. Allerdings gibt es inzwischen nur noch selten eindeutige kulturelle Grenzen zwischen Staaten und Gesellschaften. Die Über-

---

[34] Breidenbach/ Nyíri (2008), S. 120

[35] 50.30.47.15/Ebook/Anthropology_Linguistics/ Goodenough_Ward_H_1964.pdf

[36] Hofstede (1980), S. 43, s.a. ders. (2006), S. 4

[37] Spencer-Oatey (1999), S. 48ff.

gänge zwischen den Kulturen sind eher fließend und gekennzeichnet durch Überschneidungen, vor allem an den „kulturellen Rändern“. Kultur ist zudem nicht statisch, sie unterliegt dynamischen Wandlungsprozessen. Menschen importieren – auch globalisierungsbedingt – kulturelle Erkenntnisse und Erfahrungen aus anderen Kulturen in ihre eigene Kultur und verändern diese. Diesen Prozessen sind die gesellschaftlichen Gruppen in unterschiedlicher Weise ausgesetzt. Gruppen, die vielfältige Kontakte mit anderen Gesellschaften pflegen, sind eher geneigt, eigene kulturell geprägte Einstellungen und Verhaltensweisen zu relativieren und neue zu adaptieren. Eindeutig abgegrenzte „Container“-Gesellschaften[38] mit identischen kulturellen Merkmalen entsprechen also nicht der Realität.

Die hier vorgenommene implizite Gleichsetzung der Begriffe Kultur und *Nationalkultur* ist daher umstritten.[39] „Nationalkultur“ kann nur als Modell gesehen werden, als ein Konstrukt, das eine Annäherung an die Realität bieten kann. Ihr Nutzen besteht vor allem darin, Tendenzen aufzuzeigen und Ausschnitte realer Situationen widerzuspiegeln und zu erklären. Andererseits lassen sich Häufungen kultureller Merkmale und Eigenheiten in national abgegrenzten Gesellschaften weiterhin beobachten. Gemeinsame Sinn- und Wertesysteme beruhen auf Traditionen, die häufig durch ökonomische und soziale Gegebenheiten bestimmt oder beeinflusst sind. Ein Kernbestand an kulturellen Grundmustern überdauert daher auch externe Einflüsse und bleibt weiterhin verhaltensprägend.

Für die weiteren Überlegungen bietet sich als pragmatische Grundlage eine Kombination der *Kulturdefinitionen* von *Thomas* und *Breidenbach/Nyíri* an:

> **Kultur** kann als ein universelles für eine Gesellschaft, Organisation oder Gruppe typisches „Orientierungssystem“ aufgefasst werden, das nicht determiniert ist, sondern individuelle Freiräume belässt. Dieses System prägt die Art und Weise, wie soziale Gruppen und Individuen wesentliche Bereiche ihrer sozialen Umwelt wahrnehmen, interpretieren und verstehen. Sie führt zu spezifischen Bewertungen, Einstellungen, Entscheidungen und Handlungen, erlaubt aber in unterschiedlichem Maße auch Abweichungen, Änderungen und dynamische Entwicklungen.

---

[38] vgl. Beck (1998), S. 49

[39] s.a. Latorre (2004) insbes. S. 31f.

Manager, die interkulturell erfolgreich agieren wollen, benötigen zusätzliche Kompetenzen. Diese sind im Regelfall nicht in die übliche Berufsausbildung integriert und nicht Teil des berufsspezifischen Wissens, sondern müssen zusätzlich erworben werden. Für eine Definition interkulturellen Managements müssen damit allgemeine Managementdefinitionen um eine geeignete interkulturelle Komponente erweitert werden. So kann interkulturelles Management etwa bedeuten, „Ziele durch Personen anderer oder unterschiedlicher kultureller Prägung mit professionellen Mitteln zu erreichen" oder „Managementprozesse in einem Kontext umzusetzen, der von dem Zusammentreffen mehrerer Kulturen geprägt ist". Integriert man diese Überlegungen in die zuvor gewählte **Definition**, kann interkulturelles Management als erweiterte Variante allgemeinen Managements definiert werden:

> **Interkulturelles Management** ist die (laufende) (professionelle) zielorientierte Gestaltung, Steuerung und Entwicklung komplexer Strukturen und Prozesse von Organisationen – **in einem Kontext, der von dem Zusammentreffen von mindestens zwei unterschiedlichen Kulturen geprägt ist.**

Abbildung 2/8 zeigt den Zusammenhang zwischen interkulturellem, internationalem und allgemeinem Management und damit die Tatsache, dass sich der Erkenntnisbereich des interkulturellen Managements nur zu einem Teil mit dem des internationalen und des allgemeinen Managements überlappt.

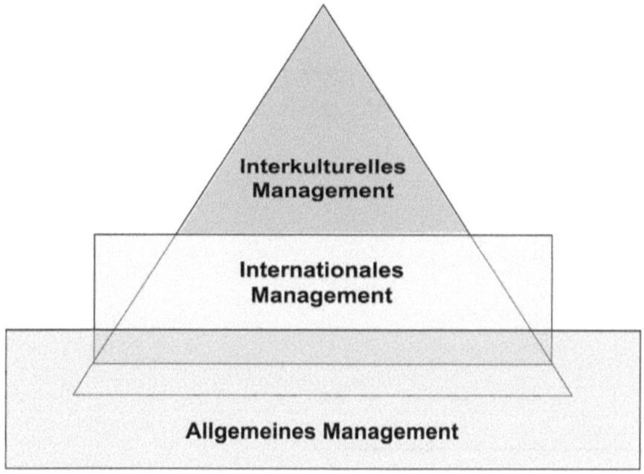

Abbildung 2/8: Managementzusammenhänge

Für den Manager ist die Frage zentral, welche seiner erlernten und bislang erfolgreichen Kompetenzen und Tools er auch weiterhin kulturübergreifend einsetzen kann, ob er diese modifizieren muss oder ob er sich in bestimmten interkulturellen Kontexten an neue kulturangepasste, aber für die eigene Kultur möglicherweise ungewohnte Verfahrensweisen einstellen muss. In jedem Fall wird erfolgreiches interkulturelles Management versuchen, die mit diesem neuen Kontext verbundenen Schwierigkeiten, Fallstricke und Konflikte zu vermeiden oder konstruktiv zu bewältigen und die ebenso vorhandenen Potenziale und Möglichkeiten zur Erreichung der gemeinsamen Ziele nutzen.[40]

Dabei ist zu beachten, dass der interkulturelle Manager seinen Einflussbereich keineswegs nur auf die direkten unternehmensinternen Beziehungen, auf Mitarbeiter, direkte Kooperationspartner und Unternehmensleitung begrenzen wird. Vielmehr wird er zusätzlich eine Vielzahl externer Beziehungen – vgl. Abbildung 2/1 – erfolgreich zu gestalten haben. Der Umfang dieser Beziehungen wird in einem internationalen Umfeld i.d.R. größer und vielfältiger sein, als dies im nationalen Kontext der Fall ist. Ein Grund hierfür ist die im Sitzland im Allgemeinen stärker differenzierte Arbeitsteilung, die relevante Beziehungen zu vielen Akteuren begrenzt. Dies gilt etwa für den Rechtsbereich oder für Pressekontakte, die im Inland von hierfür spezialisierten Abteilungen wahrgenommen werden, während im Ausland die Aufgabenbereiche häufig deutlich breiter zugeschnitten sind. Hinzu kommen zusätzliche Kontakte, etwa zu ethnischen oder religiösen Institutionen und Vertretern, die in dieser Form im Inland nur selten wahrgenommen werden müssen.[41]

? *Sie haben bereits Erfahrungen in interkulturellen Situationen gesammelt oder können sich vorstellen in solchen Kontexten tätig zu sein und erhalten nun die folgenden Ratschläge. Können Sie diese umsetzen und fallen Ihnen Beispiele hierzu ein?*

[40] vgl. Holden (2004), S. 19; Khanna (2014); Khanna / Palepu (2010)

[41] vgl. Abbildung 2/1

Im interkulturellen Umfeld muss der Manager

- sich daher zunächst seiner eigenen kulturellen Orientierung *bewusst* werden und deren handlungsbeeinflussende Wirkungen kennen,
- bereit sein, diese Orientierung als erlernt und nicht als objektive Wahrheit zu begreifen und zu *relativieren*,
- *aufmerksam* für fremde kulturelle Orientierungssysteme sein und bereit sein, diese zumindest in ihren Grundzügen *kennenzulernen*, um sie dann *erkennen* und *dechiffrieren* zu können und
- schließlich die handlungswirksamen Elemente der eigenen Kultur und diejenigen fremder Kulturen zu neuen Handlungsmustern *verknüpfen*, um sie in sein eigenes Handeln zu *integrieren*, so dass er auch in interkulturellen Kontexten ziel- und ergebnisorientiert, handeln kann.

Bitte lesen Sie nun das folgende Fallbeispiel. Wie beurteilen Sie die Argumente der ausländischen Geschäftsführer und wie würden Sie als Florian K. reagieren?

Fallbeispiel IFIS AG 42

Florian K. ist bei einem mittelständischen bayerischen Unternehmen mit 20.000 Mitarbeitern, der IFIS AG, zuständig für Internationale Märkte. Schon seit den 1990er Jahren nimmt für IFIS die Bedeutung der asiatischen und lateinamerikanischen Märkte zu. Exportierte die Firma früher noch über 80% ihrer Produkte nach Westeuropa und die USA, so sitzen heute die Hauptkunden in den BRICS-Staaten, in Nahost und in Südostasien. In diesen Ländern gründete IFIS nach und nach Vertriebsniederlassungen und vereinzelt auch Produktionsstätten, für die die Kernkomponenten aus Deutschland geliefert werden. Florian K. war in vielen Ländern für den Aufbau der Auslandsgesellschaften verantwortlich und verbrachte daher über lange Zeit einen großen Teil seiner Arbeitszeit im Flugzeug und im Ausland.

[42] Das Beispiel wurde zum Teil wörtlich, aber auch gekürzt und leicht abgewandelt, entnommen: Seelmann-Holzmann, H. (2010), S. 33ff.

Früher reiste er meist mit Organigrammen, Unterlagen über Führungsprinzipien oder Unternehmensleitlinien in die Auslandsniederlassungen und erklärte den dortigen Mitarbeitern, wie IFIS arbeitet, um diese Grundsätze dann auch an den Auslandsstandorten umzusetzen. Seine Kollegen aus der Personalabteilung führten Mitarbeitergespräche, maßen Mitarbeiterzufriedenheit mit standardisierten Instrumenten und versuchten, ihre Personalentwicklungskonzepte möglichst 1:1 umzusetzen.

Die Reaktionen der ausländischen Mitarbeiter waren interessant: Ein chinesischer Mitarbeiter, der gefragt wurde, welche Unterstützung er sich wünsche, antwortete nur: „Aber das müssen doch Sie wissen!" Mit den technischen Zeichnungen und Arbeitsanweisungen aus der Zentrale konnten viele ausländische Kollegen nur wenig anfangen. Sie verstanden auch nicht, warum sie sich an dem in Deutschland üblichen Qualitätsniveau orientieren sollten. „Qualität ist, was der Kunde akzeptiert", war die durchgängige Meinung der ausländischen Mitarbeiter. IFIS musste also feststellen, dass sie ihre westlichen Instrumente nur schwer oder gar nicht einsetzen konnte und verstärkte deshalb die Bemühungen, den Tochtergesellschaften die Bedeutung der eingeführten Managementmethoden, Organisationsstrukturen, Prozesse und Führungsprinzipien zu vermitteln, um ein einheitliches und weltweit gültiges Unternehmensleitbild und eine Unternehmenskultur, die geprägt sein sollte von den traditionellen Werten der IFIS AG, durchzusetzen.

Mit der zunehmenden Bedeutung der neuen Märkte bemerkte Florian K. in den letzten Jahren aber eine Veränderung im Verhalten der ausländischen Kollegen. Kritik oder passiver Widerstand gegen die vorgeschlagenen Vorgehensweisen und Methoden nahmen zu:

Ein leitender Mitarbeiter in *Russland* überreichte ihm, nachdem Florian die zunehmende Korruption kritisiert und auf die Unvereinbarkeit mit den ethischen Prinzipien der IFIS AG verwiesen hatte, wortlos eine Liste mit Geldbeträgen, die an Entscheidungsträger beim Kunden, in der Verwaltung oder in der Regierung bezahlt werden müssten, und erklärte: „Wenn wir hier Geschäfte machen wollen, müssen wir dieses Spiel mitspielen. Russland lässt sich seine Geschäftspraktiken nicht vom Ausland diktieren."

In *Indien* wurde ihm berichtet, dass ein wichtiger Lieferant Kinder beschäftige. Als er forderte, die Zusammenarbeit mit diesem Unternehmen abzubrechen, wurde ihm gesagt: „Was ist schlimm daran, dass Kinder mit ihrer Arbeit Geld verdienen? Sollen sie verhungern, sich prostituieren oder stehlen? Außerdem sind ihre Eltern selbst schuld, dieser Kaste anzugehören. Mit westlichen Maßstäben kann man dieses Thema nicht beurteilen."

In *China* wurden Veranstaltungen organisiert, auf denen die potentiellen Kunden mit einem Spesenkonto ausgestattet und luxuriös untergebracht wurden, zusätzlich wurde ein aufwändiges Begleitprogramm organisiert. Die chinesischen Mitarbeiter erklärten, dass sie die westliche Art der Kundengewinnung und Kundenbindung als nicht effizient ansahen. „Wir können Kunden nicht nur mit technischen Produktdetails gewinnen, sondern müssen zu ihnen erst eine gute persönliche Beziehung aufbauen und pflegen."

In *Saudi-Arabien* wurde eine von der IFIS-Zentrale ausgesuchte Bewerberin für eine Führungsposition nicht akzeptiert, so dass der Unternehmensgrundsatz, weibliche Führungskräfte zu fördern, nicht umgesetzt werden konnte.

Und in *Japan* war es nicht möglich, eine jüngere Führungskraft mit hervorragenden Fachkenntnissen durchzusetzen, da dort nur ältere Führungskräfte akzeptiert wurden.

Florian wollte diese neue Entwicklung nicht hinnehmen. Er organisierte daher ein internationales Treffen mit den Geschäftsführern aller Standorte, um einen letzten Versuch zu starten, die zentralen Werte, Leitlinien und Prinzipien durchzusetzen. Nachdem diese nochmals ausführlich erläutert worden waren, fragte der Geschäftsführer der indischen Niederlassung nach der Umsatzverteilung auf die einzelnen Standorte. Nachdem deutlich wurde, dass der Unternehmensumsatz inzwischen schon zu 60% auf die neuen Märkte entfiel, stellte er die Frage: „Warum sollen wir uns dann an westlichen Werten und Einstellungen und nicht an indischen Vorstellungen und Normen orientieren?" Daraufhin meinten auch die anderen Vertreter der ausländischen Niederlassungen, dass sie es aus ihrer Sicht nicht akzeptieren könnten, wenn eurozentrische Werte und Standards, wie Menschenrechte, Gleichheit und Umweltschutz die Corporate Identity von IFIS bestimmten.

4.3 Interkulturelle Managementsituationen

A ist als Manager für ein deutsches Unternehmen in China tätig. B hat als Exportleiter viele ausländische Kundenkontakte und C leitet ein international zusammengesetztes Team. Wen würden Sie als interkulturellen Manager bezeichnen? Richtig! Alle drei sind in unterschiedlichen Kontexten mit kulturell beeinflussten Verhaltensweisen konfrontiert, die sie erkennen und mit denen sie richtig umgehen müssen. Worin sehen Sie die hauptsächlichen Unterschiede?

Als Manager sind Sie mit unterschiedlichen interkulturellen *Managementsituationen* konfrontiert, die sich zum Teil überlappen können, aber unterschiedliche Schwerpunkte haben und unterschiedliche Anforderungen an Sie stellen. Folgende Grundsituationen lassen sich unterscheiden:

Management in anderen Kulturen ist die klassische Situation, die in den meisten Fällen und Problembeschreibungen stillschweigend unterstellt wird: Unternehmens- oder Organisationsziele sollen in einem fremden kulturellen Kontext vermittelt und umgesetzt werden. Als Manager befinden Sie sich in einer Expatriate-Situation, mit der noch ein anspruchsvolles Selbstmanagement und häufig auch ein anstrengendes „Familienmanagement" verbunden sind. Auch wenn Sie einen komfortablen Entsandtenvertrag abgeschlossen haben, werden Sie nach Ihrer Rückkehr mit der bekannten „Rückkehrerproblematik" konfrontiert.

Beispiele 2/1: Management in anderen Kulturen

(1) Der in einer deutschen Tochtergesellschaft in Thailand eingesetzte deutsche Techniker mit langjähriger Erfahrung in Südafrika, der ein Projekt mit zwei deutschen Praktikantinnen, mehreren Thailändern, einem Australier und zwei Indonesiern leitet und in einem engen Zeitrahmen das Projekt erfolgreich abschließen soll;

(2) die niederländische Teamleiterin eines Entwicklungsprojekts in Indonesien, die ein Team aus Deutschen, Schweizern und Engländern leitet und mit ihren indonesischen Partnern zusammen ein Kleinbankensystem unterstützt;

(3) die kanadische Managerin, die in China die expandierende Tochtergesellschaft ihres kanadischen Mutterkonzerns mit einer multikulturellen Belegschaft leitet,

(4) der amerikanische Vice President, der den europäischen Vertrieb eines US-amerikanischen Softwareunternehmens von der Europazentrale des Unternehmens in London aus aufbaut, oder

(5) der belgische Manager, der in China die expandierende Tochtergesellschaft eines französischen Softwareunternehmens leitet.

Die Managementsituation beinhaltet sowohl das Führen von Menschen einer anderen Kultur in ihrem eigenen kulturellen Kontext und wahrscheinlich auch das Führen von Menschen aus Drittkulturen in für sie nicht vertrauten Kulturen. Auch diese sind meist Expatriates, entweder aus der gleichen Kultur wie der Manager selbst oder Personen aus dritten Kulturen. Eine bedeutende Rolle spielt hier zudem das anspruchsvolle *Beziehungsmanagement* gegenüber lokalen Partnern, Kunden, Zulieferern und der lokalen Administration. Außerdem müssen die lokalen Managementtätigkeiten mit den Anforderungen der *Zentrale* (Zielvorgaben, Administration, Controlling und Reporting etc.) in Einklang gebracht werden. Darüber hinaus sind die Einschätzung der Entwicklung der fremden Märkte, der Wettbewerbssituation, der Zielgruppenpräferenzen sowie Kenntnisse über die Strukturen der regionalen Märkte gefragt.

Da es keine Möglichkeit gibt, aus einem „sicheren" kulturellen Umfeld heraus zu agieren, muss der betreffende Manager sich schnell Kenntnisse über das kulturandere Umfeld verschaffen und auf eine kulturelle Anpassung und Variation der ihm vertrauten Managementtechniken und -instrumente vorbereitet sein, um die Zusammenarbeit mit seiner kulturell heterogenen Mitarbeiterschaft und den Geschäftspartnern erfolgreich zu gestalten.

Management für andere Kulturen erfolgt entweder aus dem Inland oder einem Drittland für Aktivitäten, die in einer anderen Kultur stattfinden sollen. Hierbei geht es um die Entwicklung oder Umsetzung meist von außen geplanter Strategien für andere Kulturen. Das Spektrum ist umfangreich. Es reicht vom Export- und Beschaffungsmanagement über die Planung von Projekten in anderen Ländern bis zur strategischen Planung komplexer Markteintrittsstrategien. Meist stehen hierfür alternative Möglichkeiten zur Verfügung, über die von unterschiedlich zusammengesetzten Entscheidungsgremien entschieden wird und die auf die neuen Märkte abgestimmt und mit Partnern in den neuen Ländern umgesetzt werden.

Beispiele 2/2: Management für andere Kulturen

(1) Der Exportleiter eines mittelständischen niederländischen Lebensmittelproduzenten in Amsterdam, der für seine Firma neue Exportmärkte im südlichen Afrika erschließen soll;

(2) die Seniorfachplanerin eines deutschen Consulting-Unternehmens, die die nach einer Ausschreibung gewonnene Komponente „Aufbau eines Management-Informationssystems (MIS)" eines größeren deutschen Regionalvorhabens für die ASEAN-Region mit Sitz in Bangkok vorbereiten und in der Anfangsphase von Frankfurt aus als Pendelmanagerin aus leiten soll;

(3) der deutsche Krankenhausmanager, der für die Anwerbung, Betreuung und Nachbetreuung von Patienten aus arabischen Ländern in einem deutschen Krankenhaus verantwortlich ist;

(4) die österreichische Leiterin des Osteuropageschäfts in Wien, die auch Personalverantwortung für eine kleine Filiale in der Slowakei trägt;

(5) der Einkaufsleiter einer großen französischen Automobilfirma, der für die globale Beschaffung von Komponenten für verschiedene Kleinwagenmodelle verantwortlich ist.

Beim interkulturellen Exportmanagement kommt es ebenso wie beim Lieferantenmanagement neben Marktkenntnissen vor allem auf die Entwicklung und Pflege von Kontakten im Ausland an. Die Planung und das Management von Auslandsprojekten umfasst ein ganzes Bündel interkulturell relevanter Maßnahmen. Dieses reicht von der Planung und Durchführung geeigneter Vorbereitungsmaßnahmen, wie Machbarkeitsstudien, der Kenntnis der politisch-administrativen Strukturen und Verhaltensmuster über Verhandlungen mit lokalen Partnern, wie Vertretern von Ministerien, NGOs oder lokalen Consulting-Firmen, bis zur Auswahl geeigneter internationaler und lokaler Mitarbeiter für die Projekte im Ausland.

Wird die Entscheidung für ein lokales Management getroffen, besitzt häufig – zumindest in der Anfangsphase – ein Vertreter der Zentrale im Sitzland die Gesamtverantwortung für diese Bereiche des Auslandsgeschäfts. Eine Variante besteht in der virtuellen oder intermittierenden Auslandsentsendung: „Pendel-Manager“ übernehmen durch „Zebra-Einsätze“ die Verantwortung für ausländische Büros oder Projekte mit oder ohne Personalverantwortung.[43]

Bei dieser Variante interkultureller Managementkompetenz geht es also neben dem Führen von Menschen aus anderen Kulturen um das Verständnis für die kulturellen Bedingungen anderer Märkte und Einsatzorte, die Kenntnis kultureller Übereinstimmungen und Differenzen und die Einschätzung und Antizipation möglicher Reaktionen von Verhandlungspartnern. Für Sie könnte es hierbei weniger entscheidend sein, selbst über das geforderte Wissen zu verfügen, als Mitarbeiter zu haben, die die jeweils erforderlichen kulturellen Kenntnisse haben.

[43] s.a. Holtbrügge/Schillo (2006)

Eine andere Variante besteht darin, als Manager die Verantwortung für die Bereitstellung von Produkten oder Leistungen für Gruppen anderer Kulturen im eigenen Land, etwa Migrantengruppen, zu tragen. Dabei handelt es sich meist um importierte Produkte, wie Lebensmittel oder im In- oder Ausland für diese Gruppen entwickelte Dienstleistungspakete, wie Finanzdienstleistungen (Versicherungen, Spar- und Kreditleistungen) oder die Gestaltung von Dienstleistungen in einer Form, die der Kundengruppe aus ihren Herkunftsländern vertraut ist.

Das Management von anderen Kulturen bezieht sich auf das Management kulturanderer oder multikultureller Teams bzw. Organisationseinheiten im eigenen Land oder in einem fremdkulturellen Kontext. Leitungsebene und Leitungsumfang sind meist eher im unteren und mittleren Management angesiedelt.

Beispiele 2/3: Management von anderen Kulturen

(1) Die spanische Managerin, die in einem Consultingunternehmen in Madrid eine international zusammengesetzte Unternehmensberatungsgruppe leitet;

(2) der deutsche Teamleiter, der mit einem multikulturellen deutsch-indisch-US-amerikanisch-kanadischen Team ein IT-Projekt durchführt;

(3) der Gruppenleiter (mit Migrationshintergrund), der bei einem deutschen Automobilhersteller eine Arbeitseinheit mit deutschen, türkischen, spanischen und zwei syrischen Arbeitern leitet;

(4) die deutsche Projektleiterin, die ihren Arbeitsplatz in Deutschland hat und gemeinsam mit einer indischen Mitarbeitergruppe in Delhi das Rollout für ein IT-Projekt in Indien umsetzt;

(5) der brasilianische Forschungsgruppenleiter, der für ein US-amerikanisches Pharmaunternehmen in Sao Paulo eine multikulturelle Forschungsgruppe leitet.

Multikulturell zusammengesetzte Teams stellen besondere Ansprüche an die Teamleitung. Die dem Team gesetzten Projektziele müssen trotz eines erhöhten Konfliktpotenzials und trotz der Notwendigkeit, eventuelle Verständnisdifferenzen hinsichtlich Zielen, Mitteln, Funktionen, Teamkultur, Terminvorgaben etc. möglichst früh zu erkennen und zu beseitigen, erreicht werden. Die solchen Teamzusammensetzungen inhärenten kreativen Potenziale müssen ebenfalls erkannt und für intelligente Lösungen genutzt und schließlich für das Wissensmanagement verfügbar gemacht werden.

Management in anderen Kulturen Ausland	Vermittlung, Durch- und Umsetzung von Organisationszielen in einem kulturanderen Kontext
Der französische Vice President, der in China die expandierende Tochtergesellschaft eines französischen Softwareunternehmens leitet.	
Management für andere Kulturen Inland / Ausland	Entwicklung und Umsetzung geeigneter Strategien (von außen) für andere Kulturen
Die österreichische Leiterin des Osteuropageschäfts in Wien, die u.a. auch Personalverantwortung für die noch kleine Filiale in der Slowakei trägt.	
Management von anderen Kulturen Inland / Ausland	Leiten von Teams / Einheiten anderer Kulturen im In- oder Ausland
Der spanische Manager, der eine international zusammengesetzte Forschungsabteilung in Madrid leitet.	

Abbildung 2/9: Interkulturelles Management in, für und von andere(n) Kulturen

In allen Managementsituationen können kulturelle, interkulturelle oder übergreifende multikulturelle Kompetenzen erforderlich sein, die sich auf das Austarieren und „Versöhnen" (Trompenaars) verschiedener kulturell bestimmter Verhaltenseigenheiten beziehen. Dies gilt für das dominierende Managementfeld, für Managementprozesse und für Führungskompetenzen, wobei Fragen des Kommunikations- und Managementstils,[44] Motivations- und Überzeugungsfähigkeit und das Vorhandensein sozialer Basiskompetenzen eine Rolle spielen. Abbildung 2/9 zeigt die drei verschiedenen interkulturellen Managementsituationen noch einmal im Überblick.

4.4 Managementdimensionen: Managementfelder – Managementprozesse – Führung

Die Einteilung nach *interkulturellen Managementsituationen* erleichtert die eigene Positionsbestimmung und gibt Hinweise auf interkulturelle Schwerpunkte. Die genaue Analyse der interkulturellen Aspekte der *Managementdimensionen – Managementfelder*, *Managementprozesse* und *Führung* – ist dagegen für die Identifizierung der interkulturell relevanten **Handlungsvariablen** sinnvoll.

[44] vgl. die Ausführungen zum Kommunikationsstil Süd (KSS/BKS) und Managementstil Süd (MSS/BMS) in den Kapiteln 9 bis 15

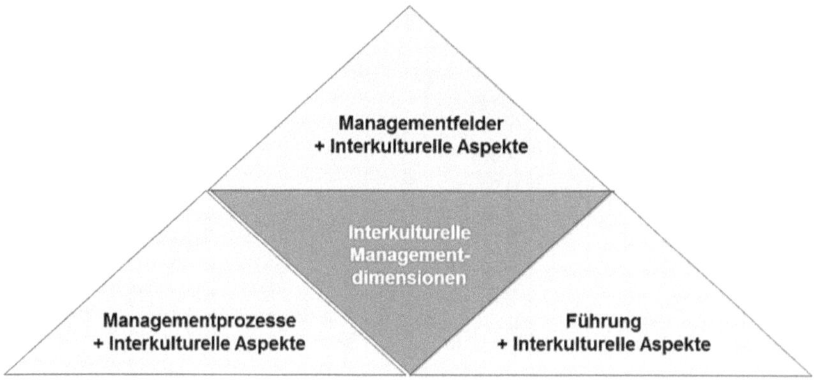

Abbildung 2/10: Interkulturelle Managementdimensionen

Managementfelder

Sie sind als Marketingmanager (Produktionsleiter, Personalmanager etc.) für ein deutsches Unternehmen im Ausland tätig. Welche kulturellen Einflüsse werden Ihr Managementfeld beeinflussen? Was können Sie tun, um bei Ihrer anspruchsvollen Auslandstätigkeit erfolgreich zu sein und sich darüber hinaus auch wohl zu fühlen?

Kulturelle Einflüsse führen zu Akzentverschiebungen, neuen Fragestellungen und erhöhen möglicherweise das Konfliktpotential. So muss strategisches Management interkulturelle Aspekte bei der Entwicklung und Durchsetzung von Markteintrittsentscheidungen und interkulturelles Marketingmanagement kulturelle Differenzen bei der Gestaltung von Werbebotschaften berücksichtigen. Interkulturelles Supply-Chain-Management beinhaltet kulturell differenzierte Verhandlungstechniken und eine kultursensible Vermittlung und Durchsetzung von Qualitätsanforderungen, während bei interkulturellem Netzwerkmanagement die kultursensible und interkulturell kompatible Gestaltung der internen und externen Unternehmenskommunikation eine Rolle spielt. Abbildung 2/11 zeigt interkulturell relevante Beispiele und Bereiche für ausgewählte Managementfelder.[45]

---

[45] Bei Befragungen im Rahmen einer 2010 abgeschlossenen Masterarbeit von insgesamt 13 mittelständischen international agierenden Unternehmen (sog. *hidden champions*) zeigte sich,

Ausgewählte Managementfelder in einem interkulturellen Umfeld systematisch erfolgreich gestalten		
Nr.	**Fachwissen**	**Beispiele für interkulturelle Relevanz**
1	Strategisches Management	• Entwicklung von Markteintrittsstrategien unter Einbeziehung der Konsumentenpräferenzen und des Leistungsangebots der Zielmärkte
2	Supply-Chain (Beschaffungs-) Management	• Vermittlung und Durchsetzung von Qualitätsanforderungen • Planung und Termine, Verhandlung und Verträge, Kontaktpflege
3	Produktionsmanagement	• Umsetzung von Qualitätsansprüchen und/oder Prozessinnovationen in ausländischen Betriebseinheiten
4	Marketing- und Vertriebsmanagement	• Entwicklung von Marketing- und Werbestrategien unter Berücksichtigung kultureller Werte und Gewohnheiten (Farben, Symbole, Codes, Bilder, Begriffe) und Konsumansprüche (Verpackungsgrößen, Produktbedeutung • Gestaltung des Key-Account Management ("One-Face-to-the-Customer")
5	Innovations- und F+E-Management	• Umgang mit kulturspezifischer Motivation, Initiative und Eigenständigkeit • Fähigkeit zur Initiierung und Vermittlung von Neuerungen
6	Vertragsmanagement	• Gestaltung der Rechtsbeziehungen zu Vertragspartnern • Aufbau von Beziehungen zu Judikative und Exekutive • Entwicklung von Strategien zur Rechtsdurchsetzung
7	Personalmanagement	• Entwicklung von passenden individuellen HRD-Strategien • Führen von Mitarbeitergesprächen, Gestaltung des Feedback
8	Finanzmanagement	• Aufbau und Pflege von Beziehungen zu Finanzinstitutionen und Steuerbehörden
9	Netzwerk- und Kooperationsmanagement	• Gestaltung der in- und externen Unternehmenskommunikation • Entwicklung und Pflege von Kooperationsbeziehungen
10	Team- und Projektmanagement	• Anforderung an das Teambuilding und die Steuerung von Prozessen • Inhalte und Verbindlichkeiten von Funktionen, Rollen, Terminen

Abbildung 2/11: Interkulturell relevante Managementfelder

---

dass in allen zwölf dort angesprochenen Managementfeldern jeweils über 80% der Befragten zumindest teilweise interkulturelle Einflüsse konstatierten. Allerdings wurde im weiteren Verlauf der Befragung auch deutlich, dass diese Erkenntnis keineswegs bedeutete, dass hierauf adäquat reagiert würde, vgl. Miedaner (2011), S. 79f.

Zur Erschließung der kulturellen und interkulturellen Potentiale von Managementfeldern können folgenden Fragen – in Bezug auf Kenntnisse, Vermittlung und Umsetzung – hilfreich sein:

Managementfelder: Interkulturell relevante Fragestellungen

- Welche speziellen kulturellen Kenntnisse (z.B. über Märkte und Marktteilnehmer und deren Usancen) besitze ich als Manager?
- Muss ich überhaupt unterschiedliche kulturelle Interessen und Erwartungen in meinem Managementfeld berücksichtigen? Falls ja, wie kann ich das in allgemeiner Form und in speziellen Situationen tun?
- Wie kann ich unternehmensrelevante Anforderungen, Erwartungen, Werte oder Grundsätze in geeigneter Weise vermitteln?
- Welche interkulturellen bzw. kulturell bedingten Konfliktpotenziale gibt es und wie kann ich diese vermeiden?
- Können kulturelle Faktoren mein Managementfeld positiv beeinflussen?
- Welche interkulturellen Kompetenzen benötige ich?

Hier geht es also darum, sich Wissen über kulturelle Einflussfaktoren auf Märkte sowie Einstellungen und Erwartungen der Marktteilnehmer und anzueignen und dieses konstruktiv umsetzen zu können. Kulturell bedingte Erfolgs- und Konfliktpotenziale sollten antizipiert werden können, um die unterschiedlichen Einstellungen zur Verbindlichkeit von Zusagen, zu Neuem, zur Erbringung von Leistungen, zum Umgang mit Risiken oder zu langfristigen Planungen einbeziehen zu können. Zudem müssen Anforderungen, Erwartungen und Überzeugungen kulturadäquat vermittelt werden.

Managementprozesse

Sie sind als Marketingmanager (Produktionsleiter, Personalleiter etc.) für ein deutsches Unternehmen im Ausland tätig. Inwiefern können kulturelle Einflüsse Ihr Prozessmanagement, also u.a. Zielsetzung, Planung, Organisation und Kontrolle beeinflussen? Was können Sie tun, um diese Einflüsse erkennen und zukünftig stärker berücksichtigen zu können?

Als interkultureller Manager sollten Sie Ihre Ziele durch eine möglichst kultursensible Gestaltung der notwendigen Managementprozesse erreichen. Diese unterscheiden sich nicht prinzipiell von den allgemeinen Prozessen: Ziele müssen gesetzt werden, es muss geplant und entschieden werden, die Umsetzung muss organisiert und koordiniert und die Prozesse und Ergebnisse schließlich gemonitort werden. Wenn möglich, werden Abweichungen analysiert und ein Feedback gegeben, um künftige Prozesse weiter optimieren zu können. Dieser *Managementzyklus* muss jedoch so gestaltet werden, dass alle Teilschritte in einem interkulturellen Umfeld so reibungslos und konfliktfrei wie möglich durchgeführt werden können, um die vorgegebenen Ziele und Wirkungen zu erreichen. Insbesondere muss ein gemeinsames Verständnis über die Bedeutung des Prozessmanagements, über die Verbindlichkeit der einzelnen Schritte und die Art der Vermittlungsprozesse, also Information und Rückmeldungen, erzielt werden. Abbildung 2/12 zeigt interkulturell relevante Beispiele für die einzelnen Prozessschritte.

Managementprozesse in einem interkulturellen Umfeld systematisch erfolgreich steuern		
Nr.	**Management-prozessschritte**	**Beispiele für interkulturelle Relevanz**
1	Ziele setzen	• Gemeinsames Verständnis von Zielsetzung und Zielvereinbarungen im Hinblick auf Bedeutung, Vermittlung, Inhalte, Operationalisierungsgrad und Verbindlichkeit
2	Planen	• Relevanz und Bedeutung von Planung • Umfang und Detailliertheit von Meilensteinen • Verbindlichkeit von Inhalten, Terminen und Deadlines
3	Entscheiden	• Berücksichtigung von Hierarchien bei Partizipation, Verständnis und Absicherung • Vermittlung von Entscheidungen und deren Konsequenzen • Erwartete Verbindlichkeit von Entscheidungen
4	Organisation und Koordination der Durchführung	• Erwartete und mögliche Flexibilität, Initiative und Kreativität • Antizipation von Reaktionen auf Planabweichungen • (Wechselseitige) Erwartungen an Art und Umfang von Informationen und Eigenverantwortung • Erwartete Genauigkeit und Zuverlässigkeit
5	Kontrollieren und monitoren	• Sensibilität im Hinblick auf Beobachtungs- und Kontrollvorgänge: Häufigkeit, Art, Intensität; Umgang mit Fehlerkultur • Umgang mit und Akzeptanz von Interventionen (Mikro-Management, Management-by-walking-around)
6	Feedback geben	• Akzeptierte und verhaltenswirksame Formen, Inhalte und deren Vermittlung • Organisieren von Verbesserungsprozessen

Abbildung 2/12: Interkulturell relevante Managementprozesse

Im Einzelnen geht es also vor allem um die vereinbarten Ziele und deren Verbindlichkeit hinsichtlich der zu erreichenden Ergebnisse, um den Umgang mit Planung und Planungsergebnissen sowie um die Entscheidungsfindung, bei der das Senioritätsprinzip und Partizipationsüberlegungen kulturangemessen beachtet werden müssen. Entscheidungen sollten dann flexibel und kreativ umgesetzt werden und in einer kulturangepassten Form kontrolliert werden.

Dafür sollten Sie sich mit der jeweils kulturell relevanten Bedeutung der verwendeten Begriffe, Ablaufformen und Inhalte vertraut machen und kulturell bedingte Erfolgs- und Konfliktpotenziale erkennen, um notfalls Prozessschritte nachjustieren zu können. Folgende Fragen sind für das Verständnis interkultureller Managementprozesse hilfreich:

Managementprozesse: Interkulturell relevante Fragestellungen

- Inwiefern unterscheidet sich das Verständnis von Inhalten und Bedeutung der verschiedenen Prozessschritte? Hat dies Auswirkungen auf die zu erreichenden Ergebnisse? Sollten diese Erkenntnisse meinen Umgang mit dem Prozess und den einzelnen Prozessschritten beeinflussen?
- Wie kann ich kulturelle Unterschiede und Besonderheiten im Prozessverständnis im Hinblick auf mögliche Erfolgs- und Konfliktpotenziale berücksichtigen?
- Wie können Begriffe, Verständnis, Inhalte, Anforderungen, Erwartungen und Verbindlichkeiten kulturangepasst vermittelt werden?
- Welche interkulturellen Kompetenzen benötige ich hierfür?

Führung

Sie sind als Marketingmanager (Produktionsleiter, Personalleiter etc.) für ein deutsches Unternehmen im Ausland tätig. Welche kulturellen Einflüsse sollten Sie bei Führungsaufgaben berücksichtigen? Was können Sie tun, um diese Einflüsse erkennen und zukünftig stärker berücksichtigen zu können?

Die Umsetzung von langfristigen Unternehmensstrategien hängt in hohem Maße davon ab, ob es gelingt, die Entwicklung, Vermittlung und Umsetzung der Strategien interkulturell akzeptabel zu gestalten. Nur wenn die multikulturelle Mitarbeiterschaft Vision und strategische Ziele versteht und akzeptiert, können diese eine lebendige Grundlage für die Entwicklung der Organisation darstellen. Es bedarf also einer deutlichen Zusatzleistung, um eine Organisation auch in einem interkulturellen Umfeld zielgerichtet in einem Prozess dauerhafter Entwicklung zu ihrer Höchstleistung zu führen.

Die adäquate Gestaltung und erfolgreiche Steuerung von *Organisationsentwicklungsprozessen* (OE) und Veränderungen (*change management*) von TNCs und im interkulturellen Kontext agierenden Organisationen wird also maßgeblich beeinflusst von der Fähigkeit und Bereitschaft der Mitarbeiter aus verschiedenen kulturellen Kontexten, diese Prozesse zu akzeptieren und sie im Unternehmensalltag umzusetzen. Bei der Entwicklung einer *Corporate Identity* (CI) und einer die unterschiedlichen kulturellen Lebenswirklichkeiten berücksichtigenden *Unternehmenskultur* sollten demnach kulturell geprägte Werte und Erwartungen einbezogen werden, um die Voraussetzung dafür zu schaffen, dass sich die Mitarbeiter mit „ihrer" Organisation identifizieren und bereit sind, sich für diese einzusetzen und Verantwortung zu übernehmen.

Eine Organisation in einem interkulturellen Umfeld zielgerichtet in einem Prozess dauerhafter Entwicklung zu ihrer Höchstleistung führen		
Nr.	**Führungsdimension**	**Beispiele für interkulturelle Relevanz**
1	Vermittlung und Durchsetzung von **Visionen, Zielen und Strategien**	• Verbindlichkeit und Bedeutung von langfristigen Visionen, Zielvorgaben und Strategien • Sichern von Verständnis, Akzeptanz, Identifikation und Motivation
2	Steuern von **Organisationsentwicklungs-** (OE) und **Veränderungsprozessen**	• Sichern der Bereitschaft zur Umsetzung • Umgang mit Unsicherheiten in Bezug auf kulturelle Anpassungsnotwendigkeiten • Umgang mit unterschiedlichen Einstellungen zu Innovationen und Flexibilität
3	Entwicklung und Anpassung der Corporate Identity (CI) und **Unternehmenskultur**	• Integration von speziellen kulturellen Elementen • Durchsetzen eines übergreifenden Unternehmensverständnisses • Sichern der Identifikation mit gemeinsamen Grundannahmen, Werten, Gepflogenheiten und ethischen Grundsätzen
4	**Mitarbeiter führen,** motivieren, befähigen, fördern, überzeugen	• Schaffen von Anreiz- und Motivationssystemen • Sichern von Vertrauen und Arbeitszufriedenheit (z.B. enge vs. weite Führung) u.a. durch Beziehungsaufbau • Praktizieren eines kulturübergreifenden Managementstils (MSS/BMS); • Sichern der Bereitschaft zu Leistungs- und Verantwortungsübernahme
5	Regeln und gestalten von Informations- und **Kommunikationsprozessen**	• Inhalte und Formen der notwendigen und erwarteten wechselseitigen Informationsweitergabe (evtl. mehrstufige wiederholte Prozesse) • Praktizieren eines kulturübergreifenden Kommunikationsstils (zB: KSS/BKS)
6	Steuern **sozialer Prozesse** und entwickeln (vorbeugender) Konfliktlösungen	• Entwickeln kulturangepasster Methoden zur Steuerung sozialer Prozesse und Übernahme sozialer Verantwortung • Identifizieren von Konfliktfeldern und praktizieren von (präventiven) kulturangepassten Lösungsansätzen für Konflikte

Abbildung 2/13: Interkulturell relevante Aspekte von Führung

Sowohl in organisationsinternen als auch in organisationsexternen Personenbeziehungen[46] müssen kulturelle Besonderheiten und Kommunikationserwartungen im Beziehungs- und Kooperationsmanagement einkalkuliert werden. Schließlich sollten kulturangemessene Lösungen für Konfliktregelungen und die Nutzung von Synergiepotenzialen auf individueller und Organisationsebene gefunden werden. Abbildung 2/13 zeigt ausgewählte Aspekte interkultureller Führung.

Es geht hierbei also primär um die Sicherung von Akzeptanz, Identifikation und Motivation in einem durch unterschiedliche Werte und Einstellungen geprägten Managementumfeld. Diese kulturellen Variablen sollten bekannt sein, vor allem, wenn es sich um unternehmensrelevante Verhaltensnormen, wie Kunden- und Qualitätsorientierung, Flexibilität oder Ergebnisorientierung handelt. Des Weiteren müssen die kulturspezifischen Voraussetzungen für die Gestaltung von internen und externen Beziehungen erkannt und kulturkompatible Verhandlungs- und Konfliktreduzierungsmechanismen praktiziert werden. Die folgende Übersicht fasst die zentralen Fragestellungen zusammen:

Führung: Interkulturell relevante Fragestellungen

- Welche Kenntnisse über kulturunterschiedliche Werte, Normen, Grundsätze und Überzeugungen sollte ich haben?
- Welche kulturell beeinflussten Haltungen, Einstellungen und Reaktionen – z.B. gegenüber Verbindlichkeit, Neuerungen und Änderungen, Leistung und Ergebnisorientierung, Flexibilität und Verantwortung – kenne ich?
- Wie sollte ich auf unterschiedliche Haltungen und Reaktionen reagieren?
- Wie können Akzeptanz, Identifikation, Motivation und Bereitschaft zur Übernahme von Verantwortung im interkulturellen Umfeld gesichert werden?
- Welche interkulturell akzeptablen Verhandlungs- und Konfliktreduzierungsmechanismen sollte ich einsetzen?
- Kann ich kulturübergreifende Grundsätze des KSS/BKS oder des MSS /BMS anwenden?

---

46 vgl. Abbildung 2/1

Abbildung 2/14 zeigt noch einmal die wesentlichen Managementdimensionen und -situationen im Zusammenhang und kann als Tool zur Analyse interkultureller Managementsituationen und kulturell relevanter Verhaltensdivergenzen sowie zur Identifikation eventueller Kompetenzdefizite dienen. Es könnte auch Grundlage für eine Forschungsagenda sein, die Managementbereiche, die interkulturellen Einflüssen unterworfen sind, erforschen möchte oder zur Systematisierung interkultureller Managementtrainings eingesetzt werden.

Ausgewählte Management-felder	Management-situationen	Management-Prozesse			Führung		
	* in * für * mit/ von andere(n) Kulturen	Ziele setzen, planen, entscheiden	Umsetzen, organisieren	Kontrol-lieren, Feed back geben	Vision, Strategien entwickeln	Informie-ren / Kommu-nizieren	Moti-vieren / Über-zeugen
Supply-Chain-Management							
Marketing-management							
Kooperations-management							
Vertrags-mananagement							
Personal-management							
Netzwerk-management							
Innovations-management							
Öffentlichkeits-arbeit							

Abbildung 2/14: Interkulturelle Managementmatrix

Zusammenfassung Kapitel 4

Internationales Management ist grenzüberschreitendes Management, das die nationalen Rahmenbedingungen, wie politische, ökonomische oder technologische Faktoren berücksichtigen muss. Eine *PESTLE-Analyse* kann hierfür solide Basisinformationen liefern.

Interkulturelles Management bezieht sich demgegenüber auf interkulturelle Aspekte der Managementdimensionen im In- und Ausland. Kultur kann als ein universelles für eine Gesellschaft, Organisation oder Gruppe typisches Orientierungssystem aufgefasst werden. Es prägt die Art, wie deren Mitglieder ihre soziale Umwelt wahrnehmen und führt zu spezifischen Bewertungen und Handlungen. Interkulturelles Management bedeutet daher managen in einem Kontext, der von dem Zusammentreffen von mindestens zwei unterschiedlichen Kulturen geprägt ist. Als interkulturell kompetenter Manager können Sie in einem solchen Kontext erfolgreich handeln. Dafür müssen Sie sich Ihrer eigenen kulturellen Orientierung bewusst werden und bereit sein, diese auch zu relativieren. Sie sollten für kulturandere Orientierungssysteme offen sein und diese auch dechiffrieren können, um sie dann mit den handlungswirksamen Elementen Ihrer eigenen Kultur zu verknüpfen.

Als Manager sind Sie mit unterschiedlichen interkulturellen *Managementsituationen* konfrontiert: Sie stehen als Manager *in anderen Kulturen* vor der Aufgabe ihre Managementtechniken an die kulturellen Erfordernisse anzupassen, ein anspruchsvolles Beziehungsmanagement gegenüber lokalen Ansprechpartnern zu betreiben und die Ansprüche der Zentrale zu erfüllen. Als Manager *für andere Kulturen* entwickeln Sie für diese Strategien oder Projekte oder sind verantwortlich für grenzüberschreitende Export- oder Beschaffungsaktivitäten. Als Manager *von anderen Kulturen* leiten Sie meist multikulturell zusammengesetzte Teams und müssen sowohl Konflikt- als auch Synergiepotenziale frühzeitig erkennen.

Schließlich müssen die interkulturellen Aspekte der *Managementdimensionen* erkannt und umgesetzt werden: Kulturelle Einflüsse führen zu Akzentverschiebungen und neuen Fragestellungen bei den *Managementfeldern*, so dass Sie als Manager sich kulturelle Kenntnisse über Märkte und Marktteilnehmer und deren Erwartungen aneignen müssen, um Einstellungen zu Verbindlichkeit, Neuem, Leistung, Risiken oder langfristigen Perspektiven einbeziehen zu können. Sie müssen die *Managementprozesse* kultursensibel gestalten und versuchen, ein gemeinsames Verständnis über Inhalte und Verbindlichkeit der einzelnen Schritte des Prozessmanagements und die Art der Vermittlungsprozesse zu erreichen. Sie *führen* erfolgreich, wenn Sie Ihrer multikulturellen Mitarbeiterschaft Ziele so verständlich vermitteln und diese mit ihnen vereinbaren können, dass sich die Mitarbeiter mit „ihrer“ Organisation identifizieren und bereit sind, sich für diese einzusetzen und Verantwortung zu übernehmen. Primär geht es hierbei um die Sicherung von Akzeptanz, Identifikation und Motivation in einem durch unterschiedliche Werte und Einstellungen geprägten Managementumfeld.

5 Zusätzliche verhaltensrelevante Variablencluster

5.1 Kulturmatrix

Bestimmen ausschließlich nationalkulturelle Faktoren unser Verhalten? Natürlich nicht. Sie kennen genügend Beispiele dafür, dass Menschen Ihrer eigenen Kultur vollkommen anders reagieren, als Sie erwartet haben. Und vielleicht haben Sie sich schon gefragt, warum Sie sich mit dem bestimmten Manager aus Indien so glänzend verstehen und sofort passende Gesprächsthemen finden. Welche Gründe könnte dies haben?

Für jeden Einzelnen existieren mehrere kulturelle Realitäten, an denen er sich – auch gleichzeitig – orientiert und die ihm divergierende Orientierungen anbieten. Diese kulturellen Realitäten beschränken sich keineswegs auf nationalkulturelle Unterschiede, obwohl die Untersuchungen von *Hofstede*, *Trompenaars*, *House et al.* sich genau hierauf beziehen. So unterscheidet sich die indonesische, italienische oder mexikanische Kultur in mehrfacher Hinsicht von der deutschen Kultur. Tatsächlich zerfällt die indonesische Kultur in eine Vielzahl von *sub-nationalen* Kulturen, von denen nur die nordsumatranische, die javanische und die sundanesische Kultur genannt werden sollen. Und Norditaliener werden mit Leichtigkeit kulturelle Unterschiede ihrer süditalienischen Nachbarn benennen können.

Gerade *lokal-kulturelle* Differenzen, sprachliche Unterschiede und verschiedene Bräuche, zwischen Bewohnern von Nachbarorten werden besonders deutlich wahrgenommen, dies gilt auch für innerstädtische soziokulturelle Differenzen zwischen verschiedenen Stadtvierteln (z.B. Charlottenburg und Neukölln in Berlin). Andererseits lassen sich den Nationalkulturen übergeordnete Kulturräume (*supranationale Kultur*) identifizieren, wie die Schwierigkeiten in der EU mit einem möglichen Beitritt der Türkei oder die der NAFTA mit ihrem Mitglied Mexiko zeigen. Diese regionalkulturellen Aspekte lassen sich unter dem Begriff der **Regionalkulturen** zusammenfassen.[47]

---

[47] s.a. Schneider/Barsoux (2003), S. 51ff.

Daneben agieren Menschen innerhalb von unterschiedlich gestalteten **Bereichskulturen**, die das Verhalten formen und über nationalkulturelle Grenzen hinweg ähnlich ausgeprägt sind. Dies gilt für Branchen- oder Professionskulturen (*Businesskultur*), die *Organisationskultur* von Unternehmen oder Institutionen sowie die *Sub-Organisationskultur* der verschiedenen Abteilungen oder Organisationsbereiche. So hat ein großes Maschinenbauunternehmen eine andere Organisationskultur als eine kleine IT-Entwicklungsfirma und die Mitarbeiter der BMW Group werden unternehmenskulturelle Unterschiede zu anderen Unternehmen der Automobilbranche kennen. Mediziner und Juristen haben differierende Professionskulturen und die Finanz- und Marketingabteilungen in Unternehmen sind durch unterschiedliche Abteilungskulturen gekennzeichnet.[48] Abbildung 2/15 fasst diese Aspekte als *Kulturmatrix* zusammen.

Regionalkulturen	**Bereichskulturen**		
	Business- / Professionskultur (zB IT-Branche, Ärzte)	**Unternehmens- / Organisationskultur** (zB BMW, Hochschule München)	**Sub-Organisationskultur** (zB Finanzen, Marketing)
Supranationale Kultur (zB Nordeuropa)			
Nationale Kultur (zB Deutschland)			
Sub-nationale Kultur (zB Oberbayern)		**Matrix zur Identifikation und Strukturierung von kulturellen Handlungsparametern**	
Lokale Kultur (zB Münchener Umland)			
Nachbarschaftskultur (zB Siedlung, Straße)			

Abbildung 2/15: Kulturmatrix

Durch die Kulturmatrix können die verhaltensbeeinflussende Variablen identifiziert und strukturiert werden und Schlussfolgerungen für das Managementverhalten abgeleitet werden. Nicht immer sind alle Handlungsparameter gleichermaßen relevant. So spielen bei den direkten Manage-

[48] s.a. Schneider/Barsoux (2003), S. 62ff.

mentbeziehungen sub-organisationale Einflüsse möglicherweise eine größere Rolle, während bei den indirekten Managementbeziehungen sub-nationale und professionskulturelle Faktoren mehr ins Gewicht fallen.

Für die handlungsorientierte Analyse wird vorgeschlagen, zunächst die zwei oder drei dominierenden regionalkulturellen und bereichskulturellen Faktoren zu identifizieren und anschließend Überlegungen für das eigene Managementverhalten anzuschließen.

5.2 Persönlichkeitsmerkmale

Außer durch kulturelle Variablen wird menschliches Verhalten durch viele weitere Faktoren beeinflusst, u.a. durch den familiären Hintergrund und Sozialisationsmuster, Rollenerwartungen und Gruppenzugehörigkeiten, Einflüssen von Bezugsgruppen und Schichtzugehörigkeiten. Weitere Beiträge zur Verhaltenssteuerung leisten das Arbeitsumfeld, die relative und absolute Einkommenssituation, Karriereerwartungen und natürlich der religiöse Hintergrund und politische Überzeugungen. Abbildung 2/16 stellt die wichtigsten Einflussfaktoren zusammen.

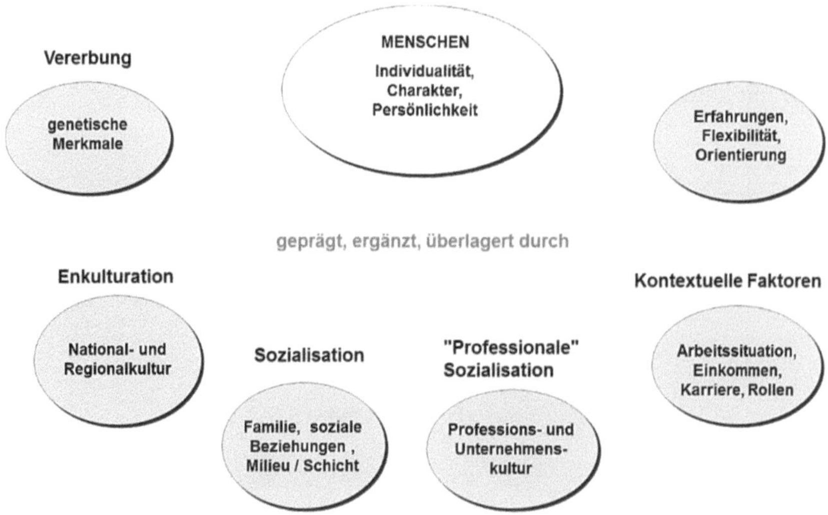

Abbildung 2/16: Verhaltensbestimmende Faktoren

Das individuelle Verständnis von zentralen Begriffen der Arbeitswelt – Leistung, Verantwortung, Erfolg, Termineinhaltung – ist also innerhalb der Nationalkulturen keineswegs einheitlich. Kulturelle Kenntnisse erlauben daher auch keine Aussagen über das konkrete Verhalten einzelner Personen, sondern allenfalls Tendenzaussagen über Verhalten, Reaktionen und Erwartungen der Mitglieder kultureller Gruppen. *Wood*[49] fasst diese Faktoren in zwei Gruppen zusammen:

> *Ideologie* ist ein System von Überzeugungen, Wertvorstellungen (Art der Weltsicht) und Einstellungen. Unter Überzeugungen versteht Wood Vorstellungen darüber, was richtig und falsch ist, unter Wertvorstellungen moralische Auffassungen darüber, was gut oder schlecht ist, und unter Einstellungen die Zustimmung oder Ablehnung von Meinungen, Tatsachen etc.
>
> *Persönlichkeit* ist die Summe von Merkmalen als Ergebnis von Anlagen und Erfahrungen, die sich u.U. zu systematischen Persönlichkeitstypen, wie eher extra- oder introvertierte Typen, bündeln lassen.

So ergeben sich Verhaltensähnlichkeiten zwischen sozial-engagierten englischen und chinesischen Managern, zwischen konservativen extrovertierten Managern aus Italien und den USA oder zwischen zwei einen autoritären Führungsstil praktizierenden Bereichsleitern aus Peru und Indien. Abbildung 2/17 zeigt, dass sich ideologische und Persönlichkeitsstrukturen mit kulturellen Faktoren überschneiden.

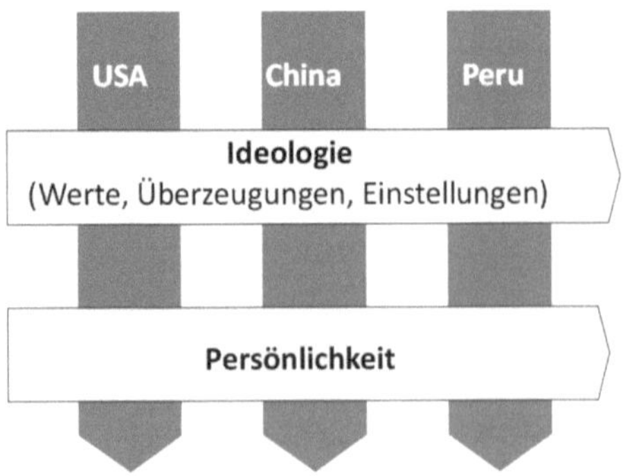

Abbildung 2/17: Kultur-Persönlichkeitsmatrix (nach Wood)

---

[49] vgl. Wood (1998)

Fasst man vereinfachend Persönlichkeits- und ideologische Faktoren unter dem Begriff *Persönlichkeitsmerkmale* zusammen, ergänzt diese Dimension die *Regional-* und *Bereichskulturen*. Persönlichkeitsmerkmale sind ebenso wie organisations- und professionskulturelle Merkmale im Rahmen nationalen Managements zu beachten. Dennoch gewinnen diese Parameter im interkulturellen Kontext eine noch größere Bedeutung, da hier einerseits eine größere Vielfalt an Organisationskulturen und Persönlichkeitstypen gegeben ist und diese ihrerseits kulturell beeinflusst sein können, so dass erfolgreiches Managementverhalten entsprechend justiert werden muss.

Die Tatsache, dass diese Parameter sich gegenseitig beeinflussen können, bleibt in dieser Darstellung ausgeklammert. Hinzu kommt ein weiterer Effekt: Die (Lern-)Fähigkeit und Bereitschaft anderer Personen, sich an Erwartungen des kulturanderen Managers anzupassen, kann möglicherweise „richtiges" interkulturelles Verhalten konterkarieren.[50]

Auch wenn es unmöglich ist, alle Parameter zu kennen, ist das Bewusstsein, *dass* diese Parameter Verhalten beeinflussen, der Schlüssel oder zumindest eine wichtige Voraussetzung für die Einschätzung der Reaktionen und der Kooperationsbereitschaft der Kommunikations- und Interaktionspartner.[51]

Zusammenfassung Kapitel 5

Das Verhalten von Personen wird außer von der Nationalkultur von *Regionalkulturen* und *Bereichskulturen*, wie der Professions- und der Organisationskultur, beeinflusst. Um die Relevanz dieser Vielzahl kultureller Faktoren zu kennzeichnen, wird vorgeschlagen, diese Einflüsse und die notwendigen Managementreaktionen im Rahmen einer *Kulturmatrix* zu erfassen und zu systematisieren.

---

[50] „[...] the reality of intercultural encounters is considerably more complex for several reasons: First, individuals are often influenced by multiple cultures – national, regional, organizational, functional, and professional [...]. Second, in no country are the people monolithic in their beliefs, values, and behaviors. [...] Third, our business counterparts are also learning how to deal with foreigners and may deal with us in ways that are not typical of their own culture. And finally, culture itself is very complex and may seem paradoxical for an outsider [...]. For this reason, simplistic categorization of cultures may provide helpful explanations of behavior, or good first guesses [...], but they are not good predictors." Nardon/Steers (2007), p 186.

[51] Mahadevan (2009) unterscheidet beispielsweise defensive und offensive Haltungen, s.a. Miedaner (2009).

Darüber unterliegt das menschliche Verhalten soziologischen, psychologischen, ökonomischen oder politischen Einflüssen und führt zu einem unterschiedlichen Verständnis von zentralen Begriffen der Arbeitswelt, wie Leistung, Verantwortung, Erfolg und Termineinhaltung. Nach Wood können diese die kulturelle Erwartung modifizierenden *Persönlichkeitsmerkmale* unter den Sammelbegriffen Ideologie und Persönlichkeit zusammengefasst werden.

Als Manager muss man sich dieser Einflüsse bewusst sein, auch wenn es unmöglich ist alle Parameter zu kennen, um Reaktionen und Kooperationsbereitschaft der Kommunikations- und Interaktionspartner einschätzen zu können.

Teil III: Entwicklung interkultureller Managementkompetenz

Möglicherweise sind Sie jetzt etwas verunsichert. Es gibt so viele Aspekte, auf die Sie als Manager im interkulturellen Raum achten sollten. Werden Sie dies neben Ihren wichtigen und dominierenden fachlichen Anforderungen schaffen? Die Antwort heißt: Natürlich schaffen Sie das. Es kommt allerdings darauf an, die richtige Balance zu finden. Was dies bedeutet, erfahren Sie in einem der nächsten Kapitel.

Allerdings haben auch viele Unternehmen noch keine zufriedenstellende Antwort darauf gefunden, wie sie mit diesen Herausforderungen umgehen. Welche interkulturellen Kompetenzen sind wichtig, welche Arten interkultureller Trainings sollen angeboten werden und welche Bedeutung hat die Eigeninitiative der Mitarbeiter? Verschiedene Unternehmensbefragungen ergeben hierzu interessante Antworten.

Trotzdem stellen Sie sich nun die Frage, was bedeutet dies für mich? Wie gehe ich vor, um interkulturelles Wissen und Know-how zu erwerben? Gibt es eine Methode, wie ich Schritt-für-Schritt notwendige interkulturelle Kompetenzen erwerben kann? Genau davon handelt dieser Teil. Ich stelle Ihnen ein Vier-Stufen-Modell vor, das sich hierfür eignet und das Sie für Ihren eigenen Lernprozess einsetzen können. In den folgenden Kapiteln finden Sie praxisnahe Antworten.

Einer weiteren Frage, die sich daran anschließt, werden wir dann nachgehen: Lässt sich interkulturelle Managementkompetenz messen? Die Antwort ist nicht ganz eindeutig. Ja, sie lässt sich messen, aber die Messinstrumente müssen noch geschärft und verfeinert werden – derzeit werden sie noch zu wenig genutzt.

6 Praxis und Theorie des Interkulturellen Managements

6.1 Interkulturelles Management in der Praxis[52]

In diesem Kapitel finden Sie Ergebnisse einiger empirischer Untersuchungen. Bitte überlegen Sie, wie Ihr Unternehmen auf die jeweiligen Fragen geantwortet hätte, beispielsweise: Welche Bedeutung hat interkulturelles Management in Ihrem Unternehmen? Fühlt sich Ihr Unternehmen für die Entwicklung der institutionellen interkulturellen Kompetenz verantwortlich oder setzt es eher auf die Eigeninitiative der Mitarbeiter? Bietet es geeignete interkulturelle Fortbildungen an und verfügt sogar über einen systematischen Ansatz? Erkennen Sie Ihr Unternehmen bei einem der Beispielunternehmen wieder? Übrigens: Als Autor würde ich mich freuen, wenn Sie mir Ihre Einschätzung zusenden würden.

International tätige Unternehmen und Organisationen betonen im Regelfall die große Bedeutung des interkulturellen Managements, setzen sich aber meist nur sporadisch und oberflächlich mit dieser Thematik auseinander. Bei Befragungen wird nur ausweichend oder allgemein geantwortet. Für eine systematische Auseinandersetzung fehlen entweder die Kenntnisse oder ein geeignetes Umsetzungsinstrumentarium. Vielleicht ist auch ein echtes Problembewusstsein nicht vorhanden und die möglichen Erfolgspotenziale werden falsch eingeschätzt. Häufig werden kurzfristig zu lösende interkulturelle Probleme genannt, auf die dann mit ad hoc-Lösungsansätzen reagiert wird, oder es wird auf interkulturelle (Kurz-) Trainings verwiesen, deren Ziele jedoch meist unscharf sind und sich vielfach auf die bereits erwähnten „Dos and Don'ts“ beschränken.

Zwischen 2006 und 2013 wurden rund 60 Manager verschiedener Managementebenen von etwa 30 transnationalen Unternehmen aus dem Raum München zur interkulturellen Praxis ihres Unternehmens befragt. Die befragten Unternehmen sind i.d.R. in mindestens 30 Ländern vertreten und haben mit wenigen Ausnahmen zwischen 10.000 und 300.000

[52] Die empirischen Ergebnisse wurden entnommen aus Koch (2014)

Mitarbeiter, die aus bis zu 127 verschiedenen Nationen stammen.[53] Ziel der Befragungen war es, herauszufinden, was in den jeweiligen Unternehmen unter interkulturellem Management verstanden wird, welche hiermit im Zusammenhang stehenden Maßnahmen ergriffen werden und wie interkulturelle Managementkompetenz erworben wird oder werden sollte. Den studentischen Teams wurde lediglich vorgegeben, eine Frage zu *sozialen Basiskompetenzen* sowie weitere Fragen zu den verschiedenen oben näher dargestellten Managementdimensionen zu stellen.[54] Die Interviewleitfäden wurden also nicht vereinheitlicht, so dass die Vergleichbarkeit der Ergebnisse zwar einschränkt ist, sich aber dennoch interessante Tendenzen erkennen lassen:

- Praktisch alle befragten Unternehmen sind sich der bestehenden interkulturellen Herausforderungen bewusst, aber nur wenige verfügen über Konzepte für ein interkulturelles Management.
- Nur die Hälfte der befragten Unternehmen ist der Auffassung, dass interkulturelle Kompetenz der Mitarbeiter und die Berücksichtigung interkultureller Aspekte im Unternehmen auch wichtig sind.
- Ebenfalls etwa die Hälfte der Unternehmen bieten hierfür interkulturelle Trainingskurse an. Dieses Angebot unterscheidet sich aber stark in seinen Inhalten und in der Anzahl der angebotenen Kurse, die i.d.R. für die Mitarbeiter auch nicht verpflichtend sind und meist nur von wenigen Mitarbeitern belegt werden.

---

[53] Die Befragungen wurden im Rahmen von mehreren Seminaren „Interkulturelles Management in transnationalen Unternehmen“ von Studierenden des Masterstudiengangs „Interkulturelle Kommunikation und Kooperation“ an der Hochschule München durchgeführt, die auch die Unternehmen selbst auswählten. Dies erleichterte für sie den Zugang zu Personen mit einer Affinität zu internationalen bzw. interkulturellen Themen und die zudem bereit für ein Interview auf vertraulicher Basis waren. Die Interviewleitfäden wurden von den Studierenden auf der Grundlage des oben skizzierten theoretischen Gerüsts individuell oder in Kleingruppen erarbeitet. Die gestellten Fragen waren damit auch abhängig von den Interessen der Studierenden, ihrem Hintergrundwissen und ihrer Bereitschaft relevanten Fragestellungen auch nachzugehen. Auf diese Weise entstanden allerdings keine identischen Interviewleitfäden, so dass die Vergleichbarkeit der Ergebnisse eingeschränkt ist und auch nur begrenzt die Möglichkeit besteht, die Ergebnisse quantitativ zusammenzufassen. Die den Unternehmen zugesicherte Vertraulichkeit schließt zudem die Nennung der befragten Unternehmen aus. Die Erkenntnisse, die sich aus den Befragungen ableiten lassen, sind demnach uneinheitlich, dennoch lassen sich interessante Tendenzen erkennen.

[54] vgl. hierzu Kapitel 4 sowie das folgende Kapitel 7

- Praktisch alle befragten Personen stimmen der These zu, dass die sozialen Basiskompetenzen – bewusste Offenheit, intelligente Flexibilität und respektvolle Freundlichkeit – wichtige, zum Teil sogar die wichtigsten interkulturellen Basiskompetenzen für Manager darstellen. Diese grundsätzliche Zustimmung wurde durch zusätzliche persönliche Kommentare der Befragten erläutert und ergänzt.
- Nur in einer sehr kleinen Anzahl von Unternehmen (unter 10%) gibt es mehr oder weniger systematische Ansätze, sich mit der Thematik des interkulturellen Managements eingehender zu befassen oder sogar ganzheitliche interkulturelle Managementkonzepte umzusetzen.
- Schließlich vertrat die große Mehrheit (etwa 2/3) der Unternehmen direkt oder indirekt die Auffassung, dass bei der interkulturellen Managementkompetenz vor allem auf die Eigeninitiative der Mitarbeiter gesetzt werden solle.

Diese Ergebnisse sind mit Erkenntnissen anderer Studien vergleichbar. So fanden Unruh und Cabrera[55] bei Führungskräftebefragungen heraus, dass 76% der Meinung waren, dass Unternehmen über „globale Führungskräfte" verfügen müssten, wobei allerdings nur 1/3 der Unternehmen Programme für internationale Führungskräfteentwicklung anboten. Von diesen bezieht sich erfahrungsgemäß nur ein kleiner Teil auf interkulturelle Inhalte und beschränkt sich dann auch auf kurzfristige Trainings. Folgerichtig wurde auch „Eigeninitiative" als wichtigste Voraussetzung, sich als globale Führungskraft weiterzubilden, angesehen. Daraus lässt sich schließen, dass der Anteil der Unternehmen mit mehr oder weniger systematischer Fortbildung im Bereich des interkulturellen Managements wahrscheinlich noch unter den zuvor genannten 10% liegen dürfte.[56]

Da, wie erwähnt, eine weitere quantitative Auswertung durch die unterschiedlichen Fragestellungen und Vorgehensweisen erschwert ist, werden im Folgenden ausgewählte beispielhafte Aussagen aus den Berichten zu einzelnen Unternehmen vorgestellt.[57]

---

[55] Unruh/Cabrera (2013), S. 94

[56] Wie die studentischen Befragungen zeigen, liegen diese Zahlen deutlich unter denjenigen, die realisiert werden würden, wenn Personalabteilungen ihre Vorstellungen in Bezug auf die interkulturelle Thematik umsetzen könnten.

[57] Die jeweiligen Unternehmen sind anonymisiert, die Zitate wurden den Befragungsberichten entnommen.

Unternehmen A

„Die Untersuchung hat bestätigt, dass A zwar international, aber nicht interkulturell arbeitet und dass das Bewusstsein für kulturelle Einflüsse sehr gering ist. Die Erkenntnis für die Notwendigkeit interkulturellen Managements scheint bei A momentan noch zu gering zu sein, um aktiv kulturübergreifendes Management einzuführen. [...] Solange allerdings das obere Management auf globaler Ebene keine Bemühungen zeigt, kulturelle Aspekte in der täglichen Arbeit zu berücksichtigen oder sogar zum Vorteil von A einzusetzen, ist es schwierig für das mittlere Management, Bestrebungen in dieser Hinsicht nachzugehen. Darüber hinaus mangelt es wegen der fehlenden Schulungen insgesamt an Kenntnissen über interkulturelles Management."

Unternehmen B

„In den Interviews wurde herausgefunden, dass kulturelle Unterschiede und deren potenzielle Auswirkungen dem Management bewusst sind. [...] Es fehlen allerdings konkrete Ansätze, Konzepte und Empfehlungen [...] zu interkulturellem Management. [...] Nichtsdestotrotz wird interkulturelles Management teilweise schon angewendet, jedoch nur auf individueller Ebene, wenn sich der Team- oder Projektleiter mit dem Thema beschäftigt oder individuelle Erfahrungen gesammelt wurden."

Unternehmen C

„Was gar nicht gemacht wird, ist z.B. die Mitarbeiter für das Amerikageschäft vorzubereiten, obwohl sie interessanterweise dort größere Probleme haben als bei der Zusammenarbeit mit Asiaten. Dafür fehlt im Unternehmen immer noch das Bewusstsein. Man unterstellt automatisch, dass die Kommunikation mit westlichen Kulturen besser funktioniert, was in der Realität leider nicht bestätigt werden kann. [...] Ob die Mitarbeiter bei ihren Arbeitseinsätzen im Ausland erfolgreich sind, kann nicht beantwortet werden, da keine Evaluation, Feedbackgespräche nach dem Auslandseinsatz oder Betreuung im Ausland praktiziert werden."

Unternehmen D+E

„Die untersuchten Unternehmen haben den dringenden Bedarf an Weiterbildungen im Bereich interkulturelle Kommunikation und Kompetenz nicht richtig erkannt. Daher ist die Mitarbeiterförderung der Unternehmen zum Thema Interkulturalität immer noch mangelhaft, und die angebotenen Kurse werden von den Mitarbeitern kaum genutzt. [...]

Der Erwerb von spezifischem Wissen über die eigene und andere Kulturen [...] ist [...] kein zentrales Thema in diesen Unternehmen. [...] Einzelne Personen aus den [...] Unternehmen beschäftigen sich intensiv mit dem Thema Interkulturalität und möchten dazu beitragen, dass die Firmen, für die sie tätig sind, sich mehr mit Fragen der Interkulturalität beschäftigen. [...] Die Weiterentwicklung der Firmen in dieser Richtung stößt nach Angaben der Gesprächspartnerinnen leider immer wieder auf zu viel Bürokratie und stellt einen Kostenfaktor dar, den sich die Unternehmen nicht leisten wollen."

Unternehmen E1–E4

„In keinem der vier Unternehmen gibt es einen Mitarbeiter, der sich spezifisch mit interkulturellen Themen beschäftigt. [...] Die Unternehmen weisen völlig unterschiedliche Ansätze im Umgang und zur Förderung interkultureller Kompetenz im Personalbereich auf. Insgesamt gäbe es bei allen Unternehmen, Chancen, die interkulturellen Kompetenzen innerhalb des Unternehmens stärker in den Vordergrund zu stellen. Die Berücksichtigung interkultureller Kompetenz könnte zur Identifikation der Mitarbeiter mit ihrem Unternehmen und letztendlich zum Unternehmenserfolg beitragen."

Unternehmen F+G

„Es zeigt sich, dass F Bausteine des interkulturellen Managements einsetzt, aber meist nur, wenn sich der individuelle Manager aktiv darum bemüht. Das heißt es gibt keinen strukturierten, systematischen Ansatz, um den Erwerb von interkulturellen Managementkompetenzen zu fördern. Stattdessen wird vom Mitarbeiter erwartet, dass er interkulturelle Kompetenz und Flexibilität mitbringt, um sich an die doch stark standardisierten Werte und Vorgaben des Unternehmens anzupassen. [...] G überlässt es den jeweiligen Managern, interkulturelle Probleme zu lösen: es gibt kein Gesamtkonzept und keine langfristigen Maßnahmen."

Unternehmen H

„Der Stellenwert des interkulturellen Managements im Unternehmen H ist stark ausbaufähig. Es wird kein systematischer Ansatz verfolgt, es dominieren eher punktuelle Aktivitäten, allerdings sollen interkulturelle Aspekte in ein neues Leadership-Konzept [...] integriert werden. [...] Grundsätzlich gibt es zwar Seminare für die Vorbereitung auf eine internationale Aufgabe, diese können aber aufgrund geringer Vorlaufzeit zwischen Entscheidung und Entsendung nicht immer besucht werden. Das notwendige Wissen wird dann später im Eigenstudium vor Ort nachgeholt. [...] Interkulturelle Kompetenz wird weitgehend mit den sozialen Basiskompetenzen gleichgesetzt, ergänzt um Schulungen im Rahmen einer Entsendung. Im Managementprozess dominiert die Aufgabendimension, bei der Mitarbeiterführung werden interkulturelle Aspekte i.d.R. vernachlässigt."

Zusätzlich zu diesen zusammenfassenden Einschätzungen zeigen die folgenden ausgewählten Aussagen die Einstellung zu den beiden Themen „Verstärkte Nutzung von Eigeninitiative" und „Interkulturelle Trainings":

Ausgewählte Aussagen zu „Nutzung von Eigeninitiative"

- Ob interkulturell kompetent gehandelt wird, ist vom Wissen und den Erfahrungen der Mitarbeiter abhängig, diese handeln zum Teil intuitiv und unbewusst.
- Es bleibt dem einzelnen Manager überlassen, wie er seine Mitarbeiter führt, auf globaler Ebene gibt es hierzu keine Vorgaben.
- Einzelpersonen berücksichtigen interkulturelle Unterschiede individuell.
- Der Schwerpunkt in F liegt auf einem informellen Austausch der Mitarbeiter außerhalb des Arbeitsplatzes.
- G überlässt es den betroffenen Managern interkulturelle Probleme zu lösen.
- Aktionen zum interkulturellen Management beruhen meistens auf Initiativen von Einzelpersonen.

Ausgewählte Aussagen zu „Interkulturelle Trainings"

- Es gibt keine Maßnahmen, die die Mitarbeiter befähigen würden, interkulturelle Kompetenz zu erwerben.
- Es gibt keine Schulungen, Unterlagen oder Verhaltensvorgaben für interkulturelles Team- und Projektmanagement.
- Eine spezielle kulturelle Vorbereitung für Auslandseinsätze gibt es nicht.
- Das Unternehmen bietet E-Learning Kurse zu interkultureller Kommunikation, ein anderes bei Bedarf Coaching an.
- H bietet kein interkulturelles Trainingsprogramm an.
- K stellte früher interkulturelle Trainings bereit, jetzt nicht mehr.

- Bei F können allgemeine Trainings zu „Dos and Don'ts“ besucht werden.
- L bietet Workshops, Cultural Briefings und Trainings zu Interkultureller Kompetenz an und bereitet auf eine Auslandstätigkeit vor.

6.2 Standardisierung und Spezialisierung

Interkulturelles Management erfordert neue Denkweisen. Dies bedeutet aber keineswegs, dass alles bisher Gelernte und Praktizierte nun nichts mehr gilt. Vielmehr sollten bisherige Managementmethoden überdacht und eine Balance mit neuen interkulturell angepassten Verhaltensweisen gefunden werden.

Wie würden Sie Ihren jetzigen Managementstil beschreiben? Welche Grundsätze oder Prinzipien sind für Sie besonders wichtig? Welche müssten Sie Ihrer Meinung nach anpassen oder ändern, um sie auch in interkulturellen Situationen erfolgreich einsetzen zu können?

Wenn Sie in einem interkulturellen Kontext tätig sind, benötigen Sie zusätzliche Kenntnisse, Fähigkeiten und Kompetenzen, um ihre Ziele erreichen zu können. Sind diese Voraussetzungen vorhanden, können Sie kulturell bedingte Voraussetzungen und Wirkungen antizipieren und notwendige Maßnahmen frühzeitig ergreifen. Die entscheidenden kulturübergreifenden, managementrelevanten Kompetenzen bestehen darin, kulturell divergierende Faktoren zunächst zu erkennen, sie zu verstehen und sie dann – kultursensibel – durch geeignete Vermittlungs- und Reaktionsprozesse für Ihre Zielerreichung nutzbar zu machen, um so ein (gemeinsam) akzeptierbares Ergebnis zu erreichen.[58]

Globalisierungsbedingt finden laufend weltweite Anpassungs- und Integrationsprozesse statt: Landeskulturen wachsen zusammen und nähern sich zumindest teilweise einander an, so dass sich Unterschiede verwischen. Rechts- und Wirtschaftssysteme werden einander ähnlicher, globale Unternehmensstrategien werden praktiziert und ähnlicher werdende Frei-

[58] Erste Überlegungen zu diesem Teil III finden sich in: Koch (2008/2) S. 101–127

zeit- und Konsumvorstellungen führen zu international ähnlichen Verhaltensmustern. Damit verlieren einige kulturelle Unterschiede im Zuge der Globalisierung an Bedeutung, so dass Managementsituationen und daraus ableitbare Strategien vergleichbarer und kulturelle Faktoren anscheinend bedeutungsloser werden.

Andererseits bestehen viele kulturelle Unterschiede weiterhin. Wesentliche Bereiche des inneren Kerns an Werten und Normen der National- und Subkulturen der einzelnen Länder bleiben erhalten und bestimmen nach wie vor wesentliche Bereiche menschlichen Verhaltens. Die beobachteten Standardisierungen durchdringen keineswegs alle kulturellen Schichten eines Landes, sondern bleiben an der kulturellen Oberfläche oder beschränken sich auf solche sozialen Gruppen, die einen eher „westlich orientierten" Lebensstil praktizieren. Kulturdivergenzen bleiben also trotz Globalisierung weitgehend intakt: Globalisierung verändert Kulturen eher oberflächlich – diese erscheinen häufig ähnlicher als sie es tatsächlich sind, bzw. sind unterschiedlicher als sie erscheinen. Trotz dieser „Oberflächenharmonisierung" ist der globale Kulturkorridor zwischen den verschiedenen Landes- oder Regionalkulturen eher schmal, er beschränkt sich meist nur auf leicht erfahrbare sichtbare Bereiche.[59] Der Erfolg von Globalisierungsstrategien hängt demnach in hohem Maße davon ab, inwieweit kulturübergreifende Methoden praktiziert werden können (Standardisierung) bzw. inwieweit eine Anpassung an lokale Besonderheiten erfolgen sollte (Spezialisierung). Bei der **Standardisierung** geht es um die Übertragung von bewährten Methoden und Ansätzen, wie Unternehmensgrundsätze, Corporate Identity, IT-Strategien, Konzernstrategie oder Markenpolitik, etwa durch zentral gesteuerte Roll-out-Prozesse, auf die globale Unternehmensstruktur. **Spezialisierung** erfordert im Gegenteil die explizite Berücksichtigung nationaler oder sub-nationaler Besonderheiten, in Bereichen, wie Organisation, Management oder Produktion, etwa in Bezug auf die Marktbeziehungen – gegenüber Kunden bei der Produktgestaltung und gegenüber Lieferanten bei Qualitäts- und Terminvorgaben.

In der Praxis wird keiner dieser beiden Ansätze vollständig umgesetzt. Absolute Standardisierung ist angesichts der Tatsache, dass viele zentrale Elemente, etwa im Rahmen eines Roll-outs oder bei Planungsverfahren nicht vollständig übernommen werden können, sondern an landes- oder regionalspezifische Besonderheiten angepasst werden müssen, nicht möglich. Auch Produktionsverfahren und Investitionsentscheidungen sind häufig

---

[59] s.a. Scherm/Süß (2002) S. 513; Scholz (2000), S. 827ff.

durch regionale Anforderungen geprägt. Ferner müssen Produktpolitik und -entwicklung, Marketing- und Werbestrategien sowie Vertriebspolitik und Kundenbeziehungen an die jeweiligen Marktbedingungen angepasst werden und für Imagepolitik und das Verhalten gegenüber Konkurrenten gilt ähnliches.[60] Andererseits ist absolute Spezialisierung unökonomisch, da sie auf bewährte Verfahren und zentrale Steuerungskomponenten verzichten würde.

In der Realität werden also beide Strategien kombiniert. Bei einem solchen **integrativen Ansatz** wird eine Balance zwischen Standardisierung und Spezialisierung angestrebt, indem erfolgversprechende Faktoren aus beiden Bereichen eingesetzt werden. Er verzichtet ebenso auf marktferne weltweite Standardisierungen wie auf eine vollständige kostenintensive Anpassung an lokale Bedingungen und die Gefahr des Verlusts der Unternehmensidentität. Standardisierte Rahmenbedingungen können vorgegeben werden, müssen aber so flexibel gehandhabt werden, dass sie an die lokalen Gegebenheiten und kulturellen Besonderheiten angepasst werden können.[61] Diese Entscheidung sollte auf der Grundlage gesicherten Wissens getroffen und umgesetzt werden,[62] wobei der Managementerfolg wesentlich von dem „Mischungsverhältnis" zwischen Standardisierung und Spezialisierung abhängen wird. Grundlage für Entscheidungen sollte dabei die Effizienzregel „so viel Standardisierung wie möglich, soviel Spezialisierung wie nötig" sein.

---

[60] s.a. Scherm/Süß (2001) und (2002)

[61] Maznewski/Zander (2001) zitieren Untersuchungen über erfolgreiche multikulturelle Teams, die allgemeine Normen mit individuellen Verhaltenspräferenzen kombinieren, etwa die allgemeine Verhaltensnorm, seine Meinung frei zu äußern mit der individuellen Abneigung dieses zu tun. Ein Ansatz zur Lösung dieses Problems bestand in der Bildung informeller Subgroups, in denen individuelle Meinungsäußerungen auch von denjenigen akzeptiert wurden, die dieses Verhalten im Plenum ablehnten.

[62] s.a. Reinecke (2001), S. 9

Der integrative Ansatz verbindet damit zwei sich zunächst gegenseitig ausschließende Vorgehensweisen: die ausschließliche Anwendung allgemeiner und erprobter Standardverfahren, ohne kulturelle Faktoren zu beachten, durch ein als *culture free* apostrophiertes Standardmanagement, und ein vollständig an lokale Bedingungen angepasstes *culture bound*-Management. Abbildung 3/1 fasst diese Überlegungen in einer Übersicht zusammen.

Abbildung 3/1: Der integrative Ansatz

Für Art und Umfang der Adaption lassen sich keine Standards festlegen, es kommt hierbei darauf an, Wissen, Erfahrung und Kompetenz miteinander zu verknüpfen und kontinuierlich an die lokalen Erfordernisse anzupassen. Das Wissen um den Umfang der notwendigen Anpassung und Umsetzung stellen den Kern interkultureller Managementkompetenz dar. Die notwendige Adaption wird dabei relativiert durch die interkulturellen Kompetenzen der kulturanderen Geschäftspartner und deren Bereitschaft und Fähigkeit, diese umzusetzen, so dass in hohem Maße Verständnis, Reaktionsfähigkeit und Flexibilität gefragt sind. Abbildung 3/2 zeigt unterschiedliche Mischungsverhältnisse von Spezialisierung und Standardisierung in Abhängigkeit von den Situationen S1, S2 und S3.

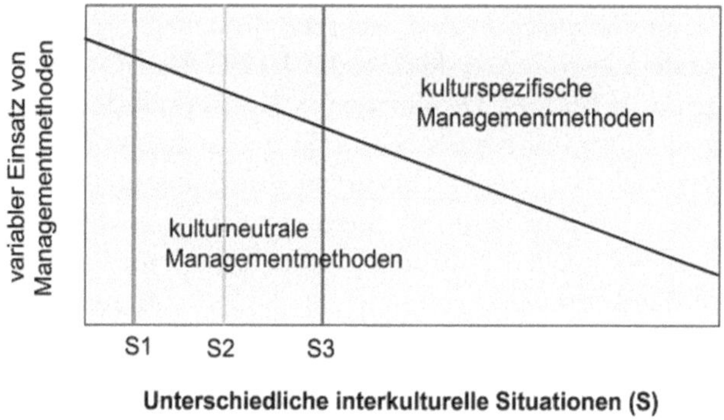

Abbildung 3/2: Variabler Einsatz standardisierter und spezialisierter Managementinstrumenten in verschiedenen interkulturellen Situationen

Abbildung 3/3: Das EPRG-Modell (Perlmutter)[63]

Die Darstellung geht davon aus, dass in allen interkulturellen Managementsituationen standardisierte und spezialisierte Managementinstrumente kombiniert werden müssen. Die Anteile variieren, wobei Mindestanteile beider Kategorie in allen Situationen vorhanden sein müssen. Dieser Ansatz, bei dem Erprobtes kreativ und handlungsorientiert an kulturelle Besonderheiten angepasst (modifiziert) bzw. mit diesen „versöhnt“[64]

---

[63] EPRG steht für **e**thnozentrisch – **p**olyzentrisch – **r**egiozentrisch und **g**eozentrisch; vgl. Meier/Roehr (2004), S. 23f.; Meckl (2006), S. 96ff.

[64] vgl. Trompenaars/Wooliams (2004)

wird, hat seine Parallelen in zwei weiteren Modellen: So entspricht er beispielsweise dem *geozentrischen Konzept* des *EPRG-Modells* von Perlmutter (s. Abbildung 3/3). Bei den verschiedenen Konzepten des EPRG-Modells handelt es sich um Führungsmodelle für global agierende Unternehmen. Das geozentrische Konzept steht für ein global übergreifendes Führungskonzept, das verknüpft wird mit einem dezentralen Organisationsmodell mit überwiegend lokalen Führungskräften. Dies erfordert Abstimmungs- und Kommunikationsprozesse zwischen Zentrale und Tochtergesellschaften, die Beachtung lokaler Gegebenheiten und die interkulturelle Kompetenz der Interaktionspartner.

Abbildung 3/4: Globalisierungsstrategien (Bartlett/Ghoshal)[65]

Vergleichbare Überlegungen liegen auch dem *Strategiemodell* von Bartlett/ Ghoshal[66] zugrunde. Diese leiten aus dem Spannungsfeld von kostenreduzierenden Standardisierungen und notwendigen lokalen Anpassungen vier unterschiedliche Strategietypen ab, wobei die *Transnationale Strategie* dem Geozentrischen Konzept von Perlmutter ähnelt.[67] Ziel dieser Strategie ist es ebenfalls, dezentrale und zentrale Strategieelemente zu kombinieren, also die Bereiche lokal anzupassen und zu spezialisieren, wenn dies aufgrund der Rahmenbedingungen geboten erscheint. Standardisiert werden sollen die Bereiche, bei denen Effizienzvorteile durch die „globale

[65] Abbildung in Anlehnung an Meckl (2006), S. 105

[66] vgl. Bartlett, C./ Ghoshal, S. (2001), Meckl (2006), S. 104ff.

[67] vgl. Meier/Roehr (2004), S. 23f.; Meckl (2006), S. 104ff.

Integration von Wertschöpfungsaktivitäten" erzielt werden können. Abbildung 3/4 zeigt den Ansatz von Bartlett/Ghoshal und die korrespondierenden Begriffe des EPRG-Modells.

Diese Konzepte stimmen auch mit Umsetzungsstrategien der Global Player überein, wie die Ergebnisse einer internationalen Befragung von CEOs zeigen.[68]

- Ansätze zur globalen Integration und Optimierung werden auf die Unternehmensbelange abgestimmt, da globale Marken und Produkte auch lokalen Ansprüchen gerecht werden: Ein CEO aus der Telekommunikationsbranche: „Wir müssen globale Produktplattformen aufbauen und beibehalten, um uns Größenvorteile zu sichern. Wir müssen aber auch die Produktmerkmale an lokale Vorlieben anpassen."
- Große Synergiepotenziale werden bei der globalen Zusammenführung (Standardisierung) von Back-Office-Funktionen, wie dem Finanz- und Personalwesen, gesehen. Kernprozesse, wie die Fertigung von Produkten, sollten möglicherweise vor Ort optimiert werden, da Vertriebs- und Markteinführungsprozesse in der Regel lokales Know-how und Fachwissen erfordern: Ein CEO aus Italien: „Unser Geschäftsmodell basiert auf der Konsolidierung und Globalisierung von Back-Office-Prozessen, wodurch wir eine kritische Masse erreichen wollen, und auf der Lokalisierung von geschäftsspezifischen Komponenten, die eng mit lokalen Märkten verknüpft sind."
- Die Bedeutung einer gemeinsamen Unternehmenskultur bei gleichzeitiger Wahrung der kulturellen Vielfalt unterschiedlicher geografischer Bereiche wird hervorgehoben: Ein CEO aus Japan: „Der Schlüssel zu erfolgreichen Geschäften in anderen Ländern liegt nicht im Streben nach Homogenität, stattdessen müssen wir in der Lage sein, effektiv mit Menschen aus unterschiedlichen Kulturen und Ländern zusammenzuarbeiten."

Die in dem integrativen Ansatz zum Ausdruck kommende doppelte Berücksichtigung von Globalisierung und Lokalisierung wird übrigens in der

---

[68] IBM Global CEO Study (2008), S. 33ff.

Soziologie und der Ökonomie seit Ende der 1990er Jahre unter dem Begriff *Glokalisierung* diskutiert: „Der Gedanke der Glokalisierung ist in seiner ökonomischen Bedeutung eng mit dem verbunden, was in manchen Zusammenhängen in expliziter ökonomischer Begrifflichkeit ‚Mikro-Marketing' heißt: Das Zuschneiden von und Werben für Güter und Dienstleistungen auf globaler oder fast-globaler Ebene für zunehmend differenzierte lokale und partikulare Märkte".[69]

Wir wissen, dass ein tieferes Verständnis der Kulturen und der aus ihnen ableitbaren Verhaltenserwartungen und -anforderungen einen erheblichen Zeitaufwand, Engagement und Empathie und wissenschaftliches Verständnis erfordern. Zugleich wissen wir, dass etwa dann, wenn schnelle Entscheidungen getroffen werden müssen, wenn Gespräche eine unerwartete Wendung nehmen oder die Kommunikationspartner unterschiedlich kulturell geprägt sind, die erforderlichen kulturellen Kenntnisse gerade nicht zur Verfügung stehen oder eine praktische Umsetzung nicht möglich ist. In solchen Situationen ist es hilfreich, kulturübergreifende Kommunikations- und Managementgrundsätze zu kennen und anwenden zu können.[70]

6.3 Institutionelle interkulturelle Managementkompetenz

?

Was meinen Sie? Sollte sich interkulturelle Managementkompetenz ausschließlich auf Einzelpersonen beziehen? Das folgende Kapitel gibt einige Denkanstöße für einen eher ganzheitlichen Ansatz. Können Sie hieraus Schlussfolgerungen für Ihr Unternehmen ableiten oder hat Ihr Unternehmen bereits Erfahrungen mit solchen Ansätzen?

Bislang konnten Sie die Aussagen über interkulturelle Managementkompetenz auf sich als Manager beziehen. Tatsächlich gelten viele Ausführungen aber auch für die Entwicklung einer *institutionellen* interkulturellen Managementkompetenz, also der Gesamtkompetenz einer Institution.[71] Bei

---

69 Robertson (1998), S. 197f.

70 Auf diese wird in den Kapiteln zum Kommunikationsstil Süd/Beziehungsorientierter Kommunikationsstil (KSS/BKS) und zum Managementstil Süd/Beziehungsorientierter Managementstil (MSS/BMS) in Teil IV und V eingegangen werden.

71 s.a. Reineke (2001), Scherm/Süß (2001), S. 82ff.

der globalen Positionierung und Weiterentwicklung von Organisationen geht es immer mehr um die Frage, ob diese in der Lage sind, das durch die Globalisierung entstehende interkulturelle Wissens- und Erfahrungspotenzial adäquat und systematisch zu nutzen und weiterzuentwickeln, um es im globalen Wettbewerb als Wettbewerbsvorteil einzusetzen. Institutionelle interkulturelle Managementkompetenz zeigt sich in folgenden Organisationsbereichen:

1) Interkulturelle *Wissensmanagementsysteme* haben die Aufgabe die komplexen internationalen und interkulturellen Wissens- und Informationsströme zu strukturieren und ihre problemorientierte Abrufbarkeit sicherzustellen. Ausländische Tochtergesellschaften stellen Informationen für die Zentrale oder für ins Ausland übersiedelnde Fach- und Führungskräfte bereit und aus dem Ausland zurückgekehrte Mitarbeiter bereiten ihre Erfahrungen und ihr Know-how, wie landestypische Gepflogenheiten, kulturelle Beobachtungen, persönliche Kontakte oder Ergebnisse einer Marktbeobachtung, für das Unternehmen und zukünftige Expatriates auf. Hierdurch kann interkulturell verwertbares Wissen für Planungen, Problemlösungen, neue Synergien, *Lessons Learnt* und *Best Practices* gewonnen werden.[72] Dabei muss beachtet werden, dass sowohl die Bereitschaft, als auch die Form Wissen zur Verfügung zu stellen ebenso wie die Aufbereitung und Nutzung von Wissen kulturell beeinflusst sind.

2) Eine interkulturell angepasste *Organisationskultur* zeigt sich etwa darin, dass zentrale Elemente eines kulturell kompatiblen Kommunikations- und Managementstils eingeführt sind.[73] So können unternehmensumfassende Symbole, Werte und Verhaltensweisen mit kulturell angepassten „Kulturbausteinen" kombiniert werden, um den Mitarbeitern eine Umgebung zu bieten, die motivierend und leistungsfördernd wirkt.

3) Eine an einer Netzwerkorganisation orientierte *Organisationsstruktur* kann kulturelle Besonderheiten integrieren und dezentrale Management- und Entscheidungsprozesse ermöglichen. Sie schafft Teilstrukturen und Prozesse, mit denen divergierende Perspektiven und Auffassungen integriert werden können, um so die Wettbewerbsfähigkeit

---

[72] vgl. Doz/Prahalad (1993), S. 27f.

[73] vgl. hierzu Teil IV und Teil V dieses Buches

stärkende Synergieeffekte zu ermöglichen. Durch sie sollte es auch gelingen, die Peripherie- und Kooperationsbeziehungen in geeigneter Form einzubeziehen und zu gestalten.

4) Die Beachtung kultureller Parameter zeigt sich vor allem im *Management* – in Managementfeldern, im Prozessmanagement und der Führung – und ist eines der deutlichsten Zeichen für ein funktionierendes institutionelles interkulturelles Management. Eine weitere Möglichkeit ist die strategische Integration eines die kulturellen Dimensionen berücksichtigendes Diversity-Managements, etwa auf HRM-Ebene. Hierdurch können zudem Konzepte zur Integration unterschiedlicher kultureller Prägungen als Elemente der Organisationskultur entwickelt und umgesetzt werden. Ziel muss es jedenfalls sein, Synergien effektiv zu nutzen und potenziellen Konflikten vorzubeugen.

5) Das *Informations- und Kommunikationsmanagement* hat die Aufgabe, die Informations- und Kommunikationsstrukturen (IuK) so weiter zu entwickeln, dass auch interkulturelle Erfordernisse, Bedürfnisse und Besonderheiten beachtet werden und vielleicht sogar eine prominente Rolle spielen.

6) Weitere institutionelle interkulturelle Ansätze könnten in den Bereichen *Personalentwicklung* (HRM) oder *Projektmanagement* entwickelt und umgesetzt werden.[74] Durch eine systematische konzerninterne Personalentwicklungsplanung kann sowohl die erwünschte individuelle Fähigkeit und Bereitschaft zur „Arbeitsemigration" von Mitarbeitern der Zentrale in ausländische Tochtergesellschaften als *Expatriates*, und zur „Arbeitsimmigration" von Mitarbeitern der Tochtergesellschaften in die Zentrale als *Impatriates* gesteigert werden. Dies setzt einen multidimensionalen Informationsfluss über Leistungen, Kompetenzen und Voraussetzungen der Mitarbeiter voraus, der die Sensibilität für andere Blickwinkel und Verhaltensweisen fördert, während das Gesamtinteresse des Unternehmens nicht aus den Augen verloren werden darf.

Die genannten Managementbereiche sind nur Beispiele. Sie zeigen jedoch, dass die unternehmerische Perspektive über individuelles interkulturelles Management, individuell gezeigte Eigeninitiativen oder Kurztrainings hinausreichen muss.

---

[74] vgl. die in Teil II vorgestellten interkulturell relevanten Managementfelder

Zwar steht im Folgenden wieder die individuelle interkulturelle Managementkompetenz im Mittelpunkt, dennoch lassen sich viele Überlegungen, auch zu dem vorgeschlagenen Vier-Stufen-Prozessmodell oder den Messmethoden, auf die institutionelle interkulturelle Kompetenz übertragen.

Zusammenfassung Kapitel 6

International tätige Unternehmen und Organisationen betonen im Regelfall die große Bedeutung des interkulturellen Managements, setzen sich aber meist nur sporadisch und oberflächlich mit dieser Thematik auseinander. Viele Unternehmen sind sich der bestehenden interkulturellen Herausforderungen zwar bewusst, aber nur wenige verfügen über mehr oder weniger systematische Konzepte für ein interkulturelles Management. Die meisten Unternehmen waren daher auch der Auffassung, dass eher auf die Eigeninitiative der Mitarbeiter gesetzt werden solle.

Der Erfolg von Globalisierungsstrategien hängt in hohem Maße davon ab, inwieweit kulturübergreifende Methoden praktiziert werden können (Standardisierung – culture free) bzw. inwieweit eine Anpassung an lokale Besonderheiten erfolgen sollte (Spezialisierung – culture bound). Die entscheidenden kulturübergreifenden managementrelevanten Kompetenzen bestehen darin, kulturell divergierende Faktoren zu erkennen, zu verstehen und sie für die Zielerreichung nutzbar zu machen. In der Realität wird daher durch einen integrativen Ansatz eine Balance zwischen Standardisierung und Spezialisierung angestrebt, der auf marktferne weltweite Standardisierungen ebenso verzichtet wie auf eine vollständige kostenintensive Anpassung an lokale Bedingungen. Grundlage für Entscheidungen sollte dabei die Effizienzregel „so viel Standardisierung wie möglich, soviel Spezialisierung wie nötig“ sein. Dieser integrative Ansatz weist Parallelen zu dem Geozentrischen Konzept des EPRG-Modells und zur Transnationalen Strategie der Globalisierungsstrategien von Bartlett/Ghoshal auf.

Die Aussagen dieses Kapitels beziehen sich sowohl auf die individuelle interkulturelle Managementkompetenz als auch auf die institutionelle interkulturelle Managementkompetenz einer Institution.

7 Der Erwerb individueller interkultureller Managementkompetenz

Stellen Sie sich vor, Sie stehen vor einer neuen beruflichen Herausforderung im Ausland und damit vor der Frage, wie Sie sich darauf vorbereiten sollen. Welche der folgenden Möglichkeiten würden Sie wählen und warum?

Fehlende interkulturelle Kompetenz gefährdet Managementerfolge in multikulturellen Situationen oder bei Tätigkeiten in unterschiedlichen kulturellen Kontexten. Es gibt verschiedene Möglichkeiten mit dieser Thematik umzugehen:

- *ignorant* – Sie nehmen sich vor, kulturelle Unterschiede nicht oder kaum zu berücksichtigen, da diese bei Ihrer zukünftigen Tätigkeit doch keine Rolle spielen werden,
- *erfahrungsorientiert* – Sie verlassen sich auf Ihre vielfältigen interkulturellen Erfahrungen bzw. auf Ihre erfahrungsbasierte Intuition,
- *halbherzig* – Sie besuchen ein (kurzes) interkulturelles Training, das Ihnen zumindest die *Dos and Don'ts* vermittelt,
- *wissenschaftlich* – Sie entschließen sich, eine längere fundierte Weiterbildung an einer wissenschaftlichen Einrichtung zu beginnen, in der Sie viel über interkulturelle Kommunikation und über unterschiedliche Nationalkulturen und Sub-Nationalkulturen lernen oder
- *praxisorientiert* – Sie versuchen Ihre interkulturelle Kompetenz schrittweise zu erweitern, bei der Sie sich an ihren zukünftigen Anforderungen orientieren und theoretisch fundierte Elemente mit realen Praxisaufgaben kombinieren.

7.1 Modell: Interkulturelle Managementkompetenz

Interkulturelle Kompetenz wird seit etwa 40 Jahren erforscht, ohne bis heute Disziplinen übergreifende Einigkeit über die Grundelemente oder gar über eine einheitliche Definition zu erzielen.[75]

> Nachdem zunächst *Listenmodelle* und später *Strukturmodelle* präferiert wurden, dominieren heute *Prozessmodelle interkultureller Kompetenz*, bei der diese nicht als Synthese, sondern als „synergetisches Produkt des permanenten Wechselspiels von Teilkompetenzen" aufgefasst wird.

Dies gilt ebenfalls für lerntheoretische Überlegungen zur interkulturellen Handlungskompetenz, die inzwischen interpretiert wird als das erfolgreiche Zusammenwirken von Selbst-, Sozial- und Fach- und Methodenkompetenz.[76] Aufbauend auf diesen Überlegungen liegt es nahe, auch interkulturelle Managementkompetenz als Ergebnis des Zusammenwirkens verschiedener Teilkompetenzen zu verstehen. Wie gezeigt wurde, ist die variable Kombination von Standardisierung und Spezialisierung eine wichtige Grundlage für erfolgversprechendes interkulturelles Management.

> Hieraus kann gefolgert werden, dass auch *interkulturelle Managementkompetenz* als „Zusammenspiel von allgemeinen und speziellen, theoretischen und handlungsorientierten Teilkompetenzen" verstanden werden kann.

Da es sich bei interkulturellen Situationen um komplexe Situationen handelt, in denen einfache, eindimensionale Instrumente nur begrenzt wirksam sind, macht es Sinn, Instrumente und Vorgehensweisen zur Verfügung zu haben, mit denen in solchen komplexen, sich verändernden Situationen nicht automatisch und regelgebunden, sondern reflektiert und flexibel reagiert werden kann. Ein solches Instrumentarium soll hier skizziert werden:

1) Sie sollten in der Lage sein, *Fach-, Prozess- und Führungskompetenzen* einzusetzen, um professionell und erfolgreich managen zu können.

2) Zusätzlich sollten Sie über ein grundlegendes, erweiterbares Repertoire an pro-aktiven *sozialen Basiskompetenzen* (*soft skills*) verfügen, das sich für den Einsatz in interkulturellen Situationen eignet. Diese

[75] vgl. Bolten (2007/1) und die hier vorgestellte Literatur; s.a. v. Helmolt (2007)

[76] vgl. Doz/Prahalad (1993), S. 23f.

Basiskompetenzen sollten in interkulturellen Zusammenhängen eingesetzt und laufend angepasst werden.

3) Besonders nützlich sind kulturübergreifende Kompetenzen, die in verschiedene(n) Kulturen und vor allem in *multikulturellen Situationen* eingesetzt werden können. Hierdurch kann Komplexität auf zentrale Elemente und Grundmuster reduziert und Unsicherheit abgebaut werden, so dass sich die Wahrscheinlichkeit, in unübersichtlich scheinenden Kommunikationssituationen erfolgreich handeln zu können, erhöht.

4) Um Adaptionsprozesse erfolgreich umzusetzen, benötigen Sie *allgemeines kulturbezogenes Wissen*. Dieses beinhaltet grundlegende kulturelle Kenntnisse – je nach Situation und Bedarf – über National-, Organisations- oder Bereichskulturen, in Bezug auf die eigene Kultur und auf fremde Kulturen. Hieraus können mögliche Differenzen und Übereinstimmungen oder auch Konfliktfelder und Synergiepotentiale in allgemeiner Form abgeleitet werden.

5) Zusätzlich ist dann auch *Wissen über die jeweiligen Kulturen und interkulturelle Beziehungen* sinnvoll. Dieses schließt allgemeine und spezielle Aspekte der Landes- und Regionalkulturen ein. Darüber hinaus beinhaltet es kulturrelevante Kenntnisse über die potenziellen Interaktionspartner, den bereichskulturellen oder sektoralen Kontext sowie über die interkulturellen Differenzen zwischen der eigenen und der fremden Kultur.

6) Nach diesen Vorbereitungen oder besser noch währenddessen sollten Sie versuchen, Ihr neu erworbenes Wissen mit Ihren Kompetenzen zu verknüpfen und anzuwenden, um so *interkulturelle Handlungskompetenz* zu erlangen.

7) Als *interkulturell kompetenten Manager* können Sie sich betrachten, wenn Sie in der Lage sind, in unterschiedlichen interkulturell anspruchsvollen Situationen flexibel, kreativ und mit angemessenem Respekt vor anderen Kulturen regelmäßig erfolgs- und ergebnisorientiert zu handeln.

7.2 Das Vier-Stufen-Prozessmodell

Nach diesen ersten Überlegungen stellt sich nun die Frage, wie lässt sich der Erwerb interkultureller Managementkompetenz, der als das Zusammenwirken verschiedener Teilkompetenzen zu sehen ist, entweder eigenverantwortlich oder durch eine Institution sinnvoll steuern. Hierfür wird ein vierstufiger Prozess vorgeschlagen:

- Zunächst wird festgestellt, ob die betreffende Person über notwendige Voraussetzungen, also über die erforderlichen Managementkompetenz und sozialen Basiskompetenzen verfügt und diese auch einsetzen kann („Haben").
- Der eigentliche Kompetenzerwerbsprozess beginnt mit der zweiten Stufe. Hier sollen zielgerichtet allgemeines und spezielles Wissen über eigen- und fremdkulturelle Besonderheiten und interkulturelle Unterschiede erworben werden („Kennen").
- Diese Kenntnisse werden dann mit den vorhandenen Kompetenzen, z.B. in Trainingssequenzen, zu interkulturellen Handlungskompetenzen verknüpft, also etwa einer Verhandlungs- oder Konfliktlösungskompetenz im interkulturellen Kontext, der Kompetenz zum Perspektivenwechsel, der Fähigkeit für *critical incidents* Lösungsvorschläge zu entwickeln oder einfach, sich in definierten interkulturellen Situationen adäquat „verhalten" zu können („Können").
- In der vierten Stufe, die überwiegend in der Praxis stattfindet und durch Trainings oder Coaching begleitet werden kann, werden die Einzelkompetenzen dann zu einer interkulturellen Managementkompetenz verdichtet („Sein"). Diese befähigt den Kompetenzinhaber in unterschiedlichen interkulturellen Kontexten erfolgreich zu arbeiten.

Der Prozess muss nicht unbedingt gradlinig verlaufen, er kann Sprünge aufweisen und Elemente aus den verschiedenen Stufen verknüpfen. Er muss auch keineswegs besonders zeitaufwändig sein. Vielmehr kann zunächst ein Einstieg über klar strukturierte und zielorientierte Trainings erfolgen. Die erworbenen Kenntnisse können dann in der Praxis erprobt und zu einem späteren Zeitpunkt vertieft werden.[77]

---

77 Weitere Ansätze finden sich u.a. bei Thomas (2003), Bolten (2007), Müller/Gelbrich (2004) und Deardorff (2006).

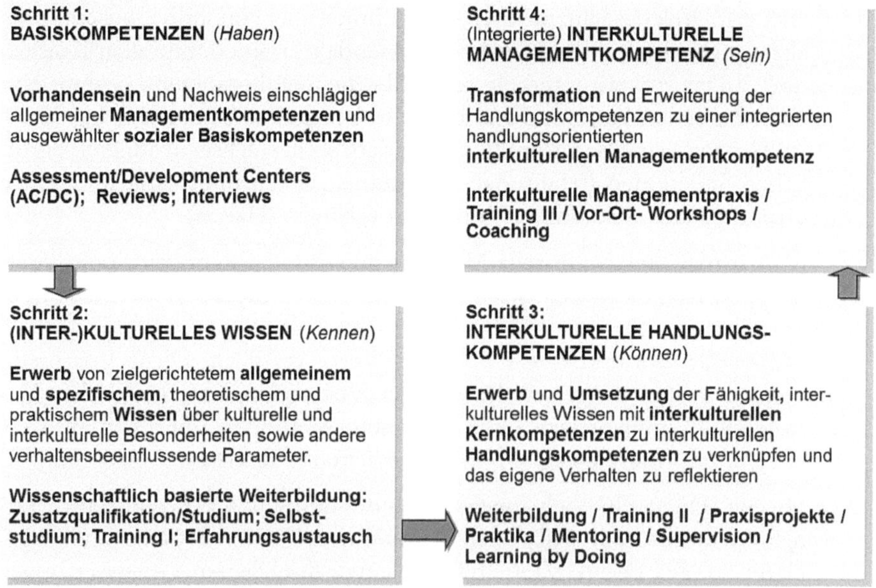

Abbildung 3/5: Vier-Stufen-Prozessmodell – Überblick

In Abbildung 3/5 werden die einzelnen Stufen getrennt und aufeinander aufbauend dargestellt. In der praktischen Umsetzung sollte jedoch eher mit fließenden Übergängen experimentiert werden.

7.2.1 Basiskompetenzen (Haben)

Als Personalverantwortlicher haben Sie die Aufgabe aus mehreren Kandidaten diejenigen auszuwählen, die nach einer interkulturellen Weiterbildung verschiedene Positionen in einer ausländischen Tochtergesellschaft übernehmen sollen. Überlegen Sie zunächst, welche Eigenschaften diese Personen mitbringen sollten. Überprüfen Sie nach der Lektüre dieses Kapitels, ob die hier vorgestellten Basiskompetenzen mit Ihren Kriterien übereinstimmen und nach Ihrer Einschätzung ausreichend sind.

Heute dominiert die Auffassung, interkulturelle Kompetenz als spezielle, (anspruchsvolle) Variante einer allgemeinen Handlungskompetenz anzusehen. Nach Bolten zeigen Prozessmodelle interkultureller Kompetenz ein „erfolgreiches ganzheitliches Zusammenspiel von individuellem, sozialem, fachlichem und strategischem Handeln in interkulturellen Kontexten".[78] Der Erwerb interkultureller Managementkompetenz beginnt also nicht bei null. Manager, die sich in interkulturellen Situationen bewähren sollen, sind keine Berufsanfänger, sondern sollten schon in anderen beruflichen Situationen Erfahrungen gesammelt haben und somit über einen Grundstock an relevantem Vorwissen verfügen (Haben).

(Zukünftige) interkulturelle Manager müssen in einem stark oder überwiegend fremdkulturell bestimmten Kontext[79] ergebnis- und zielorientiert handeln. Sie müssen daher in jedem Fall über *grundlegende Managementkompetenzen* und *soziale Basiskompetenzen* verfügen. Diese Voraussetzungen sollten daher vor Beginn der Vermittlung interkultureller Managementkompetenzen durch geeignete Methoden überprüft werden, etwa durch Interviews oder arbeitsbegleitende Reviews.

Hierfür scheint ein noch zu entwickelndes und schon frühzeitig eingesetztes *Assessment-Center* (AC) oder Development Center (DC) besonders geeignet zu sein. Das AC/DC sollte die zuvor festgelegten Voraussetzungen ermitteln, um diese anschließend zu analysieren und zu bewerten. Die einzelnen Übungen sollten es erlauben, individuelle Reaktionen auf relevante, aber nicht notwendigerweise interkulturelle Situationen zu beurteilen. Diese können Fallschilderungen, praktische Teamübungen, Provokationen oder *critical incidents* beinhalten und Aussagen über soziale und Managementgrundkompetenzen sowie Ziel- und Erfolgsorientierung auf einer Messskala erlauben. Dies setzt valide Bewertungskriterien und eine Beobachterschulung voraus.

Defizite sollten die Probanden selbst, unterstützt durch Schulungsprogramme, ausgleichen können. Werden die Anforderungen erfüllt, können die nächsten Schritte begonnen werden. Sind die festgestellten Defizite zu groß, liegen zentrale Werte unter einer vorab festgelegten Minimumschwelle, kann angenommen werden, dass die Wahrscheinlichkeit, diese in der zur Verfügung stehenden Zeitspanne zu überwinden, zu gering ist.

---

[78] Bolten (2007/1), S. 25. Das von der Deutschen Gesellschaft für Internationale Zusammenarbeit (GIZ) entwickelte AIZ-Kompetenzfeldermodell unterscheidet zwischen persönlichen, sozialen, fachlichen und methodischen Kompetenzen, die in verschiedenen Kompetenzstufen erreicht werden sollen; vgl. Krewer / Uhlmann, 2015

[79] Dies hängt davon ab, ob es sich um Management in, für oder von andere(n) Kulturen handelt.

In diesem Fall sollten die nächsten Schritte gar nicht erst erwogen werden.[80] Da die Gefahr des Scheiterns in einem solchen Fall zu groß ist, sollte von der Besetzung dieser Position Abstand genommen oder externe Kandidaten in Augenschein genommen werden.

Bei den geforderten *Managementkompetenzen* handelt es sich um die oben näher beschriebenen Fach, Prozess- und Führungskompetenzen. Während die Prozesskompetenz generell vorhanden sein sollte, sollten die geforderten Fach- und Führungskompetenzen mit den neuen Aufgaben und Funktionen korrespondieren.

Eine unsystematische Auswertung der nicht mehr überschaubaren Literatur zeigt eine übergroße Anzahl verschiedenartiger *sozialer Kompetenzen* oder *soft skills*, über die interkulturell tätige Personen verfügen sollten, denen allerdings in der Realität wohl niemand entsprechen kann. Vgl. dazu die folgende Box:

Häufig genannte soziale bzw. interkulturelle Kompetenzen[81]

Kreativität, Neugierde, Offenheit, Höflichkeit, Freundlichkeit, Respekt, Ambiguitätstoleranz, positiv-konstruktiver Umgang mit Unsicherheit, Frustrations- und Stresstoleranz, Komplexitätstoleranz, Empathie/Einfühlungsvermögen, Sensibilität, emotionale Kompetenz, Fähigkeit zuzuhören, Beobachtungsfähigkeit, Toleranz, Unvoreingenommenheit, Non-Ethnozentrismus, Anpassungsfähigkeit, Kompromissfähigkeit, Flexibilität, innere Sicherheit/emotionale Stabilität, Konfliktfähigkeit, (Selbst-)Organisationsfähigkeit, Durchhaltevermögen, Ausdauer, Geduld, Zielorientierung, Kontaktfreudigkeit, Sprachkompetenz, Kommunikationsfähigkeit, Rollendistanz, Fähigkeit zum Perspektivenwechsel, Selbstvertrauen, Optimismus und ein positives Selbstkonzept, Lernbereitschaft und Lernfähigkeit, Veränderungsbereitschaft, Selbstreflexionsfähigkeit, Analysefähigkeit, Initiativfähigkeit, Kooperationsfähigkeit.

---

80 Dies sollte auch dann gelten, wenn für die infrage kommende Position zu diesem Zeitpunkt nur ein einziger Bewerber vorhanden ist, eine Situation die, wie von Unternehmensberatern in vertraulichen Gesprächen berichtet wurde, in vielen Unternehmen eher die Regel als die Ausnahme ist.

81 Stellvertretend für Kompetenzzusammenstellungen seien hier genannt: Hatzer/Layes (2005), Deardoff (2006), Stahl/Björkmann (2006), S. 205f.

Die aufgeführten Kompetenzen wurden aus der inzwischen unüberschaubaren Anzahl, meist unstrukturierter Übersichten interkultureller Kompetenzen destilliert. Jede Einzelperson wäre mit einem solchen Anforderungskatalog hoffnungslos überfordert. Dennoch lässt sich unter interkulturellen Relevanzgesichtspunkten hieraus eine begrenzte, aber fokussierte Auswahl *sozialer Basiskompetenzen* ableiten, die es ermöglicht, sich auf kulturspezifische Herausforderungen einzustellen, um auch in anspruchsvollen Kontexten erfolgreich als Manager agieren zu können. Hierbei handelt es sich um

- *Bewusste Offenheit* und Interesse gegenüber Neuem
- *Intelligente Flexibilität* im Handeln
- *Respektvolle Freundlichkeit* als Grundlage des Verhaltens gegenüber anderen und anderen Kulturen.

Offen zu sein, ist die *Haltung*, Neuem positiv und wohlwollend gegenüberzustehen, ehrliches Interesse an anderen Menschen und Kulturen aufzubringen und die Fähigkeit, zu fragen, zu beobachten und zuhören zu können, mitzubringen.

Flexibel zu *handeln* bedeutet, unter ungewohnten Bedingungen durch die Berücksichtigung und Gestaltung von ungewohnten oder widersprüchlichen Situationen kreativ und erfolgreich nach neuen konstruktiven Lösungen zu suchen.

Sich *respektvoll* und *freundlich* zu *verhalten* bezeichnet die Fähigkeit, mit anderen Personen so zu interagieren, dass ihre persönliche Würde sowie ihre Haltungen und Werte respektiert werden und dies freundlich und angemessen humorvoll zu tun.[82]

Diese Fähigkeiten sollten als „Basiskompetenzen" bereits vorhanden sein, verbunden mit der Bereitschaft und Fähigkeit, sie in dem nachfolgenden Prozess zu verstärken und zu *interkulturellen Kernkompetenzen* zu erweitern.

7.2.2 (Inter-)Kulturelles Wissen (Kennen)

Der Kompetenzaufbau beginnt im zweiten Schritt mit dem Erwerb von interkulturellem Wissen. Bevor Sie dieses Kapitel lesen, überlegen Sie bitte, welche grundlegenden interkulturellen Kenntnisse Sie für notwendig erachten. Gleichen

[82] Diese Kompetenzen werden in Abschnitt 7.2.3 ausführlich erläutert.

Sie Ihre Überlegungen dann mit den im folgenden Kapitel genannten Vorschlägen ab.

Aufbauend auf Ihrem Vorwissen sollten Sie zielgerichtet interkulturelles Wissen erwerben, und zwar allgemeines und spezielles sowie theoretisches und praktisches Wissen über kulturelle Besonderheiten und interkulturelle Unterschiede. Die Bereitschaft hierzu zeigen Sie in allen drei sozialen Basiskompetenzen. *Offenheit*, also Neugierde und Interesse für andere Kulturen sind Voraussetzungen für Ihr Lernbedürfnis und Ihre Bereitschaft Wissen zu erwerben. *Flexibilität* beinhaltet die Fähigkeit, sich mit anderen Ansätzen und Gepflogenheiten auseinanderzusetzen, um kreativ nach neuen Lösungen zu suchen. Beobachtungskriterien und Deutungsmuster helfen Besonderheiten einzuordnen und zuzuordnen, um Gemeinsamkeiten und Übereinstimmungen erkennen zu können. *Respektvolle Freundlichkeit* leitet Sie bei der Auswahl und der Bewertung des Gelernten. Während allgemeines kulturelles Wissen die Kenntnisse über Kulturen und Kulturunterschiede verbreitert, vermittelt spezielles Kulturwissen Detailkenntnisse über die Kulturen, mit denen Sie zukünftig vermehrt zu tun haben werden.

Zunächst sollten der Begriff „Kultur" und die verschiedenen Kulturen in einen Gesamtkontext eingeordnet werden, um die Bedeutung kultureller Faktoren für erfolgreiches interkulturelles Handeln erkennen zu können:

- Wie zuvor besprochen, kann Kultur als ein dynamisches sich ständig weiterentwickelndes Konzept begriffen werden, das dazu dient, unsere Welt zu bewerten und das wir durch unsere individuellen Taten weiter vorantreiben und verändern.[83]
- Kultur ist nicht losgelöst von anderen gesellschaftlichen Subsystemen, wie dem Wirtschafts-, Politik- oder Sozialsystem: Kulturelle Verhaltensweisen sind abhängig von anderen gesellschaftlichen Einflussgrößen. Kulturelles Wissen bleibt ohne die Kenntnis von politisch-historischen und sozio-ökonomischen Rahmenbedingungen beziehungslos, nur durch diese kann es eingeordnet und interpretiert werden.
- Nicht Kulturen treffen aufeinander, sondern Menschen. Kultur prägt jeden Menschen in *unterschiedlicher* Weise und beeinflusst sein Denken, Verhalten und Handeln unterschiedlich. Daher sind auch die eigenen

[83] vgl. Breidenbach/Nyíri (2008), S. 120; s. dazu Abschnitt 8.2

Werte und Verhaltensnormen kein universell gültiger Maßstab, sondern müssen reflektiert und relativiert werden.[84]

- Die Betrachtung und Analyse von kulturellen Unterschieden zeigt zunächst Trennungslinien auf oder macht diese bewusst. Das Trennende darf jedoch nicht dominieren. Vielmehr sollte vor allem nach *Übereinstimmendem* gesucht und *Verständnis* für anderes Verhalten entwickelt werden, um Konflikte a priori vermeiden und Trennendes überwinden zu können. So können *Potenziale* für Strategien entstehen, mit denen Synergien gefördert und interkulturell erfolgreiche Managementansätze entwickelt werden können.

Dieses Wissen soll Sie befähigen, sich selbstständig zweckbezogene Informationen über die für Sie relevanten Kulturräume zu verschaffen und diese zu Ihrem eigenem für Sie relevanten interkulturellen Wissen aufzubereiten. Hierfür sollten Sie den Wissenserwerb systematisch gestalten, etwa durch qualifizierte Trainings, wissenschaftlich fundierte Weiterbildungsangebote, durch Zusatzqualifikationen oder Kontaktstudien, wobei neben *kognitiven* auch *affektive* Aspekte einbezogen werden sollten. Alternativ oder ergänzend bietet sich das Selbststudium anhand einschlägiger Literaturquellen und zum Teil auch des Internets an. Folgende Bereiche sind hier relevant:

1) Zentral ist der Erwerb von **allgemeinem** und dem der Situation entsprechenden **speziellem Orientierungswissen** über internationale *politische und sozio-ökonomische Hintergründe*, die *eigene Kultur* und über die Besonderheiten der *anderen Kulturen* und möglichst auch über die entsprechenden *Subkulturen* sowie über *interkulturelle Schnittstellen. Kulturdimensionen* sollten hierzu ebenso gehören wie unterschiedliche *Kommunikations-* und *Entscheidungsformen*, *Werte*, *Sitten* und *Bräuche* und deren Relevanz für ausgewählte Handlungssituationen, die Kenntnis von *Toleranzschwellen* und *Einstellungen* gegenüber anderen Kulturen. Da Ihre Zeit und Aufnahmekapazität begrenzt sind, wird das Lernen meist nur punktuell und exemplarisch erfolgen können. Hierbei sollten Ihre eigenen Interessen im Vordergrund stehen und die Bereitschaft vorhanden sein, das Wissen in späteren Phasen und in Bezug auf kritische interkulturelle Situationen systematisch zu ergänzen.

[84] vgl. Breidenbach/Nyíri (2008), S. 129

2) Im Zuge dieses Lernprozesses sollten Sie Ihre **kulturellen Vorstellungen** reflektieren, kulturelle **Stereotype**, Vorurteile und Pauschalisierungen oder **ethnozentrisch** gefilterte Meinungen und Urteile hinterfragen, deren verhaltensprägende Wirkungen erkennen und einordnen.[85] Neben Differenzen sollten auch *Übereinstimmungen*, *Brücken* zwischen den Kulturen, gemeinsame *Anknüpfungspunkte* und *Synergiemöglichkeiten* erkannt werden. Im Mittelpunkt stehen dabei zu erwartende **Verhaltenswirkungen** und deren Einfluss auf *Sichtweisen, Entscheidungen* und *konkretes Handeln* in managementrelevanten Kontexten.

3) Da Verhaltens- und Interessenunterschiede keineswegs nur kulturell geprägt sind, sondern zu einem wesentlichen Teil von **umwelt- und persönlichkeitsgeprägten** Werten und Einstellungen bestimmt sind, sollten Sie sich auch mit soziologischen und psychologischen Ansätzen beschäftigen. Auch hier stehen deren Relevanz für Aussagen über *Interessen* und die Steuerung des *Verhaltens* im Vordergrund.[86] Interkulturelle Kompetenz zeigt sich im Übrigen auch darin, nicht immer kulturelle Andersartigkeit zu vermuten, wenn vielleicht „nur" persönlichkeitsbezogene Aspekte das Verhalten bestimmen.

4) Schließlich sollten Ihnen auch **Bereichskulturen** nicht unbekannt sein. Kenntnisse der verhaltensprägenden Wirkungen von Organisations- und Professionskulturen sollten Sie – im Sinne der Kulturmatrix – in die Lage versetzen, diese Aspekte bei der Bewertung von Verhalten und Reaktion einzubeziehen.

7.2.3 Interkulturelle Handlungskompetenzen (Können)

Im dritten Schritt kommt es darauf an, nun auch kompetent zu handeln. Sie sollen nun Ihre Erfahrungen mit dem neu erworbenen interkulturellen Wissen und den in diesem Kapitel näher beschriebenen Kernkompetenzen (tools) so kombinieren, dass Sie auch in schwierigen Kontexten Ihre Ziele erreichen können.

Stellen Sie sich bitte drei möglichst konkrete unterschiedliche Situationen in Ihrem jetzigen oder künftigen interkulturellen Arbeitsumfeld vor. Vielleicht skizzieren Sie diese und Ihre zu erreichenden Ziele auch schriftlich. Überlegen Sie mit welchen kulturellen Problemsituationen Sie in der Praxis eventuell

[85] s.a. Jammal/Schwegler (2007), S. 63ff.

[86] s.a. Wood (1998)

rechnen müssen. Legen Sie dann dar, wie Sie durch die Kombination von Erfahrungen, Wissen und Tools diese Schwierigkeiten überwinden und Ihre Ziele erreichen können.

Interkulturelle Handlungskompetenz ist eine vielschichtige Angelegenheit. Geht es doch letztlich darum, reale interkulturelle Situationen zuerst als solche zu erkennen und zu bewerten – wozu auch eine angemessene Einschätzung der eigenen kulturellen Situation und Position gehört – und anschließend das erworbene Wissen in diesen Situationen unmittelbar anzuwenden. Eine interkulturell kompetente Persönlichkeit wird dabei Lösungen anstreben, die unter Berücksichtigung der Situation und der unterschiedlichen Interessen und Orientierungen aller Beteiligten einen hohen Grad an Akzeptanz zu erzeugen vermag.

Über die Definition von interkultureller Kompetenz wurde in den letzten Jahren intensiv diskutiert.[87] Im Fokus steht hierbei die Frage, ob die Optimierung von Interaktionen in einem interkulturellen Kontext und damit Effektivitätskriterien und optimale Zielerreichung im Zentrum stehen sollen, ob interkulturelle Kompetenz eher als Fähigkeit zu persönlicher Veränderung und Entwicklung gesehen werden oder ob es sich eher um eine Synthese beider Ansätze handeln solle.[88] Unter Managementgesichtspunkten wird hier der ersten Variante der Vorzug gegeben.

Nach einer Definition aus den frühen 1990er Jahren ist *Interkulturelle Kompetenz* „die Fähigkeit, mit Angehörigen anderer Kulturen effektiv und angemessen kommunizieren und interagieren zu können".[89]

In einer erweiterten Fassung verfügt eine Person über *Interkulturelle Handlungskompetenz*, wenn sie die Fähigkeit besitzt, in einem interkulturellen Kontext die Erwartungen und Reaktionen von Mitgliedern fremder Kulturen so einzuschätzen und zu berücksichtigen, dass sie individuelle oder gemeinsame Ziele in einer für die Beteiligten akzeptablen Weise effektiv und effizient erreichen kann.[90]

---

[87] vgl. Jammal/Schwegler (2007), S. 57ff., die die Diskussion im Anschluss an eine von Thomas (2003) vorgeschlagene Definition darstellen.

[88] vgl. ebd., S. 63

[89] vgl. Müller/Gelbrich (1999). Während sich *Effektivität* auf die Fähigkeit bezieht eigene Ziele zu erreichen, zeigt sich *Angemessenheit* in der Berücksichtigung von Zielen anderer sowie von kulturell geprägten Gepflogenheiten, vgl. Jammal/Schwegler (2007), S. 59.

[90] Eigene Definition

Ist die zweite Stufe des Prozessmodells noch durch eher traditionellen Wissenserwerb gekennzeichnet, geht es in der dritten Stufe um die Verknüpfung des kulturellen und interkulturellen Wissens mit den sozialen Basiskompetenzen. Durch die Teilnahme an interkulturellen Aktivitäten, Trainings oder interkulturellen (Praxis-) Projekten sollte diese Stufe methodisch so praxisnah wie irgend möglich durchgeführt werden (Training I und Praxisprojekte). Stufe 2 und 3 müssen im Übrigen keineswegs nacheinander durchlaufen werden, sondern können auch so miteinander verknüpft werden, dass Wissens- und Kompetenzerwerb zeitlich und inhaltlich aufeinander abgestimmt verlaufen.

Im Wesentlichen geht es um Folgendes: Zunächst sollten die sozialen Basiskompetenzen durch die Einbeziehung expliziter kultureller Kenntnisse zu **interkulturellen Kernkompetenzen** erweitert werden, und sich in komplexen interkulturellen Situationen unter Stress und Frustrationsdruck bewähren. Dies gilt für alle drei Kompetenzen, wobei diese nun auch die Fähigkeit beinhalten sollen, die eigene und die fremde kulturelle Situation in Analyse und Umsetzung einzubeziehen:

- **Bewusste Offenheit** ist die *Einstellung*, Neuem und Fremdem aufgeschlossen und unvoreingenommen[91] gegenüberzustehen, ehrliches Interesse an anderen Menschen, insbesondere auch an Angehörigen anderer Kulturen zu haben und daher für neue Kontakte und Beziehungen aufgeschlossen zu sein und sich im Umgang mit anderen Kulturen wohl zu fühlen. Eine Voraussetzung hierfür ist Ambiguitätstoleranz: die Fähigkeit, mit kulturell bedingt Widersprüchlichem, Mehrdeutigem oder persönlich Unangenehmem selbst dann umgehen zu können, wenn dies zunächst inakzeptabel erscheinen mag. Dies ist verbunden ist mit der Bereitschaft, sensibel auf neue komplexe Situationen zu reagieren und lernbereit zu sein, d.h. abwarten, beobachten, fragen, zuhören und neue nonverbale Signale wahrnehmen zu können.
- **Intelligente Flexibilität** bezeichnet den Grundsatz des *Handelns*, sich bei der zielorientierten Gestaltung von ungewohnten, unübersichtlichen oder widersprüchlichen interkulturellen Situationen – in Bezug auf Inhalte, Informationen oder Personen – konstruktiv zu verhalten. Es bedeutet, genügend Selbstbewusstsein zu besitzen, um sich nicht verunsichern zu lassen, ausdauernd und gelassen zu sein. Dabei dürfen die

[91] Dies beinhaltet auch die Bemühung, Stereotype und Vorurteile als solche zu erkennen, und sich von ihnen genauso wenig wie von ethnozentrischen Maßstäben beeinflussen zu lassen.

Ziele nicht aus den Augen verloren werden, man muss in der Lage sein, Kompromisse eingehen und sich an die jeweilige Situation anpassen zu können. Hierfür benötigt man eine gewisse emotionale Stabilität und die Fähigkeit souverän mit Stress umgehen zu können. Intelligente Flexibilität schließt die Bereitschaft ein, in kulturellen Herausforderungen eher Chancen als Risiken zu sehen und diese im Hinblick auf Gemeinsamkeiten und Synergiepotenziale zu analysieren und zu nutzen. Dabei sollten kreative Strategien und Problemlösungen gefunden werden, um Ziele auch auf neuen Wegen zu erreichen. Hierfür müssen die eigene und fremde kulturelle Situation sowie die daraus ableitbaren Folgen durch Selbst- und Fremdreflexion adäquat eingeschätzt werden. Dies wird erleichtert durch die Bereitschaft, sich in andere und deren Sichtweisen hineinzudenken (Perspektivenwechsel).

- **Respektvolle Freundlichkeit** bezeichnet schließlich das grundsätzliche *Verhalten*, mit Angehörigen anderer Kulturen auf Augenhöhe mit Respekt vor ihrer Persönlichkeit, ihrer Würde, ihren Werten und Empfindlichkeiten, ihrer Religion und ihren Verhaltensweisen umzugehen sowie einen freundlichen und angemessen humorvollen Umgangsstil zu pflegen. Es bedeutet höflich zu sein, sich zurücknehmen zu können, sich – falls erforderlich – als Gast im Gastland zu verstehen und wenn möglich Grundkenntnisse der Landessprache zu erwerben. Mit Einfühlungsvermögen (Empathie) und Geduld sollten die erforderlichen Kommunikations- und Aushandlungsprozesse so gestaltet werden, dass Differenzen kommunikativ gelöst und Vorschläge, Lösungen und Entscheidungen sensibel kommuniziert und umgesetzt werden können.

Abbildung 3/6 fasst die Grundzüge der drei interkulturellen Kernkompetenzen grafisch zusammen.

Darüber hinaus ist es notwendig, für eine nachhaltig positive Gestaltung der Beziehungen eine **Vertrauensbasis** zu schaffen – dies ist in interkulturellen Zusammenhängen meist anspruchsvoller als in der eigenen Kultur. Die interkulturellen Kernkompetenzen müssen hierfür zusammenspielen: Es geht darum verlässlich zu sein, also *dauerhaft offen* und ehrlich zu interagieren, die Bedürfnisse kulturanderer Personen *regelmäßig flexibel* und fair zu berücksichtigen und diesen *grundsätzlich* mit *Respekt*, Höflichkeit und Freundlichkeit zu begegnen. Dabei sollte versucht werden, auch anderen Personen *Vertrauen* entgegenzubringen.

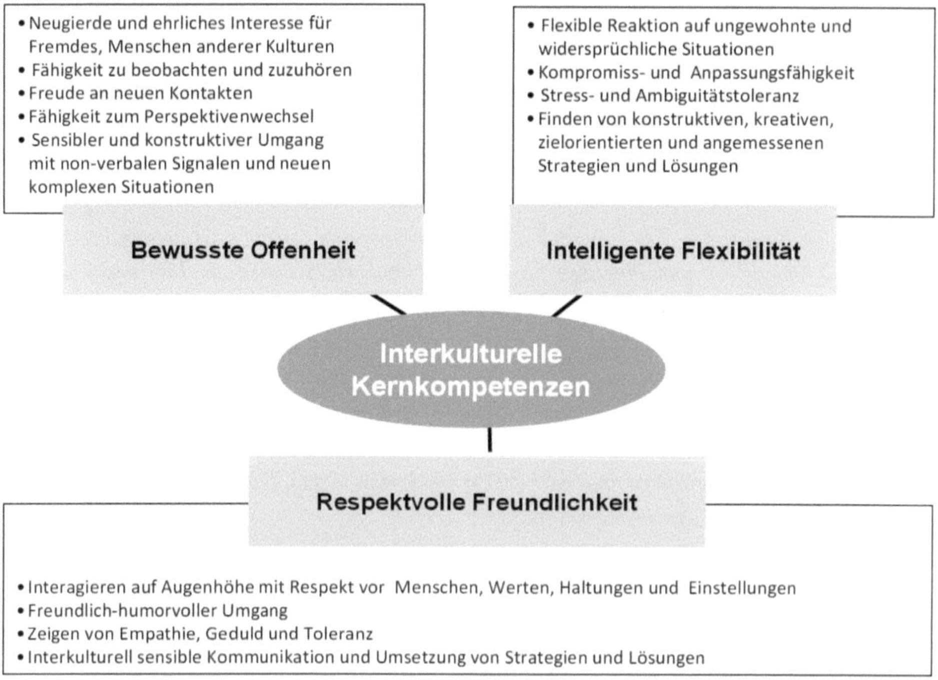

Abbildung 3/6: Interkulturelle Kernkompetenzen

Ein interkulturell wirksames Verhalten sollte in ausgewählten **handlungsorientierten Situationen** trainiert und umgesetzt werden, wobei in dieser Stufe noch das Exemplarische im Vordergrund steht. Dies kann sich auf interkulturelle Besonderheiten von Managementfeldern und -prozessen beziehen oder auf neue kreative Verhaltensweisen, durch die Mitarbeiter und Teams kulturübergreifend motiviert werden können.

Grundlage ist die Bereitschaft, ohne Vorurteile und (größere) Probleme mit Vertretern anderer Kulturen zu *kommunizieren* und auch Differenzen kommunikativ zu lösen. Dabei kann die Kenntnis von *Kommunikationsmodellen* und *Konfliktvermeidungsstrategien* sinnvoll sein. So können beispielsweise gezielt Kommunikationselemente eingesetzt werden, die in einer größeren Anzahl von Kulturen außerhalb des eigenen Kulturraums verbreitet sind, wie diejenigen, die in dem später vorgestellten *Kommunikationsstil Süd* (KSS/BKS) zusammengefasst sind.

7.2.4 Interkulturelle Managementkompetenz (Sein)

Nachdem Sie die ersten Stufen zügig und möglichst auch noch vor der Übernahme einer anspruchsvollen neuen interkulturellen Managementaufgabe erfolgreich durchlaufen haben, sollen Sie sich nun als interkultureller Manager in einer neuen Position bewähren. Sie haben folgende Aufgaben:

- *Beschreiben Sie zunächst drei Ihnen vertraute wichtige Managementmethoden und überlegen Sie dann, ob und wie Sie diese an Ihre neuen interkulturellen Herausforderungen anpassen können.*
- *Stellen Sie sich dann drei möglichst reale interkulturelle Problemsituationen bei Managementfeldern oder -prozessen vor und machen Sie Vorschläge, wie Sie diese lösen oder im Vorfeld vermeiden könnten.*
- *Überlegen Sie nun, welche interkulturellen Aspekte Sie bei der Motivation von Mitarbeitern und/oder bei der Initiierung eines Change-Management-Prozesses beachten müssen.*

Interkulturelle Handlungskompetenz kann als Vorstufe zur *interkulturellen Managementkompetenz* angesehen werden. Durch sie kann Handlungssicherheit erlangt werden, die notwendig ist, um als interkultureller Manager erfolgreich agieren zu können. Die vierte Stufe lässt sich daher auch nur noch begrenzt durch weitere externe Inputs erlernen. Hier steht intensives Praxislernen im Vordergrund, das unterstützt werden kann durch Managementworkshops und Coaching vor Ort. Ziel ist es, auch in schwierigen interkulturellen Situationen das erlernte, erweiterte und angepasste Managementrepertoire flexibel und mit angemessenem Respekt vor anderen Kulturen einsetzen zu können.

1) Zunächst müssen Sie Ihre **Managementverfahren** und -instrumente so flexibilisieren, dass sie auch in interkulturellen Situationen mit ihren Besonderheiten eingesetzt werden können. Hierfür nutzen Sie Ihre bereits gesammelten Erfahrungen. Diese angepassten Verfahren sollten sich dann im Umgang mit Mitarbeitern, Teams, Kunden und Partnern auf fremden Märkten bewähren und in neuen Situationen erprobt werden.

2) Die Kompetenz, in kulturübergreifenden Situationen die gesetzten **Ziele zu erreichen**, besteht aus verschiedenen Einzelfähigkeiten. Insbesondere sollten Sie in der Lage sein auf verschiedenen Ebenen

und mit unterschiedlichen Personen und Personengruppen *Informationen* und Wissen *auszutauschen*, sinnstiftend und effektiv zu *kommunizieren* und erfolgreich zu *verhandeln*. Sie sollten daher auch versuchen, in den für Sie relevanten Managementfeldern möglichst frühzeitig *Konfliktsituationen* zu antizipieren, um sie bereits im Vorfeld vermeiden oder später schnell lösen zu können.

3) In den meisten Managementpositionen bildet interkulturelle **Führung** die zentrale Kompetenz. Sie erinnern sich: „Eine Organisation, eine Teilorganisation oder eine Gruppe soll in einem interkulturellen Kontext weiterentwickelt und zu ihrer Höchstleistung geführt werden." Im Interesse der Zukunftsfähigkeit der Organisation müssen zum Teil interkulturell hochsensible *Änderungsprozesse* initiiert und durchgesetzt werden. Die Mitarbeiter der Organisation sollen befähigt und motiviert werden, die erforderlichen *(Organisations-) Entwicklungsprozesse* einzuleiten und unter Berücksichtigung der strategischen und organisationskulturellen Voraussetzungen sowie der zu erbringenden Ergebnisse konsequent umzusetzen.

4) Schließlich beinhaltet interkulturelle Managementkompetenz für Sie auch die Fähigkeit, systematisch **interkulturelles Wissensmanagement** zu betreiben bzw. dieses zu steuern. Auf diese Weise können Sie Kontinuität sichern, Umsetzungs- und Entwicklungsprozesse erleichtern und Lernprozesse in Gang setzen.

Die Entwicklung von interkultureller Managementkompetenz ist ein kontinuierlicher Lernprozess, in dem ständig Lernschleifen durchlaufen werden und neue Verfahren ausprobiert, reflektiert und angepasst werden. Abbildung 3/7 zeigt die erweiterte Fassung des Vier-Stufen-Prozessmodells.

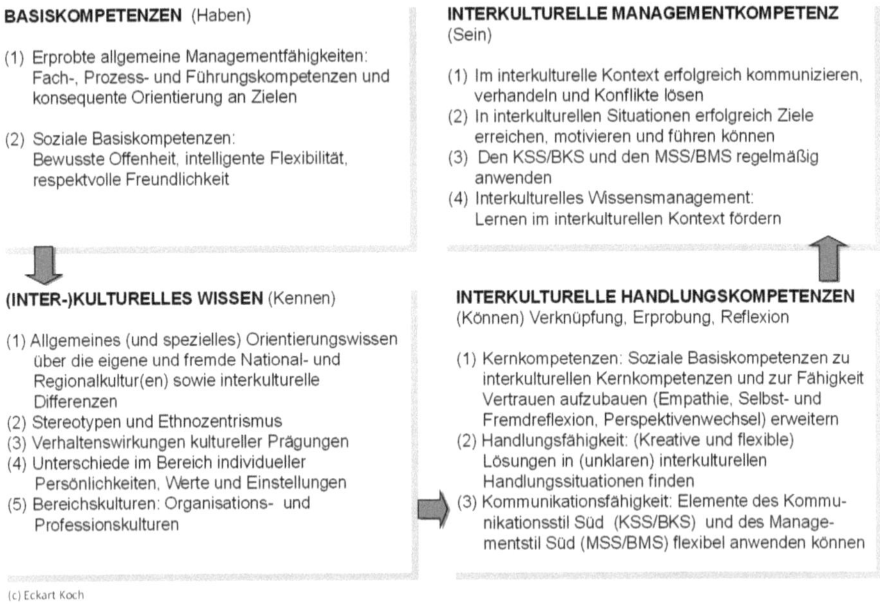

Abbildung 3/7: Vier-Stufen-Prozessmodell – Inhalte

Überlegen Sie, welches interkulturelle Wissen, welche interkulturellen Handlungskompetenzen und welche interkulturellen Managementkompetenzen Sie für die folgenden Managementsituationen benötigen:

- *Konzeption einer Marktuntersuchung für die Einführung eines neuen hochwertigen Fertiggerichts in einem asiatischen Land*
- *Verhandlungen mit potentiellen neuen Lieferanten aus mehreren asiatischen Ländern mit dem Ziel, einen über zwei Jahre laufenden Kontrakt anzuschließen*
- *Einstellung eines Spezialisten aus einem Drittland*
- *Sicherstellung des regelmäßigen Informationsflusses für Ihre monatlichen Berichte von zwei interkulturell zusammengesetzten Projektteams*
- *Laufende Kooperation mit zwei lokalen Vertriebspartnern in einem afrikanischen Land*

Zusammenfassung Kapitel 7

Fehlende interkulturelle Kompetenz gefährdet Managementerfolge in multikulturellen Situationen oder bei Tätigkeiten in unterschiedlichen kulturellen Kontexten. Unter praxisorientierten Gesichtspunkten kann interkulturelle Managementkompetenz als „synergetisches Zusammenspiel von allgemeinen und speziellen, theoretischen und handlungsorientierten Teilkompetenzen" aufgefasst werden. Diese kann in einem vierstufigen Prozess erworben werden.

- Zunächst wird festgestellt, ob die betreffende Person über wichtige Voraussetzungen, vor allem über die erforderlichen *Managementkompetenzen* und *soziale Basiskompetenzen,* verfügt und auch in der Lage ist, diese in der Praxis einzusetzen („Haben"). Bei den Basiskompetenzen handelt es sich vor allem um bewusste *Offenheit* und Interesse gegenüber Neuem, intelligente *Flexibilität* im Handeln und *respektvolle Freundlichkeit* gegenüber anderen und anderen Kulturen.
- Der eigentliche Kompetenzerwerbsprozess beginnt in Stufe 2. Hier wird zielgerichtet *allgemeines und spezielles Wissen* über eigen- und fremdkulturelle Besonderheiten und interkulturelle Unterschiede erworben („Kennen"). Dabei geht es u.a. um politische und sozio-ökonomische Hintergründe, die eigene Kultur und Besonderheiten anderer Kulturen und Subkulturen sowie um relevante interkulturelle Schnittstellen, wobei die zu erwartenden Verhaltenswirkungen im Mittelpunkt stehen.
- Diese Kenntnisse werden dann mit den vorhandenen und erweiterten sozialen Basiskompetenzen zu *interkultureller Handlungskompetenz* verknüpft. Diese ist dann gegeben, wenn der Manager die Fähigkeit besitzt, in einem interkulturellen Kontext die Erwartungen und Reaktionen von Mitgliedern fremder Kulturen so einzuschätzen und zu berücksichtigen, dass er seine Ziele in einer für die Beteiligten akzeptablen Weise erreichen kann („Können"), wobei in dieser Stufe noch das Exemplarische im Vordergrund steht.
- Die vierte Stufe findet überwiegend in der Praxis statt. Hier werden die vorhandenen Einzelkompetenzen zur *interkulturellen Managementkompetenz* verdichtet („Sein"). Diese befähigt den Manager, auch in schwierigen interkulturellen Situationen das erlernte, erweiterte und angepasste Managementrepertoire flexibel

und mit angemessenem Respekt vor anderen Kulturen einsetzen und die vorgegebenen Ziele effektiv und effizient erreichen zu können. Die Entwicklung von interkultureller Managementkompetenz ist ein kontinuierlicher Lernprozess, in dem ständig Lernschleifen durchlaufen werden und neue Verfahren ausprobiert, reflektiert und angepasst werden.

8 Messung interkultureller Managementkompetenz

Nachdem Sie einen Weg gefunden haben, Ihre interkulturelle Managementkompetenz zu erhöhen und Ihre neuen Fähigkeiten vielleicht auch schon in der Praxis erproben konnten, stellen wir uns noch einmal die Frage, warum Unternehmen so zurückhaltend sind, sich auf diesem Feld zu engagieren. Stellen Sie sich vor, Sie stehen als Budgetverantwortlicher vor der Entscheidung in die interkulturelle Kompetenzentwicklung Ihrer Mitarbeiter und Manager zu investieren. Auf welche Fragen würden Sie gern vorab möglichst konkrete Antworten erhalten?

Eine der wichtigeren Fragen ist sicherlich diejenige des Mehrwerts einer Investition in die Human Resources einer Organisation: Kann der Nutzen interkulturellen Managements überhaupt gemessen und damit nachgewiesen werden? Tatsächlich liegen hierzu kaum Erfahrungen vor.[92] Es gibt zwar durchaus Ansätze zur Messung, aber die Messinstrumente müssen noch geschärft und verfeinert werden – diese Möglichkeiten werden derzeit noch zu wenig genutzt.[93]

Für die Messung interkultureller Managementkompetenz bieten sich Modelle an, die sich in anderen Zusammenhängen bewährt haben und die an dieser Stelle in ihren Grundzügen und mit Bezug auf das Vier-Stufen-Prozessmodell besprochen werden sollen. Zwei unterschiedliche Ansätze zur Kompetenzmessung, jeweils für die individuelle Kompetenz und für die institutionelle Kompetenz, können unterschieden werden:

- Zum einen können Instrumente eingesetzt werden, die in der Lage sind, das Kompetenzniveau zu erfassen und auf Basis der identifizierten Potenziale und eventueller Soll-Ist-Abweichungen Entwicklungsansätze aufzuzeigen. Als Grundmodelle bieten sich *Interkulturelle Assessment Center* und *standardisierte Tests* an. Für die Messung institutioneller interkul-

[92] vgl. hierzu allerdings Edmans (2011), der in einer Studie einen positiven Beitrag von Mitarbeiterzufriedenheit zum Unternehmenserfolg anhand einer – zeitverzögerten – Steigerung des Aktienwertes im Vergleich mit anderen Unternehmen feststellt. Dies könnte – wie mehrere neuere Studien feststellen – auch mit einer positiven Korrelation zwischen Mitarbeiterzufriedenheit und einer geringeren Anzahl von krankheitsbedingten Fehltagen zusammenhängen.

[93] vgl. hierzu die unveröffentlichte Masterarbeit von Schmidt (2015)

tureller Managementkompetenz kommen alternativ analog zu DIN, ISO oder VDA entwickelte Standards für interkulturelles Management infrage.[94]

- Zum anderen können Instrumente eingesetzt werden, die in der Lage sind, die Wirkungen der vorhandenen Kompetenz auf die Unternehmensziele darzustellen, wie eine *Balanced Scorecard* mit speziell zu entwickelnden interkulturellen Indikatoren.

8.1 Assessment Center

Assessment Centers (AC) für Führungskräfte werden von Unternehmen für Auswahlverfahren, zur Potenzialeinschätzung und zur Personalentwicklungs- und Karriereplanung (Development Centers - DC), eingesetzt. Im Prinzip geht es darum, dass sich die zu beurteilenden Personen in managementtypischen virtuellen Handlungsszenarien bei verschiedenen Aufgabenstellungen zusammen mit anderen AC-Teilnehmern bewähren müssen und von geschulten Beobachtern mithilfe von Anforderungsskalen beurteilt werden. Zur Auswahl stehen u.a. Gruppendiskussionen, die Lösung von Fallstudien, Präsentationen und Vorträge, Rollenspiele und Interviews.

Zwar steht die Entwicklung *interkultureller ACs* noch am Anfang, und dies gilt erst recht für ACs zur Überprüfung interkultureller Managementkompetenz,[95] trotzdem könnten sie folgende Aufgaben übernehmen:

- Unterstützung der Personalauswahl für Positionen, bei denen interkulturelle Managementkompetenz gefordert ist,
- Ermöglichung eines unternehmensinternen Vergleichs von vorhandenen Basiskompetenzen und interkulturellen Managementkompetenzen,
- Identifikation von Kompetenzdefiziten und Gewinnung von Informationen zur Entwicklung von Strategien zur Verbesserung von interkultureller Managementkompetenz bei Individuen und Organisationen.

Auf der Grundlage eines interkulturellen Anforderungsprofils, das sich am Vier-Stufen-Prozessmodell orientieren könnte, werden Übungen entwickelt, die die Anforderungen in den geforderten Kompetenzbereichen

---

[94] Interessante Ansätze werden auch von kommerziellen Anbietern bereitgestellt, etwa die Assessment Tools des Cultural Navigator (www.culturalnavigator.com) und – mit Einschränkungen – des Cultural Detective (www.culturaldetective. com).

[95] vgl. Bolten (2007), S. 29f.; s.a. Stumpf et al. (2003)

abbilden. Die individuellen Leistungen der Teilnehmer werden dann in einem definierten Verfahren von instruierten Beobachtern beurteilt. Hierfür sollte ein Standardklassifikationsverfahren zur Verfügung stehen, das es erlaubt, die relative individuelle interkulturelle Kompetenz zu bewerten.

Falls es sich um ein Instrument zur Personalentwicklung (DC) handelt, muss die Beurteilung vor dem Hintergrund der Persönlichkeit der Teilnehmer in ein auf diese Person zugeschnittenes Entwicklungsprogramm münden, das alle vier oben behandelten Schritte beinhalten sollte. Dieses sollte dann mit der jeweiligen Person besprochen und vereinbart werden. Da jeder Teilnehmer für die eigene weitere Kompetenzentwicklung verantwortlich ist, benötigt er zur Orientierung ein klares Verständnis der Beurteilungen.

Werden ACs oder DCs zur Überprüfung der individuellen Voraussetzungen interkultureller Managementkompetenz *(Stufe 1)* eingesetzt, stehen die allgemeine Managementkompetenz und die sozialen Basiskompetenzen im Vordergrund und die Fähigkeit, diese in ausgewählten Situationen auch zielgerichtet einzusetzen und sie gegebenenfalls zu erweitern.

Assessment Center lassen sich ebenfalls zur Überprüfung der nächsten Schritte des Vier-Stufen-Prozessmodell einsetzen. Dabei bietet es sich an, zunächst kulturspezifische Kenntnisse und deren Relevanz zu überprüfen und gegen Ende der *Stufe 2* den Schwerpunkt auf anwendbare Kenntnisse mit Bezug auf konkrete Problemstellungen, wie Verhaltenswirkungen national- und regionalkultureller Spezifika, Bereichskulturen oder Stereotypen zu legen.

Ein AC für *Stufe 3* würde sich dann auf konkrete Aufgabenstellungen in (komplexen) interkulturellen Handlungssituationen konzentrieren: Auf die Anwendung der interkulturellen Kernkompetenzen, Möglichkeiten des Vertrauensaufbaus, die Entwicklung kreativer Lösungsansätze für ausgewählte interkulturelle Fallbeispiele und auf Anwendungsmöglichkeiten überkultureller beziehungsorientierter Kommunikations- und Managementstile.

Ein AC für *Stufe 4* müsste differenzierter betrachtet werden. Handelt es sich um Personen, die einen kontinuierlichen Entwicklungsprozess durchlaufen haben, könnte für diese eher ein Selbstevaluierungstool geeignet sein. Bei einer erstmaligen Übernahme einer solchen Aufgabe ist diese Voraussetzung nur im Ausnahmefall gegeben, da Managementaufgaben in einem interkulturellen Kontext ohne größere Vorbereitung übernommen werden. Angesichts der erheblichen Kosten, die mit einer Auslandsentsendung verbunden sind, wäre es jedoch aus ökonomischen Erwägungen angebracht, wenn interkulturelle Managementfähigkeiten vorab durch ein Assessment-Verfahren bewertet würden.[96] Abbildung 3/8 zeigt mögliche Ansatzpunkte eines interkulturellen ACs für Stufe 4.

Interkulturelle Fachkompetenz

- Spezifische kulturelle Kenntnisse über Märkte, Kunden, Produkte
- Abrufbarkeit, Umsetzbarkeit und Anschlussfähigkeit von Fachwissen

Interkulturelle Prozesskompetenz

- Kenntnis des unterschiedlichen Verständnisses von den Inhalten und der Bedeutung der Prozessschritte
- Fähigkeit zur Vermittlung von Begriffen, Verständnis, Inhalten, Anforderungen und Verbindlichkeiten
- Zielorientierte, flexible Planungs- und Umsetzungsfähigkeit

Interkulturelle Führungskompetenz

- Kenntnis unterschiedlicher Einstellungen zu zentralen Werten und Anforderungen, wie Verbindlichkeit und Verantwortung, Neuerungen und Änderungen, Leistung und Ergebnisorientierung, Flexibilität und Kreativität
- Erfolgreich Ziele vermitteln und erreichen
- Sicherung von Akzeptanz, Identifikation, Motivation und Verantwortungsübernahme
- Erfolgreich motivieren und führen

Übergeordnete Aspekte

- Erfolgreicher Umgang mit interkulturell relevanten Erfolgs- und Konfliktpotenzialen
- Erfolgreiche Vermittlung unternehmensspezifischer Anforderungen und Erwartungen
- Überzeugungs-, Durchsetzungs- und Verhandlungsfähigkeit
- Verwendung eines interkulturell kompatiblen Kommunikations- und Managementstils
- Interkulturelles managementrelevantes Wissen teilen und Lernprozesse initiieren

Abbildung 3/8: Ansatzpunkte für ein interkulturelles AC

Im Folgenden wird ein in einem *interkulturellen Praxisprojekt* entwickeltes AC vorgestellt, dem jedoch nicht das Vier-Stufen-Prozessmodell zugrunde liegt und das lediglich zentrale Elemente allgemeiner interkultureller Kompetenz, nicht speziell der Managementkompetenz überprüft.[97]

Ziel des Projekts war es, ein Messinstrument zu entwickeln, das die interkulturelle Kompetenz von Unternehmensmitarbeitern feststellen kann. Die Erfassung des Ist-Stands der interkulturellen Kompetenz der AC-Teilnehmer sollte den Teilnehmern und dem Unternehmen die Möglichkeit geben, geeignete Maßnahmen zur Weiterentwicklung der interkulturellen Kompetenz anzubieten. Es wurde dem

---

[96] vgl. Abschnitt 4.4 in diesem Buch.

[97] Zur Darstellung des Praxisprojekts vgl. Peters (2009); einzelne Abschnitte wurden wörtlich übernommen, ohne diese im Einzelnen zu kennzeichnen.

Unternehmen daher vorgeschlagen, das AC nach einigen Jahren mit denselben Teilnehmern erneut durchzuführen.

Zunächst wurden die Elemente, die als wichtig angesehen wurden, identifiziert und definiert: Mit der Feststellung der Motivation für interkulturelle Kontakte sollte die Bereitschaft zur Aufnahme von Kontakten erfasst werden; mit interkulturellem Kommunikationsvermögen sollte die Fähigkeit gemessen werden, initiativ auf fremdkulturelle Personen zugehen und sich verständlich machen zu können, sowie die kulturellen Elemente und Muster der eigenen sowie der fremdkulturellen Kommunikation erkennen und bewusst einsetzen zu können. Als zielführendes Interaktionsverhalten wurde schließlich die Fähigkeit bezeichnet, ein für interkulturelle Situationen situativ angepasstes Verhalten zu zeigen, das zur Erreichung des angestrebten Ziels führt, ohne dabei die „andere Seite" zu benachteiligen.

Für jedes Element wurde dann ein AC-Modul mit den erforderlichen Messinstrumenten entwickelt. Die Beobachtungsergebnisse konnten durch eine eindeutige Zuordnung auf eine Auswertungsmatrix mit einem Punktesystem übertragen werden.

Modul 1 ermöglichte den Teilnehmern, nach einer fünfzehnminütigen Vorbereitungszeit ihre eigenen interkulturellen Kontakte zu reflektieren und Gründe dafür anzugeben, warum sie ihre interkulturellen Erfahrungen weiter ausbauen möchten.

Modul 2 sollte die Strategien und Vorbereitungen der Teilnehmer im Hinblick auf interkulturelle Verhandlungen testen. Sie sollten ein Konzept erarbeiten, wie der fremdkulturelle Partner in die Strategien und Entscheidungsprozesse des eigenen Unternehmens einbezogen werden kann, so dass beide Verhandlungspartner von den Synergien profitieren. Die Art der Zielerreichung stand dabei im Vordergrund. Nach Abschluss der regulären Bearbeitungszeit änderte sich die Situation des fremdkulturellen Partners, was die Teilnehmer erneut in einem fünfminütigen Statement berücksichtigen mussten. Hierdurch sollten Spontaneität und Kreativität in interkulturellen Situationen getestet werden.

Modul 3 forderte von den Teilnehmern, sich in eine fremde Kultur hineinzuversetzen und aus dieser heraus mit einer anderen Kultur zu verhandeln. Die Teilnehmer wurden in zwei verschiedene fiktive

Kulturen („Temorier“ und „Salai“) mit sehr divergierenden Verhaltensweisen aufgeteilt. In Verhandlungen sollten sie ihre verschiedenen Ziele erreichen und dabei die kulturellen Unterschiede berücksichtigen.

Modul 4 testete die Teilnehmer bezüglich ihrer interkulturellen Sensibilität. Sie erhielten die Aufgabe, das Verhalten zweier Mitglieder einer fremden fiktiven Kultur zu beobachten und in einer kurzen Gruppenpräsentation wiederzugeben. Dabei wurden sie hinsichtlich ihrer Beobachtungs- und Wahrnehmungsfähigkeit beurteilt.

Da die Validität der Ergebnisse sehr stark von den eingesetzten Beobachtern abhängt, wurde deren Rolle zuvor genau definiert, um sie dann umfassend zu informieren und vorzubereiten. Auf der Grundlage der Beobachtungs- und Bewertungsergebnisse erstellten die Beobachter schließlich „Interkulturelle Kompetenzprofile“ der Teilnehmer.

8.2 Balanced Scorecard

Die Messung des Beitrags der individuellen und der institutionellen interkulturellen Managementkompetenz zum Unternehmenserfolg kann über organisationsinterne Steuerungs- und Erfolgsmessungssysteme erfolgen. Beispielhaft soll dies an einer modifizierten Balanced Scorecard (BSC) gezeigt werden.[98]

Ausgehend von einer organisationsinternen *Vision* und *Mission* werden strategische Perspektiven entwickelt. In der Standardversion der BSC stehen vier „Perspektiven“ im Vordergrund, die *Finanzperspektive*, die *Kundenperspektive*, die (*Interne*) *Prozessperspektive* und die *Lern- oder Entwicklungsperspektive*. Diese Sichtweisen sind nicht unbedingt zwingend und können durch andere Perspektiven ersetzt oder ergänzt werden. Für jede Perspektive werden Strategien formuliert, die durch Ziele und Erfolgsfaktoren operationalisiert und dann in Einzelmaßnahmen übersetzt werden. Umsetzung und Zielerreichung werden durch Kennzahlen oder Indikatoren

[98] vgl. zu Möglichkeiten der Messbarkeit interkultureller Kompetenz die unveröffentlichte Masterarbeit von Schmidt (2015)

gemessen und kontrolliert. Damit ist die BSC ein Instrument zur Abbildung und Übersetzung von strategischen Überlegungen durch erreichbare Ziele, Aktionen und Indikatoren.[99]

Die Perspektiven sind nicht unabhängig zu sehen, sondern stehen in Wechselbeziehungen zueinander. Betrachtet man diesen Ursache-Wirkungs-Kontext, so werden die Unternehmenspotentiale (Entwicklungsperspektive) durch die Geschäftsprozesse (Prozessperspektive) umgesetzt, die dann dafür sorgen, dass die Kunden- und Marktorientierung optimiert wird (Kundenperspektive). Dadurch sollen die angestrebten finanziellen Ergebnisse erreicht werden (Finanzperspektive)[100], vgl. Abbildung 3/9.

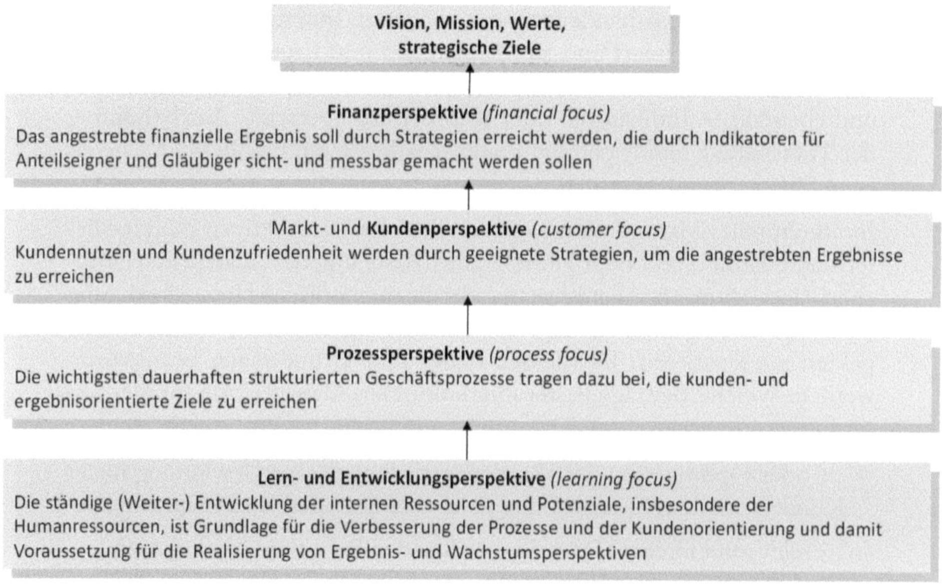

Abbildung 3/9: Balanced Score Card – Strategische Wirkungszusammenhänge (eigene Darstellung)

---

[99] vgl. Kaplan/Norton (1997), Ehrmann (2006)

[100] vgl. Kaplan et al. (2010), S. 80

Sie sind verantwortlich für die interkulturelle Weiterbildung in Ihrer Organisation. Wie kann die BSC als Instrument für die Messung des Beitrags interkultureller Managementkompetenz zum Erfolg Ihrer Organisation herangezogen werden? Prüfen Sie bitte zunächst einmal, ob der Einsatz einer BSC überhaupt zu Ihrer Organisation passt oder ob diese bereits eingesetzt wird. Überlegen Sie dann bitte, ob und in welcher Form interkulturelle Managementaspekte in dieses – oder auch ein anderes für Sie vertrautes strategisches Planungsinstrument – integriert werden können.

Ausgehend von den bereits feststehenden organisationsbezogenen allgemeinen Zielen, Maßnahmen und Indikatoren können nun Sub-Ziele und Strategien für die vorhandenen oder geplanten interkulturellen Managementverfahren definiert und zu Maßnahmen und Ergebnissen verdichtet werden. Diese werden nun den passenden BSC-Perspektiven zugeordnet und ebenfalls in Indikatoren oder Kennziffern übersetzt. Zur Erhöhung der Transparenz und leichteren Evaluierbarkeit kann hierfür auch eine eigene BSC verwendet werden.

Interkulturelles Management kann zu allen drei Perspektiven Beiträge liefern und damit direkt oder indirekt zur Erreichung der finanzwirtschaftlichen Ziele beitragen. Allerdings besteht die methodische Herausforderung darin, die interkulturellen Aspekte von den allgemeinen Managementaspekten zu separieren. Es müssen daher drei Grundfragen beantwortet werden: Welche Beiträge leistet interkulturelles Management zur Verbesserung

- … oder Optimierung der Kundenzufriedenheit, zur Gewinnung neuer Kunden oder zur Erschließung neuer Märkte oder Marktsegmente,
- … relevanter interner Prozesse, etwa in den Bereichen Marktforschung, Produktentwicklung, Produktion oder Vertrieb,
- … der Leistungsfähigkeit und -bereitschaft der Mitarbeiter und zur Erhöhung der Mitarbeitermotivation und -produktivität?

Die Messung dieser Beiträge kann über **Indikatoren oder Kennziffern** erfolgen, die folgenden Vorschläge liefern Hinweise für die Entwicklung von Messgrößen:

Markt- und Kundenperspektive

- Entwicklung der Kundenzufriedenheit (z.B. Servicezufriedenheit, Beratung, pünktliche, schadensfreie Lieferung, Anzahl der Reklamationen, Reklamationsmanagement, Produktzufriedenheit) oder des Umsatzes pro Kunde in Abhängigkeit von dem kennzifferngestützten interkulturellen Management-Background des Vertriebsverantwortlichen
- Markterfolg neuer lokaler Produkte oder Serviceleistungen für kulturandere Märkte oder des (länderbezogenen) Unternehmensimages jeweils in Abhängigkeit von dem Stand des institutionellen interkulturellen Managements
- Qualität der Unternehmenskommunikation (Häufigkeit, Konflikte, positive Rückmeldungen) mit Lieferanten, Partnern, Kunden und der Politikebene in kulturanderen Kontexten

Prozessperspektive

- Bewertung des (positiven) Beitrags interkulturell relevanter Prozesse, etwa in den Bereichen Information und Kommunikation, Ablauforganisation, Fehlermanagement, Netzwerkmanagement oder Supply-Chain-Management zur Erreichung der Unternehmensziele
- Qualität und Erfolg von Leistungs-, Unterstützungs- und Steuerungsprozessen durch verbessertes institutionelles oder individuelles interkulturelles Management
- Messung der Funktionsfähigkeit (Zugang und Nutzung) und Effizienz (Aufwand und Ertrag) der interkulturell relevanten Bereiche des Wissensmanagement- und Informationssystems
- Einfluss von institutionalisiertem interkulturellen Diversity Management oder internen interkulturellen Konfliktvermeidungsstrategien auf die Qualität ausgewählter Prozesse

Lern- und Entwicklungsperspektive

- Verbesserung von Mitarbeiterzufriedenheit, -motivation und -engagement (z.B. Vorschlags- und Verbesserungswesen, Kreativität und Innovation, Arbeitszufriedenheit und Fehlzeiten, Verweildauer im Unternehmen) durch interkulturelles Management

- Erschließung neuer Potenziale in den Bereichen Humankapital, Leistungen und Produkte durch eine Verbesserung des interkulturellen Managements (z.B. Reaktion auf Stellenausschreibungen, Übernahme von Verantwortung und Engagement)
- Möglichkeiten für Mitarbeiter, sich systematisch interkulturelle Managementfähigkeiten anzueignen
- Zusammenhang zwischen erhöhter individueller interkultureller Managementkompetenz und der Entwicklung der institutionellen Managementkompetenz
- Entwicklung der Mitarbeiterproduktivität in Abhängigkeit von der Entwicklung der institutionellen oder individuellen interkulturellen Managementkompetenz.

Abbildung 3/10 fasst diese Überlegungen zusammen.

Abbildung 3/10: Interkulturelle Balanced Score Card

Zusammenfassung Kapitel 8

Für die Messung individueller und institutioneller interkultureller Managementkompetenz bieten sich zwei Ansätze an: Zum einen können Instrumente eingesetzt werden, die das Kompetenzniveau erfassen und auf Basis der identifizierten Potenziale und eventueller Soll-Ist-Abweichungen Entwicklungsansätze aufzeigen, wie interkulturelle Assessment Centers (AC) / Development Centers (DC) und standardisierte Tests. Zum anderen können Instrumente eingesetzt werden, die die Wirkungen der vorhandenen Kompetenz auf die Unternehmensziele darstellen könnten, wie eine Balanced Scorecard mit speziell zu entwickelnden interkulturellen Indikatoren.

Werden ACs oder DCs zur Überprüfung der individuellen Voraussetzungen interkultureller Managementkompetenz *(Stufe 1)* eingesetzt, stehen die allgemeine Managementkompetenz und die sozialen Basiskompetenzen im Vordergrund und die Fähigkeit, diese in ausgewählten Situationen auch zielgerichtet einzusetzen und sie gegebenenfalls zu erweitern.

In *Stufe 2* lassen sich ACs auch zur Überprüfung von kulturrelevanten Kenntnissen mit Bezug auf konkrete Problemstellungen, wie Verhaltenswirkungen national- und regionalkultureller Spezifika, Bereichskulturen oder Stereotypen einsetzen. Ein AC für *Stufe 3* könnte sich auf konkrete Aufgabenstellungen in interkulturellen Handlungssituationen konzentrieren. Während ein AC für *Stufe 4* differenzierter betrachtet werden müsste. Handelt es sich um Personen, die einen kontinuierlichen Entwicklungsprozess durchlaufen haben, könnte für diese eher ein Selbstevaluierungstool geeignet sein. Bei einer erstmaligen Übernahme einer solchen Aufgabe ist diese Voraussetzung nur im Ausnahmefall gegeben, daher wäre es aus ökonomischen Erwägungen angebracht, interkulturelle Managementfähigkeiten vorab durch ein AC bewerten zu lassen.

Die Messung des Beitrags der individuellen und der institutionellen interkulturellen Managementkompetenz zum Unternehmenserfolg kann durch eine modifizierte Balanced Scorecard (BSC) erfolgen. In der Standardversion der BSC stehen vier strategische „Perspektiven" im Vordergrund, die *Finanzperspektive*, die *Kundenperspektive*, die *(interne) Prozessperspektive* und die *Lern- oder Entwicklungsperspektive*. Interkulturelles Management kann zu allen Perspektiven Beiträge liefern.

Dafür müssen drei Grundfragen beantwortet werden, für die die Indikatoren oder Kennziffern entwickelt werden müssten: Welche Beiträge leistet interkulturelles Management (a) zur Verbesserung der Kundenzufriedenheit, zur Gewinnung neuer Kunden oder zur Erschließung neuer Märkte oder Marktsegmente, (b) zur Verbesserung relevanter interner Prozesse, etwa in den Bereichen Marktforschung, Produktentwicklung, Produktion oder Vertrieb und (c) zur Verbesserung der Leistungsfähigkeit und -bereitschaft der Mitarbeiter und zur Erhöhung der Mitarbeitermotivation und -produktivität?

Teil IV: „Kommunikationsstil Süd" – Kommunikation in multikulturellen Situationen

Nehmen wir an, Sie befinden sich in einer der folgenden Situationen: Sie sind Vielflieger und haben häufig in mehreren Ländern beruflich zu tun oder Sie absolvieren regelmäßig Telefonkonferenzen mit deutschen, amerikanischen, indischen oder chinesischen Kollegen oder Sie leiten häufiger Teams mit Mitgliedern aus verschiedenen Kulturen. Natürlich bereiten Sie sich auf diese Situationen vor und haben auch schon etliche Erfahrungen gesammelt. Trotzdem sind Sie noch nicht ganz zufrieden. Die richtigen Mechanismen und Tools, die Ihnen helfen, mit diesen multikulturellen Situationen noch besser zurecht zu kommen, haben Sie noch nicht gefunden. Tatsächlich gibt es hierfür auch nicht allzu viele überzeugende Lösungsansätze. Nationalkulturelle Ansätze, die definitionsgemäß nur eine Kultur berücksichtigen, führen hier jedenfalls nicht weiter.

Ich stelle Ihnen daher nun den „Kommunikationsstil Süd" oder „Beziehungsorientierten Kommunikationsstil" (KSS/BKS) vor. Dieser verbindet Kommunikationsstile verschiedener Kulturen und kann damit in vielen Kulturen des „Südens", in Interaktionen mit Vertretern dieser Kulturen und vor allem in multikulturellen Situationen erfolgreich eingesetzt werden. Dies gelingt, indem er kommunikationsrelevante Elemente der vier Kulturdimensionen Hoher Kontext, Große Machtdistanz, Starke Unsicherheitsvermeidung und Polychronie miteinander verknüpft. Betrachtet man vor allem (mündliche) Kommunikationsprozesse, so zeigt sich, dass diese durch den Einsatz der abgeleiteten Kommunikationsgrundsätze spürbar verbessert und zielwirksamer gestaltet werden können. Es wird daher angeregt, in multikulturellen und vielen interkulturellen Kommunikationssituationen den eigenen Kommunikationsstil zu überprüfen und anzupassen, um in diesen Situationen erfolgreich kommunizieren zu können.

9 Begründung für einen „Kommunikationsstil Süd“

Überlegen Sie zunächst, mit welchen multikulturellen Situationen Sie in der letzten Zeit Erfahrungen gesammelt haben. Wählen Sie hiervon eine aus oder nehmen Sie als Beispiel die Aufgabe, eine Konferenz mit Vertretern aus einer Vielzahl internationaler Niederlassungen Ihres Unternehmens vorzubereiten. Welche Schwierigkeiten interkultureller Art könnten hierbei auftreten? Welche Rolle spielt dabei Ihr Kommunikationsstil, also Ihre Art zu kommunizieren? Können Sie Ihren Kommunikationsstil beschreiben und vielleicht auch Aspekte benennen, die Sie ändern möchten?

Kommunikationsergebnisse sind von der adäquaten Berücksichtigung des Kontexts abhängig. Es kommt also darauf an, in welcher Weise die verschiedenen Interessen und Motivationen, die Erwartungen an die Kommunikationsergebnisse, die Interpretation bzw. das Verständnis der Kommunikationsinhalte und die Bereitschaft hierauf zu reagieren, im Kommunikationsverlauf berücksichtigt werden.

Während in der einschlägigen Literatur zur interkulturellen Kommunikation und den daraus abgeleiteten Trainings in der Regel implizit oder explizit von bikulturellen Situationen ausgegangen wird, sieht der durch Globalisierung bestimmte Businessalltag vielfach anders aus. Er wird geprägt von Situationen, in denen mit Personen unterschiedlichen kulturellen Hintergrunds entweder in diversen Gruppen- oder Teamkonstellationen oder in schnell wechselnden Szenarien zielorientiert interagiert und kommuniziert wird.[101] Dies gilt für langfristig in eine Auslandsposition entsandte Mitarbeiter, die mit multikulturellen Teams zusammenarbeiten, für Manager, die Regionalverantwortung für eine Ländergruppe erhalten oder jene, die in ihrem Unternehmen regelmäßig mit Mitarbeitern aus unterschiedlichen Kulturen zusammenarbeiten.

[101] s.a. Nardon/Steers (2007), S. 172f; vgl. zu Teil IV: Koch (2009/3), S. 159–184

Beispiele 4/1

- Arbeitstagungen der ASEM-Gruppe mit Beteiligten aus über 50 Nationen,[102]
- Sprachkurse für Asylbewerber in Deutschland mit Teilnehmern aus zwölf Nationen,
- Aktivitäten von interkulturellen Begegnungsstätten für heterogene Migrantengruppen in Bayern,
- Managementaktivitäten in einem kulturell heterogenen Umfeld, etwa in den Vereinigten Arabischen Emiraten, Singapur oder in Metropolen wie New York oder London,
- Planung und Durchführung eines internationalen Entwicklungsprojekts, an dem verschiedene nationale Regierungs- und Nicht-Regierungsorganisationen aus China, Indien, Nepal und Deutschland beteiligt sind,
- Unterrichts- und Verwaltungstätigkeiten in internationalen Schulen oder Universitäten.

In multikulturellen Geschäftssituationen wird das Verhalten der Kommunikationspartner außer durch die nationalkulturellen Werte und die unterschiedlichen Persönlichkeitsstrukturen der Gesprächspartner (Mitarbeiter, Kunden, Lieferanten, Auftraggeber, Partner etc.) durch die Organisationskulturen, in denen sich die Interaktionspartner bewegen, und die verschiedenen Professionskulturen beeinflusst. Hinzu kommen sub-nationale kulturelle Einflüsse ethnischer Gruppen oder regionaler Besonderheiten.[103]

Andererseits sollte nicht übersehen werden, dass nationalkulturelle Verhaltens- und Kommunikationsformen durch die Einflüsse der Globalisierung zugunsten von Mischformen an Einfluss verlieren. So treten in anderen Kulturen erlernte neue Kommunikationsspezifika (etwa durch Studien-, Arbeits- oder private Aufenthalte) neben kultureigene Verhaltensweisen und können diese überlagern. Hinzu kommt, dass in interkulturellen Managementsituationen die Interaktionspartner häufig durch sich

---

102 Asia-Europe Meeting, s. dazu: www.aseminfoboard.org. So nahmen an dem 11. ASEM Meeting 2016 in Ulan Bator beispielsweise neben 30 europäischen und 21 asiatischen Staaten auch zwei internationale Organisationen teil.

103 Hier gilt der *Konosuke Matsushita*, dem Gründer von Panasonic, zugeschriebene Slogan „*Business is People*".

überlappende „Kulturbereiche" geprägt sind, etwa eine „großstädtische" Regionalkultur oder eine „managergeprägte" Businesskultur.

Zwar ist es theoretisch möglich, solche Konstellationen zu erkennen und das eigene Kommunikationsverhalten darauf abzustimmen[104], praktisch ist dies jedoch kaum zu leisten. In einer Vielzahl der in einer globalisierten Welt stattfindenden interkulturellen Begegnungssituationen sind viele Parameter, etwa Persönlichkeitsaspekte oder der organisationskulturelle Hintergrund, unbekannt, so dass diese *keine* systematische Handlungsorientierung bieten können.[105] Hinzu kommt, dass die genauere Kenntnis der kulturellen Spezifika nur dann etwas bewirken kann, wenn die Kommunikationspartner diese Kenntnis auch umsetzen können. In simultanen Kommunikationssituationen mit Angehörigen verschiedener Kulturen, die in interkulturellen Projekten i.w.S.[106] immer wieder auftreten, sind dieser Möglichkeit jedoch Grenzen gesetzt. Vielmehr kann die Verwendung dieser Kenntnisse zu einem widersprüchlichen Kommunikationsverhalten mit unlösbaren Dilemmata führen.

Beispiel 4/2

Der von einem deutschen Beratungsunternehmen nach Kasachstan entsandte Projektleiter, der ein kasachisch-chinesisches Pipelineprojekt fachlich beraten sollte, nutzte seine guten Russischkenntnisse bei einem ersten gemeinschaftlichen Treffen zu einem kurzen Vorgespräch mit dem kasachischen Projektpartner. Hierdurch fühlte sich der anwesende chinesische Partner so stark benachteiligt, dass der fachlich sehr qualifizierte deutsche Teamleiter nach nur wenigen Tagen von seinem Unternehmen durch einen anderen Experten ersetzt werden musste.

Auch wenn international tätige Manager oder Berater sich in bikulturellen Situationen kulturellen Herausforderungen gegenüber sehen, ist es ihnen

---

[104] s.a. den u.a. von Welsch (1999) in die Diskussion eingebrachten Begriff der Transkulturalität

[105] Ansätze, wie sie Hansen vertritt, der kleinere Kollektive untersucht, vgl. Haas (2009), S. 177, stellen einen interessanten neuen Weg der interkulturellen Forschung dar. Sie erschweren jedoch durch die wohl realitätsnahe aber kaum handhabbare „neue Unübersichtlichkeit" die Anwendung der Ergebnisse für übergreifend einsetzbare Kommunikations- und Managementansätze.

[106] Zur Typologie interkultureller Projekte s. Teil VI.

nur schwer möglich, sich auf ständig neu zusammengesetzte Teilnehmergruppen und wechselnde Klientel mit unterschiedlich kulturellem Hintergrund immer wieder neu einzustellen.

Beispiele 4/3

Der **Manager** eines internationalen Automobilkonzerns übernimmt den Vertriebsbereich Osteuropa-Nahost-Afrika (EMEA). Als „Flex-Patriate" („Flexpat") pendelt er permanent zwischen dem Stammsitz seines Unternehmens und Verkaufsniederlassungen, Großkunden und Lieferanten seines Unternehmens in verschiedenen Ländern und Erdteilen.

Der **Projektleiter** eines multikulturell zusammengesetzten Teams muss nicht nur sehr verschiedenartige individuelle Interessen, Erwartungen und Werte seiner Teammitglieder kennen und evtl. auch berücksichtigen, sondern auch diejenigen der sonstigen Stakeholder, wie Auftraggeber, externe Experten oder Regierungsstellen.[107]

Der **Global Manager** eines TNCs im Maschinenbaubereich mit Sitz in Deutschland absolviert zwischen Montag und Freitag einer beliebigen Woche auf einem Rundflug von Frankfurt nach Frankfurt Kunden- und Lieferantenbesuche in Warschau, Taschkent, Mumbai, Bangkok und Dubai.

Ein internationaler **Consultant** führt innerhalb von acht Wochen Kurzzeitberatungen und Workshops in Südafrika Indien, Laos und der Türkei durch.

Die **Leitungsgruppe** einer internationalen Tagung verständigt sich in der Vorbereitungsphase über das Vorgehen bei der Formulierung von Fragestellungen, dem Umgehen mit Problemen, der Definition von Anforderungen und der interkulturell sensiblen Interpretation von Reaktionen und Antworten.[108]

Die **Regionalleiterin** der deutschen Niederlassung in Bangalore (Indien), eine Schweizerin, hat zunächst eine Online-Konferenz mit den Hauptkunden in Kalifornien, einem US-Amerikaner und einem Chinesen, telefoniert anschließend mit einem potentiellen neuen Kunden in Hongkong und erhält am Nachmittag Besuch von zwei Geschäftspartnern aus Spanien. Am späten Nachmittag steht eine kürzere Videokonferenz mit Lieferanten aus Südkorea auf ihrer Agenda, bevor sie abends

[107] vgl. Wieder (2009)

[108] vgl. Miedaner (2009)

zu einem Zwei-Tages-Trip zu einer internationalen Konferenz in Kuala Lumpur (Malaysia) aufbricht.[109]

Die **Projektleiterin** eines deutschen Softwareunternehmens betreut einen großen Kunden, einen Global Player, bei der Vorbereitung und Einführung eines neuen Softwareprodukts. Hierfür sind bei dem Kunden bis zur erfolgreichen Einführung des neuen Produkts zahlreiche mehrtägige Kurzreisen pro Monat in mehrere Niederlassungen des Unternehmens auf drei Kontinenten notwendig. Die vorbereitenden Befragungen der 15 Tochterunternehmen in Asien und Lateinamerika wurden mit Hilfe von Videokonferenzen durchgeführt.

Immer dann, wenn Vertreter mehrerer Nationalkulturen an einer Interaktionssituation beteiligt sind, wäre es daher vorteilhaft, über einen Kommunikationsstil zu verfügen, der „kulturübergreifend“ in möglichst vielen Kulturen verwendbar ist, dessen Elemente bekannt oder leicht erlernbar sind und der leicht mit dem „eigenen“ Kommunikationsstil verknüpft werden könnte. Da für derartige Situationen bisher überzeugende interkulturelle Kommunikationstheorien fehlten, bietet sich eine heuristische Vorgehensweise an.[110] Der im Folgenden vorgestellte **Kommunikationsstil Süd** (KSS) wurde für derartige kulturübergreifende Konstellationen entwickelt und leitet sich theoretisch aus Ähnlichkeiten und Überschneidungen in der Ausprägung einer begrenzten Anzahl von Kulturdimensionen[111] ab.

Unter *Kommunikation* soll, einer gängigen Definition folgend, der Austausch von Botschaften oder Informationen zwischen Personen verstanden werden, wobei als Kommunikationskanäle neben der Sprache

---

[109] vgl. Nardon/Steers (2007), S. 171

[110] Heuristik wird hier verstanden als Vorgehensweise zur Lösung von Problemen, für die keine eindeutigen Lösungsstrategien bekannt sind oder die aufgrund des erforderlichen Aufwands wenig praktikabel erscheinen, vgl. wirtschaftslexikon.gabler.de/Definition /heuristik.html (Abrufdatum 31.07.2015). Vgl. auch die zusammenfassenden Überlegungen von Fox (2015) zur wachsenden Bedeutung von Heuristik in einer komplexer und dynamischer werdenden Welt.

[111] Die Kenntnis der Kulturdimensionen und der einschlägigen Literatur von Hofstede, Hall und anderen werden hier vorausgesetzt. Einen recht guten Überblick gibt Apfelthaler (1999). In den Folgekapiteln wird dennoch auf einzelne Aspekte kurz eingegangen, ansonsten sei auf die in den Literaturhinweisen genannten Quellen verwiesen.

auch die Körpersprache (Mimik, Gestik, Blickkontakt, räumliche Distanz) verwendet werden.[112]

Unter *Kommunikationsstil* ist die Summe der die individuelle „Kommunikation prägenden charakteristischen Ausdrucks-, Darstellungs- und Handlungsweisen“ zu verstehen.[113] Dies sind typische Kommunikations- und Verhaltensmuster, einschließlich der Umgangsformen und der non-verbalen Kommunikation sowie – in Abweichung von üblichen Definitionen – auch der organisatorischen Gestaltung der Kommunikationssituation, soweit diese gestaltbar ist.

Der wesentliche Vorteil eines kulturübergreifenden Kommunikationsstils liegt in der *Reduktion von Komplexität* durch die Beschränkung auf zu erwartende Grundmuster und Verhaltenselemente. *Verunsicherung* durch die Konfrontation mit zu hoher Komplexität, der Vielfalt nationalkultureller Eigenheiten, mit Unbekanntem und Befremdlichen und dem Risiko, derartige Situationen nicht bewältigen zu können, könnte so verringert und eine zielorientierte Interaktion in komplexen multikulturellen Situationen erheblich erleichtert werden. Trotzdem bleibt die Kenntnis kultureller Spezifika natürlich wichtig und eine Auseinandersetzung mit den verschiedenen Aspekten der jeweiligen Kultur ist wünschenswert.

Ein solcher Ansatz entspricht einem *kulturallgemeinen* Ansatz, im Gegensatz zu einem *kulturspezifischen* Ansatz. „Furthermore, in dealing with multiple cultures, managers need to develop a ‘cultural-general’ approach [...]. According to this approach (which is indeed the one favoured by the authors), it is important to identify which dimensions of culture may be relevant, rather than knowing the central tendencies of each particular country represented in meetings, encounters in the course of a day’s work. This approach contrasts with the ‘culture-specific’ approach typically offered in training expatriates in the past.“[114]

Kulturallgemeine oder kulturübergreifende Aussagen sind zulässig. Streng genommen kann in den Sozialwissenschaften schon dann von einer Verallgemeinerung gesprochen werden, wenn Aussagen über mehr als eine Person gemacht werden. Dies gilt insbesondere für die Wirtschaftswissenschaften, die versuchen sich durch die Bildung von *Modellen* der Realität anzunähern. Auch wenn Realität immer nur annäherungsweise abgebildet

---

[112] vgl. wirtschaftslexikon.gabler.de/Definition/ kommunikation.html.

[113] vgl. Barmeyer (2000), S. 139–146, insbesondere S. 140f.

[114] Schneider/Barsoux (2003), S. 197f.

werden kann, können trotzdem verhaltensrelevante Aussagen für die durch das Modell erfassten Gruppen getroffen werden. Die modellhafte Annäherung an die Realität erlaubt es also Tendenzen aufzuzeigen und durch Ableitung von Regeln das Handeln zu erleichtern. Wie gelingt es nun, kulturelle Vielfalt und Komplexität zu vergleichsweise einfach zu erlernenden und anzuwendenden interkulturellen Verhaltensregeln zu verdichten?

Zunächst: Es gibt keine klaren kulturellen Grenzen, die Übergänge zwischen den Kulturen sind fließend, es gibt Unterschiede und Übereinstimmungen. Andere sind anders, aber nicht so vollkommen anders, dass sie nicht in bestimmten Dingen ähnlich denken, fühlen oder handeln würden. Dies lässt sich für viele Begegnungsebenen feststellen. Menschen sind traurig, fröhlich, humorvoll oder interessiert – sie zeigen es in einer für uns gewohnten und verständlichen oder in einer ungewohnten, vielleicht sogar befremdlichen Weise oder in Formen, die wir zwar nicht kennen, die sich aber mit etwas Erfahrung, mit Phantasie und Empathie dechiffrieren lassen.

Ein pragmatischer Ansatz, um die vielfältigen Einflussfaktoren in für uns neuen, unvertrauten interkulturellen Kontexten einbeziehen zu können, kann darin bestehen, die eigenen Erfahrungen mit allgemeinen und dann spezifischer werdenden Handlungsgrundsätzen zu verknüpfen. Mit dem Kommunikationsstil Süd (KSS) wird dies umgesetzt. Es handelt sich dabei um einen kulturübergreifenden Kommunikationsstil, der nachvollziehbare und leicht erlern- und umsetzbare Kommunikationsgrundsätze enthält und es den Anwendern erlaubt *authentisch* zu bleiben.

Auch wenn Kommunikation so zum „Transportmittel“ wird, um eigene oder vorgegebene Ziele zu erreichen, geht es nicht um eine instrumentale oder gar manipulative Verwendung von Kommunikation. Vielmehr sollte ein der jeweiligen kulturellen Situation angemessener Kommunikationsstil praktiziert werden, durch den eine größere Anzahl von Kommunikationspartnern in die Zielerreichung und die Gestaltung der hierfür notwendigen Prozesse konstruktiv eingebunden werden kann. Dies gelingt am besten durch die Gestaltung des *Partizipationsprozesses*: Die Kommunikationspartner werden von ihren Positionen *abgeholt*, um sie *mitzunehmen* und im Rahmen ihrer Möglichkeiten an dem Erfolg und der Verantwortung für die Folgen des Prozesses *teilhaben* zu lassen. Die beiden folgenden Beispiele zeigen Situationen, in denen der Einsatz eines kulturübergreifenden Kommunikationsstils angebracht wäre.

Beispiele 4/4

Ein internationaler Berater hat den Auftrag, ein Entwicklungsprojekt mit einer Gruppe von lokalen und internationalen Mitarbeitern in Usbekistan während eines zweitägigen Workshops vorzubereiten. Er erfährt im Vorfeld lediglich, dass mehrere usbekische, zwei russische, zwei nepalische, drei deutsche und zwei indische Berater sowie jeweils eine kirgisische und eine tadschikische Mitarbeiterin teilnehmen werden. Für einen sicherlich interessanten Aushandlungsprozess der Kommunikationsanforderungen vor dem Workshop fehlen Zeit und Gelegenheit, u.a. deswegen, weil mehrere Teilnehmer mit erheblicher Verspätung eintreffen.

Ein multikulturell zusammengesetztes Projektteam, bestehend aus einer deutschen Betriebswirtin (Projektleiterin), einer rumänischen Ingenieurin, einer deutschen Theologin, einer kolumbianischen Wirtschaftswissenschaftlerin, einem chinesischen Journalisten und einer südafrikanischen Literaturwissenschaftlerin, das im Rahmen eines deutsch-englischsprachigen Masterstudienganges gebildet wurde, erhält den Auftrag, innerhalb von vier Wochen für ein deutsches Unternehmen eine Marktanalyse in einem anderen europäischen Land durchzuführen. Ein zu Beginn des Projekts von der Projektleiterin initiierter Prozess des Aushandelns eines für alle Beteiligten akzeptablen Kommunikationsstils konnte durch die Kenntnis von kulturübergreifenden Kommunikationsstilelementen erleichtert und für die Teammitglieder zufriedenstellend gestaltet werden.

Die Vorteile eines solchen Vorgehens liegen auf der Hand. Es wird angenommen, dass Sie als (vielbeschäftigter) Manager, Berater, Mitarbeiter von Institutionen und Unternehmen ein interkulturelles „Handwerkszeug“ benötigen, um Ihre Ziele in einem interkulturellen Kontext schnell, effektiv und effizient zu erreichen. Mögliche Alternativen, die darin bestünden, ein interkulturelles (Zusatz-)Studium zu absolvieren, interkulturelle Zertifikate zu erwerben oder interkulturelle Gesprächssituationen vorab zu analysieren, um hieraus entsprechende Schlüsse zu ziehen, werden aus Zeitgründen kaum in Betracht gezogen.

Der Ansatz von *Trompenaars/Wooliams*[115], einen interkulturell tauglichen Managementansatz durch eine „*Versöhnung*“ (*reconciliation*) unterschiedlicher kultureller Elemente anzustreben, geht in diese Richtung. Jedoch erfordert das Versöhnungskonzept eine auf die interkulturelle Situation abgestimmte Analyse der kulturanderen Erwartungen. Dies ist bei dem KSS definitionsgemäß nicht notwendig. Bei diesem geht es darum, durch eine Annäherung an (kulturelle) Realitäten und hieraus ableitbare Tendenzaussagen kulturübergreifende handlungserleichternde Kompetenzen bereitzustellen, die den Anwender in die Lage versetzen, Situationen schneller einschätzen und angemessen reagieren zu können.

Der KSS stellt ein Verhaltensrepertoire bereit, das in multikulturellen Situationen generell einsetzbar ist. Er erzielt außerdem umso bessere Ergebnisse, wenn er *nicht* als „Regelstil“ angewandt wird, sondern wenn in multikulturellen oder diffusen, also nicht genau bestimmbaren Kultursituationen alle oder einzelne Elemente zunächst auf ihre Akzeptanz getestet und erst dann selektiv mit dem persönlichen Kommunikationsstil verknüpft werden. Dabei greift der KSS auf Grundregeln gelingender Kommunikation zurück, die ein beziehungsorientiertes und zurückhaltendes Verhalten nahelegen. In Machtdistanzgesellschaften muss zusätzlich das richtige Maß an Autorität bewahrt und die Bedeutung von Rang, formellem Auftreten und Kompetenz richtig eingeschätzt werden.

Der KSS beruht auf der Annahme, dass in vielen „südlichen“ Kulturen bestimmte Kulturdimensionen in ähnlicher Weise ausgeprägt sind, so dass ein dieser Tatsache gerecht werdender Kommunikationsstil eine hohe Erfolgswirksamkeit aufweisen dürfte. Die Bezeichnung „Süd“ ist abgeleitet aus dem Begriff der „Nord-Süd-Beziehungen“ und meint schwerpunktmäßig die Länder der südlichen Hemisphäre. Es wird also ausdrücklich nicht davon ausgegangen, dass der KSS für alle Nationalkulturen gleichermaßen einsetzbar ist, trotzdem scheint eine erweiterte Einsatzmöglichkeit des KSS und seiner Kommunikationsgrundsätze möglich zu sein. Aufgrund der im KSS angelegten Variabilität könnte dieser daher die Grundlage für einen globalen interkulturell kompatiblen Kommunikationsstil sein, der als „**Beziehungsorientierter Kommunikationsstil (BKS)**“ bezeichnet werden könnte. Diese Überlegung wird gestützt durch mehrere in den letzten Jahren durchgeführte kleinere empirische Untersuchun-

[115] Trompenaars, F. / Wooliams, P. (2004)

gen.[116] Die Verwendung der Bezeichnung *Beziehungsorientierter Kommunikationsstil* könnte ferner dazu beitragen, die mit der Verwendung der Regionalbezeichnung „Süd“ möglichen Irritationen oder Missverständnisse zu vermeiden. Im Folgenden wird daher die Abkürzung **KSS/BKS** verwendet.

Der KSS/BKS ist ebenfalls als Gegenmodell zu einem „Kommunikationsstil Nord“ (KSN) zu verstehen, der überwiegend von Vertretern westlicher Industrieländer praktiziert wird. Dieser Kommunikationsstil Nord, der hier nicht weiter beschrieben werden soll, ist abgeleitet aus einer geringen Kontextbedeutung, niedriger Machtdistanz, schwacher Unsicherheitsvermeidung und Monochronie.

Zusammenfassung Kapitel 9

Kommunikationsergebnisse sind von der adäquaten Berücksichtigung des Kontexts abhängig. Während meist von bikulturellen Situationen ausgegangen wird, wird der durch Globalisierung bestimmte Businessalltag häufig von multikulturellen Geschäftssituationen geprägt, in denen in schnell wechselnden Szenarien zielorientiert interagiert und kommuniziert werden muss. Das Verhalten der Kommunikationspartner wird hierbei außer durch nationalkulturelle Werte und unterschiedliche Persönlichkeitsstrukturen durch die Organisationskulturen, in denen sich die Interaktionspartner bewegen, und die verschiedenen Professionskulturen beeinflusst.

Auch wenn es theoretisch möglich ist, solche Konstellationen zu erkennen und das eigene Kommunikationsverhalten darauf abzustimmen, kann dies in der Praxis kaum geleistet werden. Es wäre daher vorteilhaft, über einen Kommunikationsstil zu verfügen, der „kulturübergreifend“ in möglichst vielen Kulturen verwendbar ist, dessen Elemente bekannt sind und der mit dem „eigenen“ Kommunikationsstil verknüpft werden könnte. Der Kommunikationsstil Süd wurde für derartige kulturübergreifende Konstellationen entwickelt und leitet sich theoretisch aus Ähnlichkeiten und Überschneidungen in der Ausprägung einer begrenzten Anzahl von Kulturdimensionen ab.

---

[116] vgl. Abschnitt 4.4

Der wesentliche Vorteil eines kulturübergreifenden Kommunikationsstils liegt in der Reduktion von Komplexität, der Verringerung von Unsicherheit durch die Konfrontation mit zu hoher Komplexität und dem Risiko seine Ziele in komplexen multikulturellen Situationen nicht erreichen zu können. Ein solcher Ansatz entspricht einem kulturallgemeinen Ansatz, im Gegensatz zu einem kulturspezifischen Ansatz. Der Kommunikationsstil Süd (KSS) ist ein pragmatischer Ansatz, der nachvollziehbare und leicht erlern- und umsetzbare Kommunikationsgrundsätze enthält und es den Anwendern erlaubt authentisch zu bleiben. Er stellt ein Verhaltensrepertoire bereit, das in multikulturellen Situationen generell einsetzbar ist und erzielt umso bessere Ergebnisse, wenn in multikulturellen Kultursituationen die Elemente zunächst auf ihre Akzeptanz getestet und erst dann selektiv mit dem persönlichen Kommunikationsstil verknüpft werden.

Der KSS beruht auf der Annahme, dass in vielen „südlichen" Kulturen bestimmte Kulturdimensionen in ähnlicher Weise ausgeprägt sind. Die Bezeichnung „Süd" meint schwerpunktmäßig die Länder der südlichen Hemisphäre. Es wird also ausdrücklich nicht davon ausgegangen, dass der KSS für alle Nationalkulturen gleichermaßen einsetzbar ist, trotzdem scheint eine erweiterte Einsatzmöglichkeit des KSS und seiner Kommunikationsgrundsätze möglich zu sein. Aufgrund der im KSS angelegten Variabilität könnte dieser daher die Grundlage für einen globalen interkulturell kompatiblen Kommunikationsstil sein, der als „Beziehungsorientierter Kommunikationsstil (BKS)" bezeichnet werden könnte. Im Folgenden wird daher die Abkürzung KSS/BKS verwendet.

10 Gibt es eine „Süd-Gruppe"?

Trotz der großen Bedeutung der interkulturellen Sichtweise haben Sie vielleicht auch schon die Erfahrung gemacht, dass viele Kulturen sich gar nicht so sehr unterscheiden und Mitglieder verschiedener Nationalkulturen sich sogar ähnlich verhalten. Versuchen Sie bitte solche Übereinstimmungen, vor allem im Kommunikationsverhalten, zu finden.

Grundlage für die Ableitung der Elemente des KSS/BKS sind Ähnlichkeiten in den Ausprägungen der von verschiedenen Autoren entwickelten *Kulturdimensionen.* Kulturdimensionen sind universelle Kategorien, die in den verschiedenen Kulturen unterschiedlich ausgeprägt sind und anhand derer sich Kulturen demnach auch unterscheiden lassen.

Allerdings wird das Konzept der Kulturdimensionen auch kritisiert. Zum einen aufgrund seines standardisierenden Charakters – Nationalkultur wird als abgeschlossener „Container" gesehen – und der Stereotypisierung von Kulturen, die die Existenz von Regional- und Subkulturen sowie von globalisierungsbedingten Änderungen außer Acht lässt, zum anderen hinsichtlich der hierdurch verstärkten Betonung nationalkultureller *Differenzen.* Durch die Betonung von Differenzen kann die Sicht auf Gemeinsamkeiten verloren gehen. Es wird der Eindruck erweckt, bestimmte in der einen Kultur betonte Merkmale, wie Ordnung, Unsicherheitsvermeidung oder Pünktlichkeit, seien in der Vergleichskultur gar nicht vorhanden, so dass eher interkulturelle Konfliktfelder ins Blickfeld geraten. Interessanter ist aber die Fokussierung auf *Gemeinsamkeiten* und Übereinstimmungen und damit auch auf positive Potenziale, Chancen, Synergien und Lerneffekte.[117]

Trotz dieser berechtigten Kritik können Kulturdimensionen hier als geeigneter theoretischer Ausgangspunkt angesehen werden, zumal die daraus abgeleiteten Schlussfolgerungen auch durch weitere wissenschaftliche Ansätze gestützt werden und tendenzielle Aussagen über das Verhalten von Personengruppen erlauben. Die Kenntnis der Kulturdimensionen

---

[117] vgl. Warneken (2006); Haas (2009), S. 179; Thiel et al (2007); Baldauf (2015), S. 282 ff.

und ihrer Ausprägungen erleichtert es Handlungen und Erwartungen besser zu verstehen, zu antizipieren und dann auch entsprechend zu reagieren. Dieses handlungserleichternde Wissen, das in der Praxis relativiert, ergänzt oder auch abgeändert werden muss, kann Sie in die Lage versetzen, Situationen schneller einschätzen und angemessen reagieren zu können. Hinzu kommt, dass die Kulturdimensionen hier gerade nicht für kulturdifferenzierende, sondern vielmehr für kulturübergreifende Ansätze genutzt werden.

10.1 Ähnlichkeiten der Ausprägungen von Kulturdimensionen

Sowohl die länderspezifischen Ausprägungen der verschiedenen Kulturdimensionen bei *Hofstede*, als auch die Ergebnisse der Arbeiten von *Trompenaars* und *Hall*[118] und die neueren Untersuchungen von 62 bzw. 25 Ländern im Rahmen der GLOBE Studie[119] zeigen, dass bestimmte Ausprägungen der Kulturdimensionen bei einer größeren Gruppe von Ländern sehr ähnlich sind. Auch wenn die Ergebnisse der erstgenannten Autoren vor allem wegen der Art der Untersuchungen, der Auswahl der Befragten und der Pauschalisierung der Bewertungen kritisiert werden[120], erwiesen sich viele der nationalkulturellen Ausprägungen als überraschend stabil und stimmten in länderbezogenen Vergleichen weitgehend überein. Sie bilden daher auch weiterhin eine Grundlage für interkulturelle Trainings und Coachings.

> Für die folgenden Überlegungen ist ein Ergebnis interessant, das in unterschiedlicher Form aus den verschiedenen Untersuchungen[121] abgeleitet werden kann, dass nämlich viele „Länder des Südens", die *Süd-Gruppe*, in zentralen kulturellen Merkmalsausprägungen Ähnlichkeiten aufweisen.

---

118 vgl. Hofstede 1991, 2006; Hampden-Turner/Trompenaars 2000; Trompenaars/Wooliams 2004; Hall 1989; Hall/Hall 1990

119 vgl. House et al. (2004) sowie Chokar et al. (2007)

120 vgl. Goodstein (1981); Hunt (1981); Gooderham / Nordhaug (2001); Fernandez et al. (1997)

121 Dies gilt insbesondere für Hall, House et al. (2004) und Chokar et al. (2007)

Der Süd-Gruppe gehören mehrheitlich Entwicklungs- und Schwellenländer an. Allerdings gilt diese Zuordnung nur tendenziell, da eine systematische länderspezifische Zuordnung weder von Hall oder Hofstede noch von Trompenaars vorgenommen wurde. Die Abgrenzung der *Süd-Gruppe* ist daher keineswegs eindeutig. Sie ist an den „Rändern“ unscharf und umfasst bei einzelnen kulturellen Merkmalsausprägungen auch die meisten Staaten Südeuropas und einzelne Industrieländer, wie etwa Japan. Zum Teil schließt sie auch Frankreich und Belgien mit ein. Auf der anderen Seite berücksichtigt sie bei einigen Aspekten einzelne Länder oder Regionen des Südens nicht. In wiederum anderen Fällen finden sich einzelne Süd-Länder als „Ausreißer“ in der *Nord-Gruppe.*

Abbildung 4/1 zeigt die von verschiedenen Autoren festgestellten Ausprägungen der Kulturdimensionen in Ländern der *Süd-Gruppe.* Zum besseren Verständnis der Abbildung siehe die „Erläuterungen zu Abbildung 4/1“.

Erläuterungen zu Abbildung 4/1

Spalte 1 benennt vier ausgewählte Kulturdimensionen und ihre Ausprägungen und ordnet diesen weitere Kulturdimensionen zu, bei denen aufgrund ihrer Definition davon ausgegangen werden kann, dass die Schlussfolgerungen im Hinblick auf kommunikative Besonderheiten sehr ähnlich sind.

In Spalte 2 sind die untersuchten Kategorien und die von mir gewählten Grenzwerte aufgeführt. So weisen kollektivistische Länder (Zeile 2) einen Individualismus-Wert von < 54 auf. Länder mit einer großen Machtdistanz (Zeile 8) haben in der Hofstede-Skala einen Wert von > 45.

Spalte 3 zeigt die Bandbreite der von den verschiedenen Autoren angegebenen Werte. Hofstede ermittelte zum Beispiel Individualismus-Werte zwischen 9 und 91 (Zeile 2), während Chokar et al. Werte für In-Group-Kollektivismus zwischen 3,4 und 6,4 (Zeile 3) ermittelte.

Spalte 4 nennt die jeweilige Literaturquelle (s. Literaturhinweise)

Alle Länder, die im Bereich der angegebenen Grenzwerte liegen werden der Süd-Gruppe zugerechnet.

Kulturdimension	*Grenzwerte der jeweiligen Ausprägung*	*Allgemeine Spreizung der Werte (von – bis)*	*Autor und Quelle*
Hohe Kontextbedeutung	Südeuropa, sowie asiatische, afrikanische und lateinamerikanische Kulturen		Hall/Hall (1990)
Kollektivismus	Individualismus < 54	6 - 91	Hofstede (2006 S. 105)
In-Group Kollektivismus	> 4,5	3,4 - 6,4	Chokar et al. (2007, u.a. S. 1087)
Kommunitarismus	Individualismus < 53	30 - 89	Trompenaars / Wooliams (2004 S. 51)
Partikularismus	Universalismus < 72	10 - 90	Trompenaars / Wooliams (2004 S. 39)
Externe Steuerung	Interne Steuerung < 64	33 - 88	Trompenaars / Wooliams (2004 S. 98)
Diffuse Kultur	Spezifische Kultur < 55	10 - 90	Hampten-Turner / Trompenaars (2000 S. 126)
Große Machtdistanz	Machtdistanz > 45	11 - 104	Hofstede (2006 S. 56)
	Machtdistanz > 4,5	4,0 - 6,0	Chokar et al. (2007, u.a. S. 1086)
Zugeschriebener Status	Errungener Status < 33	4 - 76	Trompenaars / Wooliams (2004 S. 77)
Starke Unsicherheitsvermeidung	Unsicherheitsvermeidung > 65	8 - 112	Hofstede (2006 S. 234)
	Gewünschte Unsicherheitsvermeidung > 4,5	2,8 - 5,8	Chokar et al. (2007, u.a. S. 1085)
Polychronie	lateinamerikanische, arabische und mediterrane Kulturen		Hall/Hall (1990)

Abbildung 4/1: Ausprägungsähnlichkeiten für ausgewählte Kulturdimensionen in „Ländern des Südens“

Die kulturellen Ähnlichkeiten innerhalb der Süd-Gruppe beziehen sich zunächst auf die beiden Hall'schen Kulturdimensionen *Hohe Kontextbedeutung* und *Polychronie*. Im ersten Fall nennt Hall asiatische, afrikanische und lateinamerikanische Kulturen sowie südeuropäische Länder, als typische Vertreter; im zweiten Fall werden lateinamerikanische, arabische und mediterrane Kulturen als Vertreter genannt.[122] Darüber hinaus wird die Parallelität der Ausprägungen dieser beiden Kulturdimensionen für die gleichen Ländergruppen betont.

Ähnliche Schlussfolgerungen in Bezug auf kulturelle Ähnlichkeiten lassen sich aus den Ergebnissen der Studien von Hofstede und Trompenaars gewinnen und zwar für die beiden Hofstede'schen Kulturdimensionen *Kollektivismus* und *Große Machtdistanz* sowie für die Trompenaar'schen Dimensionen *Partikularismus*, *Kommunitarismus*, *Diffuse Kultur*, *Zugeschriebener Status* und *Externe Kontrolle*. Ergänzt werden diese „traditionellen" Kulturdimensionen durch ausgewählte Ergebnisse der GLOBE-Studie hinsichtlich der Dimensionen *In-Group-Kollektivismus*, *Machtdistanz* und *Unsicherheitsvermeidung*, wobei diese die früheren Ergebnisse von Hofstede im Großen und Ganzen bestätigen.

Aufgrund von deutlichen Überschneidungen bei der Definition der Kulturdimensionen und einer teilweise nur geringen Trennschärfe oder sogar Deckungsgleichheit zwischen diesen können die genannten zwölf Dimensionsausprägungen angesichts des Ziels, relevante Aussagen für einen kulturübergreifenden Kommunikationsstil zu gewinnen, zu vier übergeordneten Kulturdimensionen zusammengefasst werden:

- *Hohe Kontextbedeutung*
  Hierunter sind auch die entsprechenden Ausprägungen folgender Kulturdimensionen zusammengefasst: „Kollektivismus", „In-Group-Kollektivismus", „Kommunitarismus", „Partikularismus", „externe Steuerung" und „diffuse Kultur".
- *Große Machtdistanz*
  Dieser Kategorie kann auch eine starke Ausprägung der Dimension „zugeschriebener Status" zugeordnet werden.
- *Starke Unsicherheitsvermeidung*
- *Polychronie*

---

[122] Hall/Hall (1990); s.a. Apfelthaler (1999), S 47f.

Fassen wir zusammen: Die Länder der „Süd-Gruppe" sind gekennzeichnet durch Hohe Kontextbedeutung, Große Machtdistanz, Starke Unsicherheitsvermeidung und Polychronie.

Allerdings ist die Übereinstimmung nicht vollständig, dies gilt für die Intensität der Ausprägungen und die Kombinationen der verschiedenen Ausprägungen. Zudem können die vier ausgewählten Dimensionen nationale Kultureigenschaften nicht vollständig abbilden.

Dennoch lässt sich feststellen, dass in den Ländern der Süd-Gruppe die Tendenz zu kulturellen Parallelitäten und Ähnlichkeiten überproportional hoch ist.

Diese kulturellen Ähnlichkeiten können in multikulturellen wie in interkulturellen Interaktionen dazu genutzt werden, Komplexität zu reduzieren und so die individuelle interkulturelle Handlungskompetenz zu erhöhen. Abbildung 4/2 gibt einen Überblick über die hier im Fokus stehende Ländergruppe.[123]

Damit zeigt sich, dass der Einsatz von Kulturdimensionen zur Betonung von Ähnlichkeiten zwischen Kulturen Möglichkeiten zur Überwindung kultureller Unterschiede eröffnet, wenn auch primär zwischen den Ländern, die einem so definierten gleichen Länder-Cluster angehören. Um dies noch einmal zu betonen: Dies bedeutet keineswegs, dass eine Vereinheitlichung oder gar Negation kultureller Unterschiede propagiert würde. Vielmehr geht es um die Entwicklung kulturrelevanter Handlungs- und Erwartungsparameter, die erfolgversprechende interkulturelle Handlungsoptionen nahelegen und damit einen Beitrag zur Verbesserung interkultureller Handlungskompetenz leisten.[124]

---

[123] Australien und Neuseeland gehören nicht zur Süd-Gruppe

[124] Weiter gestützt wird dieser kulturübergreifende Ansatz durch die Tatsache tendenziell abnehmender „typischer" nationalkultureller Eigenheiten. Diese Entwicklung wird eindrucksvoll in einer neueren Studie zu nationalkulturell typischen Lernstilen bestätigt. Die Autorin erforschte hier den Lernstil einer Gruppe chinesischer Flugbegleiter durch Interviews, Beobachtung und schriftliche Befragungen und kommt zu dem klaren Ergebnis, dass „ein allgemein akzeptierter (chinesischer) Lernstil ... nicht definiert werden", kann. Wagner (2012) S. 105

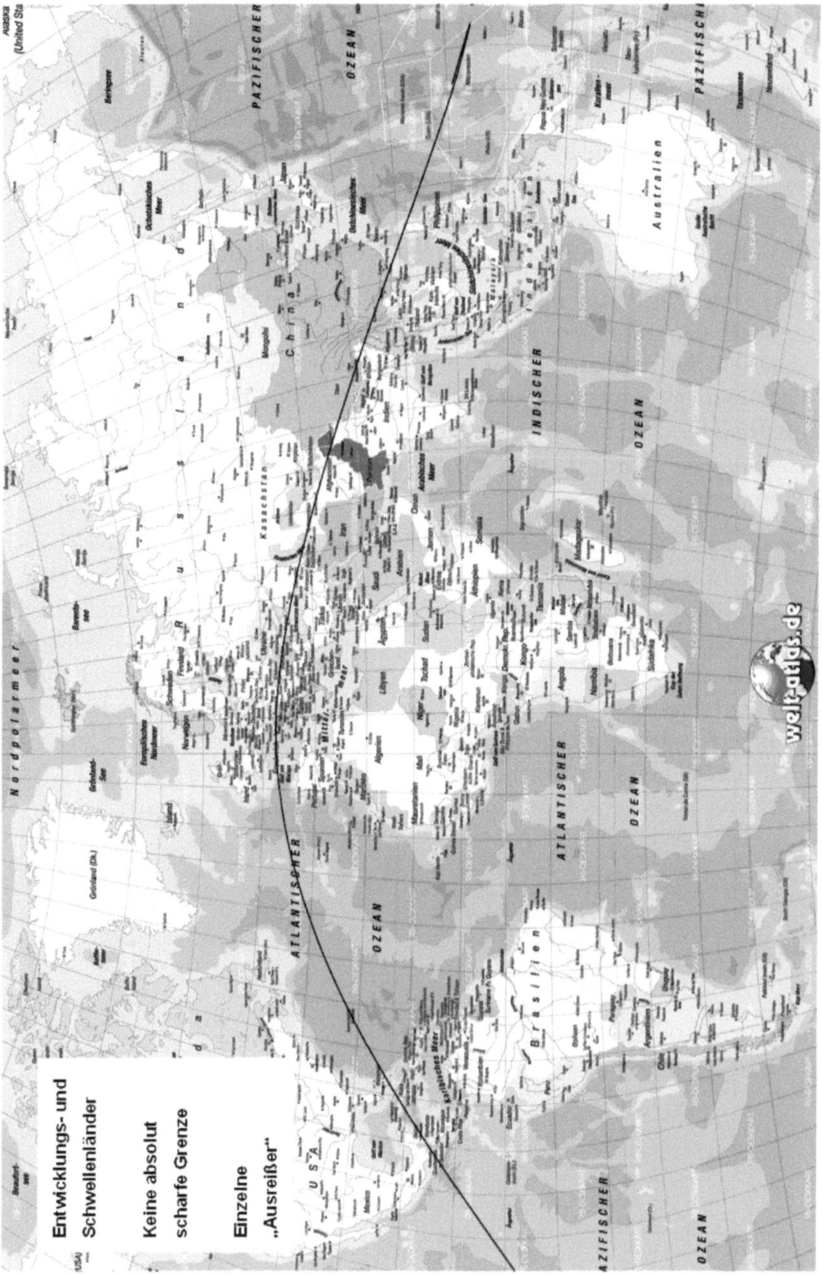

Abbildung 4/2: Die „Länder des Südens“

10.2 World Values Survey

Diese Ergebnisse werden gestützt durch den World Values Survey[125], der seit 1981 regelmäßig in einer weltweiten Studie Werte, Verhalten und Glaubensgrundsätze in diversen sozial relevanten Bereichen, wie Religion, Politik, Ökonomie und Soziales misst und vergleicht. Die Analyse zeigt, dass sich interessanterweise anhand von nur zwei Wertepaaren mehr als 70% der Unterschiede zwischen Ländern schlüssig abbilden lassen.

Das erste Wertepaar reflektiert den Unterschied zwischen traditionellen und säkular-rationalen Werten.[126] Nach Inglehart/Welzel legen Gesellschaften mit traditionellen Werten größeren Wert auf Religion, traditionelle Familienwerte und Autoritäten, haben einen höheren Grad an Nationalstolz und sind eher national-orientiert. Gesellschaften, in denen säkular-rationale Werte dominieren haben dementsprechend gegensätzliche Wertvorstellungen.

Das zweite Wertepaar spiegelt den Entwicklungsstand von Gesellschaften wider. In weniger wohlhabenden Gesellschaften dominieren Überlebenswerte, die sich auf die Sicherung der Existenz der eigenen Familie beziehen. Dagegen überwiegen in wohlhabenderen Gesellschaften Selbstverwirklichungswerte (*self-expression values*), also etwa das Streben nach individueller Lebensgestaltung, nach subjektivem Wohlbefinden, individuellen Freiheiten und politischen Aktivitäten. Sie beziehen sich zudem auf überindividuelle gesellschaftliche Aspekte, wie den Schutz der Umwelt, Toleranz und Partizipation und auf wachsendes soziales Vertrauen.

---

[125] Inglehart, R. / Welzel, C. (2010) p. 554

[126] Inglehart, R. / Welzel, C. (2005)

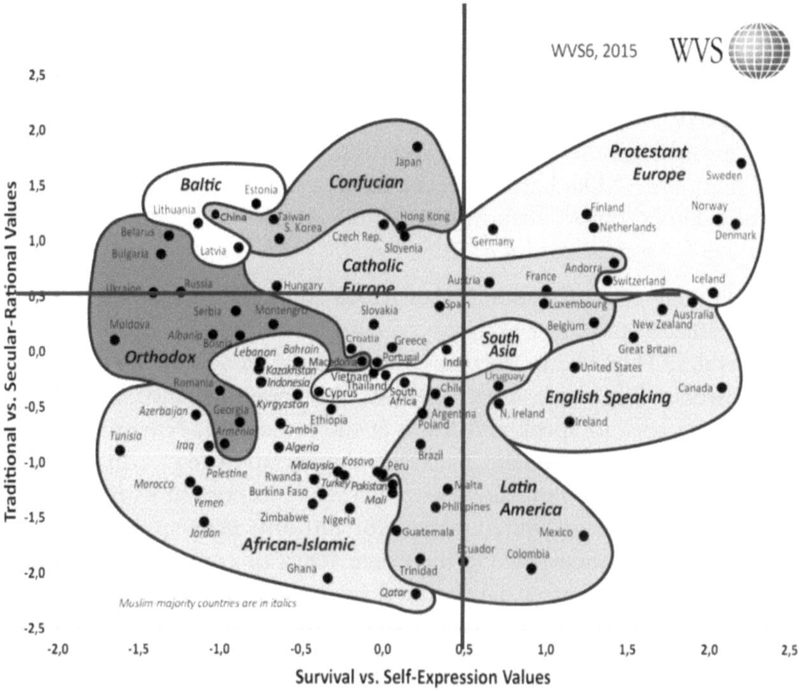

Abbildung 4/3: Ergebnisse des World Values Survey 2010–2014[127]

Abbildung 4/3 zeigt die Positionierung der untersuchten Länder. Der linke untere Quadrant zeigt Länder, in denen traditionelle oder nur schwach ausgeprägte säkular-rationale Werte (unterhalb von +0,5) und gleichzeitig Überlebenswerte oder nur schwach ausgeprägte Selbstverwirklichungswertes (unterhalb von +0,5) dominieren. Hierbei handelt es sich um eine Ländergruppe mit eher traditionellen Werten und einem tendenziell niedrigeren Entwicklungsstand. Diese ist weitgehend deckungsgleich mit der Ländergruppe, die anhand der Kulturdimensionen der *Süd-Gruppe* zugeordnet werden konnte. Auffallend ist dabei, dass sich größere Teile des katholischen Europa und des russisch-orthodoxen Kulturkreises innerhalb des Quadranten befinden.

[127] Inglehart, R. / Welzel, C. (2010, 2005)

10.3 Ergebnisse weiterer Untersuchungen

Richard Lewis kam in einer interkulturellen Untersuchung von 85 Ländern in den 1990er Jahren zu dem Ergebnis, dass sich diese Länder drei Kategorien zuordnen lassen, sog. „linear-aktiven“, „multi-aktiven“ und „reaktiven“ Ländern.[128] Die Länder der *Süd-Gruppe* sind mehrheitlich der multiaktiven Ländergruppe zuzuordnen. Multi-aktive Kulturen werden von Lewis wie folgt charakterisiert:

> “Multi-actives are emotional, loquacious and impulsive people; they attach great importance to family, feelings, relationships and people in general… They like to do many things at the same time and are poor followers of agendas. Conversation is roundabout and animated as everyone tries to speak and listen at the same time. Not surprisingly, interruptions are frequent, pauses in conversation few… In business, relationship and connections are seen more important as products… Although they have limited respect for authority in general, they nevertheless respect their place in their own social or company hierarchy… Multi-actives are often late with delivery dates…, less interested in schedules or deadlines… are flexible and frequently change their plans…” [129]

Betrachtet man den oberen Teil der Darstellung und fasst die Kulturen, die von Lewis als in geringerem Maß linear-aktiv charakterisiert werden, mit den multi-aktiven Kulturen zusammen, so entspricht diese Ländergruppe den oben als Süd-Gruppe charakterisierten Ländern, vgl. Abbildung 4/4.

---

[128] vgl. Hammerich, K. / Lewis, R. (2013), S. 49 ff

[129] ebd. S. 58ff

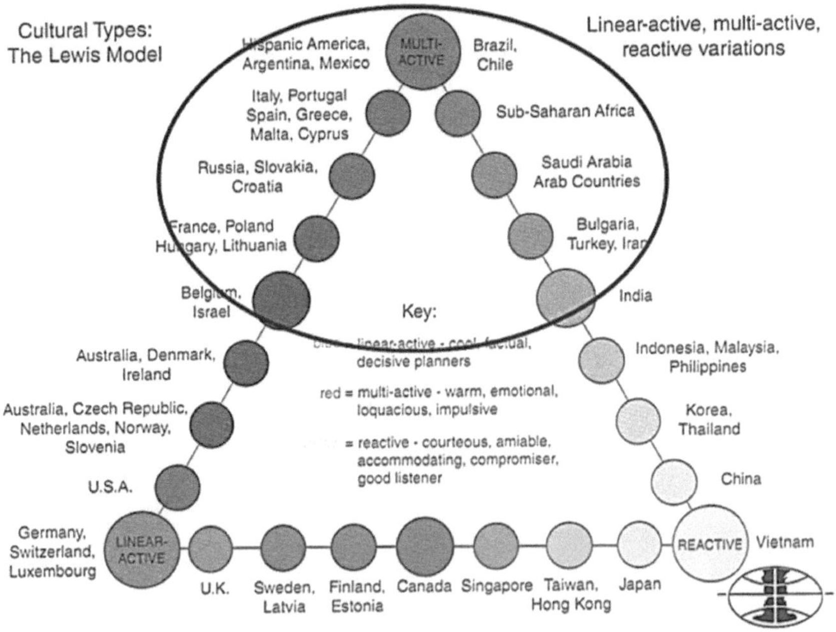

Abbildung 4/4: Das Lewis Modell

Frank Bannys verwendete die Daten der Globe Study[130] und entwickelte auf dieser Basis ebenfalls eine Vier-Felder-Matrix, denen er die in der Globe-Study untersuchten Länder zuordnet. Hierzu verdichtete er die dort vorgestellten neun Kulturdimensionen auf zwei übergeordnete Faktoren „Zielorientierung“ und „Beziehungen“. Bei der Zusammenstellung der Länder in einem Diagramm, zeigt sich, dass die Länder, die durch die Kombination „Kurzfristiger Fokus“, „Geringe Orientierung an öffentlichen Interessen“ und „Gruppen- und Hierarchie-Orientierung“ charakterisiert sind, zum großen Teil mit der Süd-Gruppe übereinstimmen. In Abbildung 4/5 findet sich diese Ländergruppe überwiegend im linken unteren Quadranten.

[130] Bannys, F. (2012); House et al. (2004)

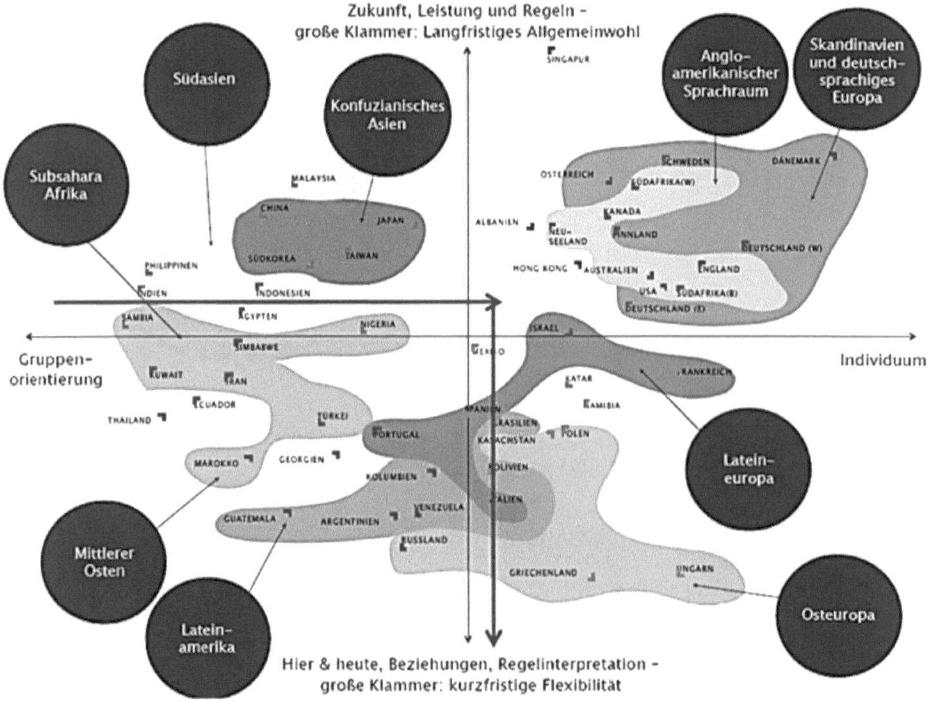

Abbildung 4/5: Kulturregionen in Abhängigkeit von Ziel- und Beziehungsorientierung[131]

Die Tatsache, dass diese die vier genannten Untersuchungen auf unterschiedlichen Wegen zu weitgehend übereinstimmenden Ergebnissen gelangen, ist einerseits bemerkenswert und rechtfertigt andererseits auch die Ableitung der folgenden kommunikativen Konsequenzen.

Zusammenfassung Kapitel 10

Grundlage für die Ableitung der Elemente des KSS/BKS sind Ähnlichkeiten in den Ausprägungen der von verschiedenen Autoren entwickelten *Kulturdimensionen.* Kulturdimensionen sind universelle Kategorien, die in den verschiedenen Kulturen unterschiedlich ausgeprägt sind. Interessant ist hierbei die Fokussierung auf *Gemeinsamkei-*

[131] Quelle: Bannys (2012), S. 120 (neuere, von Bannys überarbeitete Darstellung)

ten der Kulturen und damit auch auf positive Potenziale und Synergien. Die länderspezifischen Ausprägungen der verschiedenen Kulturdimensionen zeigen, dass die Länder der *Süd-Gruppe* ähnliche kulturelle Merkmalsausprägungen, wie *hohe Kontextbedeutung, große Machtdistanz, starke Unsicherheitsvermeidung* und *Polychronie* aufweisen. Die Süd-Gruppe umfasst viele Entwicklungs- und Schwellenländer sowie die meisten Staaten Südeuropas und einzelne Industrieländer. Die Kenntnis der kulturellen Ähnlichkeiten kann dazu genutzt werden, Komplexität zu reduzieren und die individuelle interkulturelle Handlungskompetenz zu erhöhen.

Diese Ergebnisse werden gestützt durch den *World Values Survey*, der regelmäßig in einer weltweiten Studie Werte, Verhalten und Glaubensgrundsätze in diversen sozial relevanten Bereichen misst und vergleicht. Die Analyse zeigt, dass sich anhand von nur zwei Wertepaaren – traditionelle vs. säkular-rationale Werte sowie Überlebenswerte vs. Selbstverwirklichungswerte – mehr als 70% der Unterschiede zwischen Ländern schlüssig abbilden lassen. Die Gruppe der Länder, die gekennzeichnet ist durch traditionelle oder nur schwach ausgeprägte säkular-rationale Werte sowie Überlebenswerte oder nur schwach ausgeprägte Selbstverwirklichungswerte ist weitgehend deckungsgleich mit der Süd-Gruppe.

Richard Lewis kam in einer interkulturellen Untersuchung von 85 Ländern in den 1990er Jahren zu dem Ergebnis, dass sich diese Länder drei Kategorien zuordnen lassen. Die Länder der *Süd-Gruppe* sind mehrheitlich der multi-aktiven Ländergruppe zuzuordnen. Fasst man die Kulturen, die von Lewis als in geringerem Maß linear-aktiv charakterisiert werden, mit den multi-aktiven Kulturen zusammen, so entspricht diese Ländergruppe den als Süd-Gruppe charakterisierten Ländern.

Frank Bannys entwickelte auf der Basis der Daten der Globe Study eine Vier-Felder-Matrix, denen er die untersuchten Länder zuordnet. Hierzu verdichtete er die neun Kulturdimensionen auf zwei übergeordnete Faktoren „Zielorientierung" und „Beziehungen". Bei der Zusammenstellung der Länder in einem Diagramm zeigt sich, dass die Länder, die durch die Kombination „Kurzfristiger Fokus", „Geringe Orientierung an öffentlichen Interessen" und „Gruppen- und Hierarchie-Orientierung" charakterisiert sind, zum großen Teil mit der Süd-Gruppe übereinstimmen.

11 Kulturdimensionen und Kommunikationsstil Süd

Sie haben sich zuvor schon eine multikulturelle Situation vorgestellt und sich überlegt, wie Sie Ihren in diesen Situationen praktizierten Kommunikationsstil beschreiben könnten. Jetzt kennen Sie die vier Kulturdimensionen, die in vielen Süd-Ländern ähnlich ausgeprägt sind.

Bitte leiten Sie nun aus jeder Kulturdimension jeweils zwei Kommunikationsgrundsätze ab, die Sie in multikulturellen Kommunikationssituationen zukünftig einsetzen könnten. Vergleichen Sie diese später mit den in diesem Kapitel vorgestellten Kommunikationsgrundsätzen des KSS/BKS.

Kulturdimensionen beschreiben immer auch bestimmte Kommunikationsformen und -erwartungen. So lässt beispielsweise „hohe Machtdistanz" auf bestimmte Kommunikationserwartungen und entsprechende Reaktionen schließen, die sich aus dem mit dieser Ausprägung der Kulturdimension verknüpften Werte- und Verhaltenssystem ableiten lässt. Die *Kommunikationsgrundsätze* der vier genannten Kulturdimensionen werden nun zum KSS/BKS zusammengefasst. Dieser, so die Grundhypothese, kann nicht nur grundsätzlich im Kontakt mit Vertretern dieser Kulturen, also in bikulturellen Situationen, sondern vor allem in multikulturellen Situationen mit Beteiligten aus unterschiedlichen „Kulturen des Südens" angewendet werden.

Durch die Verwendung des KSS/BKS steigt Ihre interkulturelle Kommunikations- und Handlungskompetenz und damit Ihre Chancen erfolgreich zu sein und Ihre Ziele schneller und besser zu erreichen. „Erfolgreich" bezieht sich auf alle privaten und berufsbezogenen Situationen. Im Folgenden stehen jedoch Management-Situationen im Fokus, bei denen es darum geht, in einem interkulturellen Kontext in Führungssituationen, bei Verhandlungen oder Beratungen zielbezogen zu kommunizieren und eigene Vorstellungen, Ziele, Beratungsansätze – mit den gebotenen Abstrichen, Anpassungen und Kompromissen – so weit wie möglich tatsächlich durchzusetzen.

Der KSS/BKS kann außerdem als „Kompromissstil“ eingesetzt werden, auf den sich ein Team, eine Abteilung oder ein Tochterunternehmen einigt, weil er von der Mehrheit der Beteiligten akzeptiert werden kann.[132] Er ist entweder Ausgangspunkt oder Ergebnis eines Aushandlungsprozesses, mit dem Vorteil, dass dieser Prozess abgekürzt werden kann, wenn der KSS/BKS den Beteiligten in seinen Grundzügen bereits bekannt ist. Wichtig ist hierbei, sich stets so konsequent wie flexibel an der Erreichung der eigenen bzw. der gemeinsamen Ziele zu orientieren.

Zum Schluss dieser einführenden Überlegungen noch einige *Hinweise*:

- Viele der folgenden Kommunikationsgrundsätze und Kommunikationselemente sind Ihnen wahrscheinlich bereits bekannt, da sie zum Standardrepertoire von *Kommunikationstrainings* zu gehören. In der Realität sind interkulturell tätige Personen, wie Manager und Berater aber keineswegs immer Kommunikationsexperten: Derartige Grundsätze und ihre Kombination werden gerade in einem tendenziell verunsichernden interkulturellen Kontext angesichts zahlreicher zu beachtender Rahmenbedingungen vergessen, übersehen oder aus Unsicherheit nicht praktiziert. Dies ist auch der Grund, warum sie hier noch einmal theoretisch abgeleitet und eingeordnet und ihr interkultureller Bezug und ihre interkulturelle Bedeutung hervorgehoben werden. In Trainings und Diskussionen zeigt sich immer wieder, wie wichtig es ist, die einzelnen Elemente zu reflektieren und auf die eigene berufliche oder auch private Situation zu beziehen.
- Der KSS/BKS wird derzeit ständig weiterentwickelt. So wurde er gegenüber der in früheren Publikationen vertretenen Version komprimiert, die *Anzahl der Kommunikationsgrundsätze* wurde von 14 auf zehn reduziert. Er wurde dadurch in der Substanz nicht verändert, doch konnten einige Doppelungen und Widersprüche eliminiert werden. Außerdem trägt die überarbeitete Version dem Wunsch nach leichterer Erlernbarkeit und mehr Praxisnähe Rechnung.
- Bei der *Kommunikation* selbst muss zwischen Beziehungs- und Sachebene unterschieden werden. Während auf der *Beziehungsebene* Aspekte, wie Beziehungspflege, Face-Management oder der Umgang mit Gegenargumenten eine zentrale Rolle spielen, geht es bei der *Sachebene* um die

---

[132] Hier ist eine „Warnung“ angebracht: Der KSS/BKS ist selbstverständlich keineswegs für alle Nationalkulturen gleichermaßen geeignet, es soll hier also kein „Welt-Kommunikationsstil“ kreiert werden. Dennoch wird angenommen, dass der KSS/BKS durchaus die Grundlage für einen globalen interkulturell kompatiblen Kommunikationsstil bilden könnte.

Inhalte der Argumentation, die Vermittlung von Informationen und Fakten oder die sachgerechte Auswahl der Medien und Kommunikationstechniken. In beiden Bereichen können aktive und reaktive Elemente unterschieden werden. *Aktive* Elemente werden direkt genutzt und praktiziert und äußern sich in der Art zu sprechen und zu argumentieren. Unter *reaktiven* Elementen soll der Umgang mit Kommunikation oder dem Verhalten der anderen Kommunikationspartner im Kommunikationsprozess verstanden werden. Dies können Reaktionen auf die Art zu argumentieren sein oder die positive Nutzung von „Abschweifungen" oder „Störungen". Diese Aspekte werden im KSS/BKS aufgenommen.

Nun kommen wir aber zum Kern des KSS/BKS und stellen die für den Kommunikationsstil relevanten Elemente der vier Kulturdimensionen vor:

11.1 Hohe Kontextbedeutung

Erfolgreiche Kommunikation in Kulturen mit hoher Kontextbedeutung berücksichtigt neben der Sachebene vor allem den sozialen Kontext und die situativen Beziehungen der Kommunikationssituation. Durch die starke Betonung der *Beziehungsebene* werden die kommunizierten Inhalte für den Empfänger plausibler und bedeutsamer. Es wird Vertrauen aufgebaut, so dass sich die Glaubwürdigkeit, Zuverlässigkeit und Wirksamkeit der kommunikativen Botschaft erhöht. Diese persönlichen Beziehungen ergänzen oder ersetzen „bewährte" familiäre, ethnische oder regionale Beziehungen.

> „A high-context (...) communication (...) is one in which most of the information is either in the physical context or internalized in the person, while very little is in the coded, explicit transmitted part of the message. A low-context (...) communication is just the opposite; i.e., the mass of the information is vested in the explicit code."[133]

[133] Hall, E. (1989), S. 91

Beispiel 4/5

Hinweise auf Gemeinsamkeiten, wie gleiche Studienorte, gemeinsame Bekannte, familiäre Situationen oder Erlebnisse schon zu Beginn eines Gesprächs, die Demonstration nur rudimentärer Kenntnisse der anderen Kultur, des Landes oder der Sprache sind bewährte „Gesprächsöffner" insbesondere in zeitlich knapp bemessenen Kommunikationssituationen.

Kommunikation, die diese Regeln berücksichtigt, unterscheidet sich nur wenig von Kommunikation in Kulturen, die nach anderen Kulturdimensionen als „diffus", „extern gesteuert", „kollektivistisch" oder „partikularistisch" bezeichnet werden.

Auch *diffuse* Kulturen bevorzugen eine Kommunikation, die personenbezogene Aussagen eher umschreibt, Privates und Geschäftliches nicht streng unterscheidet und Wert auf Situationsbezogenheit legt. In *außengesteuerten* Kulturen wird besonderer Wert auf harmonische Beziehungen gelegt, während in *kollektiven* Kulturen die sozialen Beziehungen der eigenen Gruppe von Bedeutung sind.[134] Dies ist vergleichbar mit *partikularistischen* Kulturen, bei denen die sozialen Bedingungen von Situationen Vorrang haben vor allgemeinen Regeln.[135] Überträgt man die etwas holzschnittartigen Charakterisierungen einer „High-Context Culture" in Hinweise zur Gestaltung des Kommunikationsstils, lassen sich folgende kommunikationsrelevante Überlegungen ableiten: Leitsatz

> *„Entwickeln und Pflegen von persönlichen Beziehungen"*

(1) Persönliche Beziehungen zu den Kommunikationspartnern entwickeln

Erfolgreiche Kommunikation ist abhängig von positiven persönlichen und sozialen Beziehungen zwischen den Teilnehmern. Diese Beziehungen

---

[134] Dies gilt auch für den „in-group collectivism", der im Rahmen der GLOBE Studie untersuchten Kulturdimension

[135] "On the collectivist side, we find societies in which people from birth onwards are integrated into strong, cohesive in-groups, often extended families (...) which continue protecting them in exchange for unquestioning loyalty." "On the individualist side we find societies in which the ties between individuals are loose: everyone is expected to look after her/himself and her/his immediate family." (http://geerthofstede.nl/dimensions-of-national-cultures; Abrufdatum: 05.05.2016)

müssen entwickelt werden, entweder durch persönliche (Vor-)Kontakte oder durch geeignete Small-Talk-Themen zu Beginn. Hierbei können Sie versuchen über private Interessen und Erfahrungen, gemeinsame Bekannte, familiäre Angelegenheiten, über berufliche Aspekte hinausgehende persönliche Bezüge und Berührungspunkte herauszufinden und Empathie zu zeigen. In jedem Fall sollten Sie zu Beginn lange abstrakte oder allzu sachbezogene Erklärungen, Statements oder Begründungen vermeiden. Bei längeren beruflichen Beziehungen fördern private Einladungen oder gemeinsame Erlebnisse die persönlichen Beziehungen.

(2) Ein „Wir-Gefühl" und harmonische Kommunikationsergebnisse anstreben

Die persönlichen Beziehungen sollten in Ihren Kommunikationssituationen präsent sein. Ihre Empathie sollte echt sein und Sie sollten sie gerade dann zeigen, wenn Ihre Kommunikationspartner abweichende oder gar konträre Standpunkte einnehmen. Sie sollten Gemeinsamkeiten betonen und Harmonievorstellungen so wenig wie möglich verletzen. Der Kommunikationsverlauf und die Kommunikationsergebnisse sollten also möglichst die Interessen aller Teilnehmer widerspiegeln.

Hierfür sollten Sie versuchen, fördernde Kommunikationstechniken, wie Lächeln, Rückfragen, Bestätigungen und aktives Zuhören, offene Fragen sowie freundlich-zurückhaltende Umgangsformen einsetzen. Fakten sollten Sie durch kontextangemessene Zusatzinformationen und passende, angemessen humorvolle Beispiele ergänzen und verständlich und eingängig präsentieren.

Beispiel 4/6

Wenn Sie aktiv zuhören, konzentrieren Sie sich auf Ihren Kommunikationspartner und auf das was er sagt, Sie folgen seinen Ausführungen und versuchen diese auch zu verstehen. Sie unterbrechen ihn möglichst nicht, fragen aber nach oder bitten ihn Dinge zu wiederholen, wenn Sie Einzelheiten nicht verstanden haben und geben ihm schließlich auch zu verstehen, dass Sie seinen Beitrag verstanden haben.

Um eine positive und produktive Arbeitsatmosphäre zu erreichen, sollte *virtuelle Kommunikation* unbedingt durch Präsenzphasen, in denen sich die Teilnehmer kennenlernen können, eingeleitet und begleitet werden. Darüber hinaus ist es gerade hier wichtig, seine Kommunikationspartner über mögliche besondere Umstände zu informieren, etwa, dass sich eine konkrete Antwort aufgrund hoher eigener Arbeitsbelastung oder einer Urlaubssituation verzögern kann.

(3) Auf Augenhöhe kommunizieren

Es sollte eine Atmosphäre der Gleichrangigkeit vorherrschen, die durch eine prinzipielle Wertschätzung und echtes Interesse für die Kommunikationspartner charakterisiert ist. Diese sollten als Personen mit ihren Beiträgen und Argumente ernst genommen werden. Hierzu können Sie versuchen, bewusst die Perspektive des „Anderen" einzunehmen (*Perspektivenwechsel*), um seine Haltung und Argumentation zu verstehen.

(4) Die Möglichkeiten indirekter und non-verbaler Kommunikation nutzen

Ihre Sprache sollte eher indirekt sein. Offener Widerspruch, Schuldzuweisungen oder gar Polemik sollten vermieden und Kritik eher umschrieben werden oder implizit, etwa als Beobachtung, dargestellt werden. Non-verbale und para-verbale Signale[136] haben einen erheblichen Einfluss auf die Gestaltung der Beziehungsebene und eine Schlüsselfunktion für die adäquate Vermittlung und Interpretation von Kommunikationsinhalten. Sie sollten daher versuchen, sie zu deuten und sensibel darauf zu reagieren. Andererseits können Sie verstärkt ergänzende non-verbale Ausdrucksmuster (offene Körperhaltung, klare nicht zu laute Stimme, Bestätigungen, Lächeln) verwenden, die die Bedeutung der Sachebene unterstreichen und den Beziehungsaspekt betonen.

---

[136] Bei der **non-verbalen Kommunikation** „handelt es sich um den nichtsprachlichen Bereich der zwischenmenschlichen Kommunikation. Darunter wird die Körpersprache mit Mimik, Gestik, Augenkontakt verstanden, aber auch Zeichen, Symbole, Kleider, Frisur oder vegetative Symptome wie z.B. Erröten, Schwitzen. Den größten Teil unserer nonverbalen Signale senden wir unbewusst und sie können von Kultur zu Kultur unterschiedlich sein (z.B. mehr oder weniger Körperkontakt bei Begrüßungen). Mit der Körpersprache gibt der Sender dem Empfänger zu verstehen, wie er zu ihm steht und wie er seine Botschaft verstanden wissen will." Bei der **paraverbalen Kommunikation** „geht es um die Art und Weise des Sprechens (Stimmeigenschaften und Sprechverhalten), das in hohem Maße kulturspezifisch geprägt ist. Wahrgenommen werden vor allem Stimmlage, Tonfall, Resonanzraum und das Sprechverhalten wie Artikulation, Lautstärke, Sprechtempo und Sprachmelodie einschließlich Sprechpausen und Schweigen." (http://transkulturelles-portal.com/index.php?view=article&catid=83%3A812&id=95%3Averbale-nonverbale-paraverbale-kommunikation&format=pdf&option=com_content&Itemid=152; Abrufdatum 05.05.2016)

Beispiel 4/7

Bei der non-verbalen Kommunikation kommt es darauf an, Gesten mit unklarer oder zweifelhafter Bedeutung zu unterlassen, Kleiderordnungen einzuhalten, Körperkontakte evtl. zu tolerieren und Augenkontakt kulturspezifisch einzusetzen.

Bei der *paraverbalen* Kommunikation geht es beispielsweise darum, die Sprachmelodie zu modulieren und Lautstärke und Sprechtempo zu reduzieren.

Beispiel 4/8

"I teach cross-cultural management at the international business school Insead near Paris.... While traveling in Tokyo recently with a Japanese colleague, I gave a short talk to 20 managers. At the end, I asked whether there were any questions or comments. No hands went up. My colleague asked the group again... Still, no one raised a hand, but he looked at each person in the audience. Gesturing to one of them, he said: "Do you have something to add?" To my amazement she responded, "Yes thank you, and asked a very interesting question. My colleague repeated this several times.

Afterwards, my colleague was unsure how to explain the phenomenon. Then he said, "It has to do with how bright their eyes are. In Japan, we don`t make as much direct eye contact as you do in the West. So when you asked if there were any comments, most people were not looking directly at you. But a few people in the group were looking right at you, and their eyes were bright. That indicates that they would be happy to have you call on them. ...

After the trip I returned to my classroom, where the students are managers from all over the world. I felt both embarrassed and unsettled to see that I had been missing a lot of bright eyes."

Quelle: Meyer, E. (2014)

Zusammengefasst kommt es bei dem Umgang mit Angehörigen von Kulturen mit hoher Kontextbedeutung darauf an, offen für die auch über fachliche Aspekte hinausgehenden Erwartungen und Bedürfnisse zu sein. Diese sollten in das eigene Kommunikationsverhalten übersetzt und den Kommunikationspartnern vor allem freundlich und respektvoll begegnet werden. Der Aufbau persönlicher Beziehungen, die Entwicklung eines Wir-Gefühls und eine Kommunikation auf Augenhöhe sind hierbei zentrale Parameter.

? *Stellen Sie sich eine interkulturelle oder multikulturelle Situation aus Ihrem privaten oder beruflichen Erfahrungsbereich vor und überlegen Sie, welche Elemente dieser vier Kommunikationsgrundsätze Sie in welcher Form einsetzen können.*

11.2 Große Machtdistanz

Kulturen mit großer Machtdistanz sind hierarchisch aufgebaut, legen auf soziale Unterschiede sowie auf Formalität und Formalismen ebenso Wert, wie auf (deutlich) gezeigten Respekt gegenüber Höhergestellten und Vorgesetzten. Sie sind zudem eher statisch und überlappen sich mit Kulturen, in denen Status eher nach Herkunft als nach Leistung zugeschrieben wird (*askriptive Kulturen*).

> “Power distance is the extent to which the less powerful members of organizations and institutions (...) accept and expect that power is distributed unequally. This represents inequality (…), but defined from below, not from above. It suggests that a society's level of inequality is endorsed by the followers as much as by the leaders. ...”[137]
>
> “There is an unspoken consensus that there should be an order of inequality in this world where everybody has his or her place. Such an order satisfies people's needs for dependence and it gives a sense of security both to those in power and to those lower down.”[138]

---

[137] http://geerthofstede.nl/dimensions-of-national-cultures; Abrufdatum: 05.05.2016

[138] Hofstede (1991), S 38

Beispiel 4/9
In Kommunikationssituationen mit mehreren Beteiligten ist meistens zunächst nur die Person mit dem höchsten Rang einziger Gesprächspartner, während den Begleitpersonen nur Ergänzungen, häufig erst gegen Ende des Gesprächs, oder die direkte Beantwortung von Informationsfragen im Auftrag des Hauptgesprächspartners zugestanden werden. Längere Kommunikationssequenzen, etwa mit der Assistentin, werden nicht oder nur ausnahmsweise toleriert.

Große Machtdistanz führt zu folgenden kommunikationsrelevanten Überlegungen: Leitsatz

„Erkennen und Berücksichtigen von formalen Anforderungen"

(5) Formale Kommunikationserwartungen berücksichtigen

Kulturell übliche Umgangsformen und Gepflogenheiten sollten – vor allem bei Erstbegegnungen – beachtet werden. Dies schließt formelle Anreden und das formale Organisieren von Kommunikationssituationen mit ein. Generell ist es wichtig, höflich, zurückhaltend und diplomatisch zu sein, und darauf zu achten, dass alle Beteiligten ihr „Gesicht wahren" können (*Face Concept*). Durch Gespräche unter vier Augen vor Kommunikationssituationen mit größerer heterogener Teilnehmerzahl können grundsätzliche Positionen abgeklärt und die Möglichkeit eines Gesichtsverlusts minimiert werden.

(6) Bestehende Rangordnungen respektieren

Rangunterschiede der Kommunikationspartner, die durch die Organisationsstruktur (Hierachieebenen), das Alter oder den sozialen Status begründet sind, sowie vorhandene Rollenstrukturen sollten respektiert werden. Dies kann dadurch geschehen, dass Sie Kommunikationspartner, die diese Merkmale aufweisen, mit Vorrang und deutlichem Respekt behandeln und ihrer Bedeutung durch die Gewährung zeitlicher Präferenzen oder Sonderregeln Rechnung tragen.

Andererseits sollte zur Wahrung der sozialen Balance der Rang des leitenden Kommunikationspartners der „Nord-Gruppe", also etwa Ihnen, als dem Team- oder Delegationsleiter oder höchstem Unternehmensrepräsentanten ebenfalls durch Sonderregeln betont werden und diesem vergleichbare Privilegien im Kommunikationsprozess eingeräumt werden.

Die Vermittlung eigener Professionalität und Autorität, etwa durch die Hervorhebung von (akademischer) Ausbildung und (beruflicher) Erfahrung sowie *demonstrative Aspekte* und Statussymbole, wie Kleidung und hochwertige Markenprodukte, helfen bei der Bewertung der Kommunikationsinhalte und sollten daher in angemessener (!) Weise gezeigt werden.

> *Zusammengefasst* kommt es in Kulturen mit großer Machtdistanz darauf an, Hierarchien und die hiermit verbundenen Erwartungen und eingespielten Verhaltensweisen zu respektieren. Das Kommunikationsverhalten sollte so flexibel sein, dass durch die Betonung des eigenen Status Spielraum gewonnen wird, um die gewünschten Kommunikationsergebnisse zu erreichen. Hierbei spielt die Beachtung von Rangordnungen, Seniorität und formalen Umgangsformen eine besondere Rolle.

Stellen Sie sich wiederum die gleiche oder auch eine andere interkulturelle oder multikulturelle Situation aus Ihrem privaten oder beruflichen Erfahrungsbereich vor und überlegen Sie, ob Sie schon einmal die Gelegenheit hatten – oder gehabt hätten – die letztgenannten Kommunikationsgrundsätze zu praktizieren.

11.3 Starke Unsicherheitsvermeidung

Die Kulturdimension „Unsicherheitsvermeidung“ gibt Aufschluss darüber, wie eine Gesellschaft mit unbekannten, unsicheren und überraschenden Situationen umgeht. Gesellschaften, die durch starke Unsicherheitsvermeidung gekennzeichnet sind, versuchen solche Situationen durch rechtliche, religiöse oder soziale Regelungen oder durch konkrete Sicherungsmaßnahmen zu vermeiden, berechenbarer zu machen oder zumindest zu strukturieren. Solche Kulturen sind meist weniger tolerant und offen gegenüber anderen Auffassungen und orientieren sich eher an traditionellen oder formalen Regeln.

> “Uncertainty avoidance deals with a society's tolerance for uncertainty and ambiguity. It indicates to what extent a culture programs its members to feel either uncomfortable or comfortable in unstructured situations. Unstructured situations are novel, unknown, surprising, and different from usual. Uncertainty avoiding cultures try to minimize the possibility of such situations by strict laws and rules, safety and security mea-

sures, and on the philosophical and religious level by a belief in absolute truth... The opposite type, uncertainty accepting cultures, is more tolerant of opinions different from what they are used to; they try to have as few rules as possible, and on the philosophical and religious level they are relativist and allow many currents to flow side by side…"[139]

Starke Unsicherheitsvermeidung ist nicht so eindeutig einer Ländergruppe zuzuordnen. Dennoch fällt auf, dass die meisten Süd-Länder – mit der gewichtigen Ausnahme der großen heterogenen Schwellenländer China und Indien – der Gruppe der Länder mit starker Unsicherheitsvermeidung zuordnen sind.[140]

Die GLOBE Studie stellt jedoch eine erhebliche Diskrepanz zwischen praktizierter („as is") und angestrebter („should be") Unsicherheitsvermeidung fest. Die Werte für die angestrebte Unsicherheitsvermeidung liegen erheblich höher als diejenigen für die tatsächliche Unsicherheitsvermeidung.[141] Unsicherheitsvermeidung in den Kulturen des Südens bezieht sich also vor allem auf die Erwartungshaltung, weniger auf die Praxis.

Der Umgang mit Unsicherheit ist im Übrigen sehr kontextabhängig. So können Menschen auf unsichere Situationen im Alltag mit einer geringen Unsicherheitsvermeidung reagieren. Der Verlust von Beschäftigung oder das Eingehen von ökonomischen Risiken, etwa bei der Verschuldung wegen eines bevorstehenden Hochzeitsfests, werden möglicherweise ohne Probleme in Kauf genommen. Hingegen wird das Risiko, einem Vorgesetzten nicht zuzustimmen oder wegen einer abweichenden Meinung negativ sanktioniert zu werden, möglichst vermieden.

Die Relevanz für das Kommunikationsverhalten besteht hierbei vorwiegend in formalen Aspekten, wie der Organisation des Kommunikationsrahmens, in zu erwartenden Reaktionen der Kommunikationsteilnehmer und der Gestaltung der Kommunikationsinhalte: Leitsatz:

„Sich flexibel an Prozesse und Situationen anpassen"

---

[139] http://geerthofstede.nl/dimensions-of-national-cultures; Abrufdatum: 05.05.2016; s.a. Hofstede (2006)

[140] Zumindest theoretisch besteht eine deutliche positive Korrelation zwischen großer Machtdistanz und starker Unsicherheitsvermeidung. Ausgeprägtes Hierarchiebewusstsein geht einher mit dem Vermeiden von Situationen, die die tendenziell starren Ordnungen und das diese Strukturen stützende Verhalten gefährden könnten. Da diese Beobachtungen gerade auch auf die beiden als Ausnahme genannten Länder zutreffen, liegt es nahe, die vorgeschlagenen Kommunikationsgrundsätze auch in diesen Ländern anzuwenden.

[141] Chokar et al. (2007) u.a., S. 1085

(7) Kommunikation formal planen und organisieren, aber flexibel handhaben

(Wichtige) Kommunikationstermine sollten formal – ggf. langfristig und schriftlich – angekündigt oder vereinbart und formal bestätigt werden. Da sich formale Erwartungen auch auf Räumlichkeiten beziehen, sollten die Kommunikationstermine in einer formal angemessenen, evtl. sogar prestigeträchtigen Umgebung stattfinden und die Kleiderordnung sollte businesstypisch den lokalen Gewohnheiten entsprechen. Eine Unterstützung durch Dolmetscher kann auch bei guten internationalen Sprachkenntnissen der Gesprächspartner angebracht sein. Kommunikationsinhalte und -prozesse sollten Sie gut vorbereiten und Erwartungen klar formulieren und kommunizieren, so dass sich die Kommunikationspartner darauf einstellen können.

Trotz guter Planung ist die Einhaltung dieser Vorgaben jedoch eher sekundär und kann flexibel gehandhabt werden. Rückfragen und vor allem die Protokollierung von (Zwischen-)Ergebnissen schaffen eine transparente, akzeptierbare Basis für Folgeprozesse und erleichtern den Teilnehmern die Akzeptanz von Ergebnissen und Entscheidungen. Dies heißt allerdings nicht, dass Sie nun eine reibungslose Umsetzung auch von formal fixierten Vereinbarungen erwarten können, vielmehr muss der spätere Umsetzungsprozess pragmatisch und wiederum flexibel begleitet und überwacht werden.

Beispiel 4/9

Ein hochrangiger indonesischer Geschäftspartner, der mehrere Jahre in Deutschland studiert hat und daher sehr gut deutsch spricht, besteht darauf, in einem Vorgespräch für eine Verhandlung indonesisch zu sprechen und sich durch einen offiziellen Dolmetscher übersetzen zu lassen.

(8) Eher langsame Fortschritte und Verzögerungen akzeptieren

Sie sollten keine allzu hohen Erwartungen an selbstständig erbrachte, klare, belastbare Informationen, eine ziel- und lösungsorientierte Kommunikation oder eine konstruktive Diskussionskultur haben. Die Möglichkeiten kontroverse Standpunkte zu erörtern sind begrenzt und die Äußerung eigenständiger Überlegungen und Wertungen von Mitarbeitern, insbesondere bei Anwesenheit ranghöherer Teilnehmer, sind eingeschränkt. Wenn bei Verhandlungen keine Entscheidungsträger teilnehmen, bleiben Kommunikationsergebnisse eher unverbindlich. Eine freie Erörterung von Bedenken, Problemen oder Fehlern oder von innovativen und kreativen Lösungsvorschlägen kann nur ausnahmsweise erwartet werden.

Auf Unverständnisreaktionen oder von den eigenen Erwartungen erheblich abweichende Auffassungen und Meinungen sollten Sie vorbereitet sein und entsprechend reagieren. Zeitverzögerungen durch ausführliche, formale, umständliche und bürokratisch wirkende Beiträge der Teilnehmer sollten Sie soweit möglich tolerieren oder durch indirekte Interventionen, wie Räuspern, versuchsweise Satzanfänge oder konkrete Fragen verkürzen. Auch wenn hierdurch der Gesprächsfortschritt anscheinend aufgehalten wird, können so Klärungsprozesse erleichtert werden oder sich Möglichkeiten für produktive Umwege oder Kompromisse eröffnen. Die Teilnehmer artikulieren auf ihre Weise Probleme, verschaffen sich Klarheit über den Ist-Zustand und können so leichter spätere Zugeständnisse machen und Kompromisse eingehen. Die Zeitplanung sollte durch Zeitpuffer großzügig sein und sehr enge Zeitvorgaben sollten Sie vermeiden.

Neues sollte in einfachen Worten begründet und in Kommunikationsschleifen den Beteiligten schrittweise näher gebracht werden. Nichts sollte als selbstverständlich oder selbsterklärend vorausgesetzt werden, vielmehr sollte nachgefragt und Bestätigungen eingeholt werden. Gestellte Fragen sollten konkret sein. Fragen, auf die mit ja oder nein geantwortet werden kann, stellen eine implizite Aufforderung dar, eine eindeutige Stellungnahme zu vermeiden. Ungenaue oder umschreibende Antworten sind nicht ungewöhnlich, Missverständnisse und Unklarheiten sollten aber angesprochen und indirekt, etwa durch Nachfragen oder Wiederholungen in eigenen Worten geklärt werden.

Zusammengefasst kommt es in Kulturen mit starker Unsicherheitsvermeidung darauf an, sich den Kommunikationspartnern gegenüber so zu verhalten, dass Verhaltensweisen vermieden werden, die Unsicherheit hervorrufen oder verstärken könnten. Formale Erwartungen an Kommunikationssituationen sollten berücksichtigt werden, so dass die Prozesse für alle Beteiligten planbar sind, aber gleichzeitig so flexibel gestaltet werden, dass auf Unerwartetes und Ungeplantes jederzeit reagiert werden kann. Rasche Fortschritte und eine größere Aufgeschlossenheit gegenüber neuen Vorschlägen können nicht immer erwartet und Rückschritte müssen eingeplant werden.

Siehe oben. Überlegen Sie, wodurch es Ihnen bei einer realen interkulturellen Situation gelungen ist, Ihre eigene Unsicherheit zu verringern. Bitte überprüfen Sie, ob diese Mechanismen im Text genannt wurden und ergänzen Sie diese eventuell.

11.4 Polychronie

Polychrone Zeitvorstellungen sind durch Simultanität, Spontaneität und Multi-Tasking charakterisiert, mehrere Dinge können oder sollen gleichzeitig geschehen, Unvorhergesehenes kann jederzeit passieren und integriert werden. Störungen stellen kein größeres Problem dar, das Einhalten von Zeitplänen und die Verbindlichkeit von Abmachungen schon eher.[142]

> “Monochronic time (M-time) and polychronic time (P-time) represent two variant solutions to the use of both time and space as organizing frames for activities. Space is included because the two systems (time and space) are functionally interrelated. M-time emphasizes schedules, segmentation, and promptness. P-time systems are characterized by several things happening at once. They stress involvement of people and completion of transactions rather than adherence to present schedules. P-time is treated as much less tangible than M-time.”[143]

Beispiel 4/10

Ein typisches Beispiel ist die Situation an einem ägyptischen Check-in Counter am Flughafen: Akzeptiertes Vordrängeln, die Abfertigung von zwei oder mehr Passagieren zur gleichen Zeit, Rückfragen an KollegInnen, Beantworten von Fragen anderer Passagiere, da keine Abflugzeit angezeigt ist, und private Handygespräche sind Vorgänge, die während der Betätigung des PCs offensichtlich mühelos und erfolgreich parallel stattfinden.

---

[142] Das afrikanische Sprichwort: „Die Europäer haben die Uhr, wir in Afrika haben die Zeit“ drückt den Nord-Süd-Unterschied in Bezug auf die Polychronie recht anschaulich aus.

[143] Hall, E. (1989), S. 17

Das Konzept der Polychronie weist nur wenige Überlappungen mit der Hofstede'schen Kulturdimension der „*Kurzzeitorientierung*“ auf, da Hofstede Aspekte, wie Respekt vor Traditionen, die Bedeutung sozialer Verpflichtungen und der „Wahrung des Gesichts“ in den Mittelpunkt stellt.[144]

Ein Polychronie berücksichtigendes Kommunikationsverhalten kann wie folgt charakterisiert werden. Leitsatz:

> *„Auf Vielfalt setzen“*

(9) Linear-stringente Logik durch „Vielfalt“ ergänzen oder ersetzen

Verwenden Sie eine klare Sprache mit kurzen und eindeutigen Formulierungen und erklären Sie alles genau. Vermeiden Sie Monologe und komplizierte Begriffe und Satzformen. Ersetzen oder ergänzen Sie komplexe Argumentationen und Perfektionismus durch einfache, visualisierte Strukturen. Wenn möglich, gehen Sie spiralförmig und nicht linear vor: Wiederholungen, Zusammenfassungen und Übungen bringen zwar einen kurzfristigen Zeitnachteil mit sich, werden sich aber langfristig als zielführend herausstellen. Alternative Denkmuster sollten Sie (er)kennen und Ihre Inhalte daher „lebendig verpacken“.[145] Beispiele, Metaphern und Geschichten (*Stories*) können zur Veranschaulichung genutzt werden. Der Einsatz verschiedener Medien verstärkt die Aufmerksamkeit und verbessert das Verständnis. Dies gilt auch für unterstützende Interaktionen zwischen den Teilnehmern, wie „Murmelgruppen“ oder Teamarbeiten.

(10) Gestaltungsspielräume und offene Prozesse ermöglichen und mit Störungen souverän umgehen

Unterschiedliche Lern- und Kommunikationsstile erhöhen den Zeitaufwand von Kommunikation. Auf unterschiedliche Auffassungen und nicht-stringente oder inkonsistente Argumentationen, möglicherweise sogar auf die Nicht-Einhaltung von Zusagen oder Vereinbarungen, sollten Sie offen und flexibel mit leicht abgewandelten oder neuen Vorschlägen

---

[144] Hofstede (2006), S. 292f, 295; “Long- term oriented societies foster pragmatic virtues oriented towards future rewards, in particular saving, persistence, and adapting to changing circumstances. Short-term oriented societies foster virtues related to the past and present such as national pride, respect for tradition, preservation of “face”, and fulfilling social obligations.” http://geerthofstede.nl/dimensions-of-national-cultures; Abrufdatum: 05. 05.2016

[145] Stevenson, D. (2008)

reagieren. Dies kann ebenfalls für zeitliche Vereinbarungen gelten. „Vielfalt" sollte als Chance für Kreativität und Synergieeffekte begriffen werden.

Mit Abschweifungen und Umwegen, Ungenauigkeiten und Unübersichtlichkeiten sowie Spontaneität und Emotionalität sollten Sie freundlich und möglichst konstruktiv umgehen. „Störungen", wie Verspätungen, „simultane" Beschäftigungen (etwa die Benutzung von Mobiltelefonen) oder Ablenkungen und widrige „Umweltbedingungen", wie Geräusche (kreative Handytöne, knarrende Stühle, informelle Gespräche, Kleinkinder), Bewegungen (spontane Kleingruppenbildungen, Aufstehen) und Gerüche sollten nicht als Bedrohung der eigenen Autorität oder Respektlosigkeit wahrgenommen werden. Vorteilhaft wäre es, hierauf großzügig und gelassen zu reagieren, etwa indem Sie diese übergehen oder – vielleicht humorvoll – in den Kommunikationsprozess integrieren.

Zusammengefasst kommt es in polychron orientierten Kulturen darauf an, verschiedenartige und unter Umständen redundante Kommunikationsmittel einzusetzen, offen für Alternativen zu sein, etwa für unerwartete Verhaltensvarianten oder neue Erfahrungen und auf Abschweifungen und Nebenwege tolerant und flexibel zu reagieren. Durch die Ermöglichung von Gestaltungsspielräumen im Kommunikationsbereich und die kulturelle Vielfalt der Kommunikationspartner können neue Chancen leichter erkannt und genutzt werden.

Zu diesem Thema fallen Ihnen sicherlich Beispiele ein. Versuchen Sie sich bitte zu erinnern, wie Sie seinerzeit reagiert haben und überprüfen Sie, ob es Ihnen möglich gewesen wäre, einige der obigen Vorschläge umzusetzen.

11.5 Zusammenfassender Überblick

Die aus den vier Kulturdimensionen abgeleiteten Kommunikationsgrundsätze können sowohl in einmaligen als auch in langfristigen Kommunikationsverhältnissen angewandt werden. Im letzteren Fall stellen sie essentielle Beiträge zur Schaffung von *Sicherheit* und *Vertrauen* dar, dies spielt insbesondere in kulturell heterogenen Strukturen eine bedeutsame Rolle. Hierzu tragen die verlässliche und dauerhafte Berücksichtigung des sozialen Kontexts und der etablierten Hierarchien ebenso bei wie der konstruktive Umgang mit Unsicherheitsvermeidung und Polychronie.

Die Umsetzung der Kommunikationsgrundsätze erfordert von Personen, die eher einen „nördlichen“ Kommunikationsstil gewohnt sind, *Lernbereitschaft* und *Flexibilität* und ein Annehmen der Herausforderung, dass gesetzte Ziele in multikulturellen Situationen leichter mit Hilfe einer „anderen Art zu kommunizieren“ erreicht werden können. Möglicherweise eröffnet erst die Anwendung eines angepassten Kommunikationsstils die Chance durch größere Partizipation und Motivation aller Teammitglieder die angestrebten Ziele durch neue Lösungswege zu erreichen. Die folgende Tabelle (Abbildung 4/6) zeigt die Kommunikationsgrundsätze des KSS/BKS und die einzelnen Kommunikationselemente noch einmal im Überblick:

Kulturdimension	**Kommunikationsstil Süd (KSS) / Beziehungsorientierter Kommunikationsstil (BKS)**	
	Kommunikationsgrundsätze	**Kommunikationselemente**
Hohe Kontextbedeutung *„Entwickeln und pflegen von persönlichen Beziehungen“*	(1) Persönliche Beziehungen zu den Kommunikationspartnern entwickeln	• Persönliche (Vor-)Kontakte herstellen und Small Talk pflegen • Gemeinsamkeiten identifizieren und betonen und echte Empathie zeigen
	(2) Ein „Wir-Gefühl“ und harmonische Kommunikationsergebnisse anstreben	• Versuchen die Interessen möglichst vieler Teilnehmer im Kommunikationsverlauf und -ergebnis zu berücksichtigen • Kommunikationstechniken, wie interessierte Rückfragen, Bestätigungen und aktives Zuhören einsetzen • Fakten durch kontextangemessene Zusatzinformationen und angemessen humorvolle Beispiele verständlicher präsentieren
	(3) Auf Augenhöhe kommunizieren	• Wertschätzung und Interesse für die Kommunikationspartner zeigen, deren Argumente ernst nehmen und eine Atmosphäre der Gleichwertigkeit schaffen

		• Bewusst die Perspektive der „Anderen" einnehmen und versuchen, deren Haltung und Argumentation zu verstehen
	(4) Die Möglichkeiten indirekter und nonverbaler Kommunikation nutzen	• Eher indirekt kommunizieren und offene Widersprüche und Kritik, Zuspitzungen, Schuldzuweisungen und Polemik vermeiden • Versuchen non-verbale Signale wahrzunehmen, zu deuten und sensibel darauf zu reagieren
Große Machtdistanz *„Erkennen und berücksichtigen von formalen Anforderungen"*	(5) Formale Kommunikationserwartungen berücksichtigen	• Konventionen, wie Höflichkeit, Respekt und „Diplomatie" einhalten *(Face Concept)* sowie freundlich-zurückhaltende Umgangsformen pflegen • Erwartete kulturell übliche formale Regeln – einschließlich der Kleiderordnung – und ortsübliche Gepflogenheiten einhalten
	(6) Bestehende Rangordnungen respektieren	• Rangunterschiede beachten und Kommunikationspartner mit herausgehobenem Status mit besonderem Respekt behandeln • Die eigene Professionalität, Autorität und Erfahrung und den eigenen Status angemessen betonen
Starke Unsicherheitsvermeidung *„Sich flexibel an Prozesse und Situationen anpassen"*	(7) Die Kommunikation formal planen und organisieren, aber flexibel handhaben	• Kommunikationstermine und -agenda formal ankündigen bzw. vereinbaren, (formal) bestätigen lassen und möglichst in einer angemessenen Umgebung stattfinden lassen • Kommunikationsinhalte und -prozesse gut vorbereiten, Erwartungen klar kommunizieren, für eindeutige, klare Strukturen, Regeln und Vorgaben sorgen, diese jedoch unbedingt flexibel handhaben

		• Durch Rückfragen und das Protokollieren von (Zwischen-)Ergebnissen (oder Arbeitsaufträgen) Verständnis sichern und die Akzeptanz von Entscheidungen erleichtern
	(8) Auch langsame Fortschritte und Verzögerungen akzeptieren	• Zumindest anfangs keine allzu großen Erwartungen an klare Informationen, eigenständige kreative Überlegungen und Beurteilungen haben • Zeitverzögerungen durch ausführliche, eventuell unsachgemäße oder bürokratische Kommunikationsbeiträge der Teilnehmer möglichst tolerieren, aber sehr enge Zeitvorgaben vermeiden und die Zeitplanung durch eingeplante Zeitpuffer großzügig gestalten • Neues in einfachen Worten begründen, konkrete Fragen stellen, nichts als selbstverständlich ansehen; nachfragen, Bestätigungen oder Rückmeldungen einholen
Polychronie *„Vielfalt als Chance Synergien zu erzielen begreifen"*	(9) Linear-stringente Logik durch „Vielfalt" ergänzen oder ersetzen	• Alternative Denkmuster berücksichtigen und Inhalte „lebendig verpacken", verschiedene Medien, Beispiele, „Stories" sowie Bilder, Diagramme und verschiedene Medien einsetzen • Eine klare Sprache mit kurzen, eindeutigen Formulierungen und Erklärungen verwenden und längere sachorientierte Erklärungen, komplexe Argumentationen und komplizierte Begriffe sowie Perfektionismus möglichst vermeiden • Wiederholungen und Kommunikationsschleifen einbauen, „spiralförmig" und nicht nur linear vorgehen
	(10) Gestaltungsspielräume und offene Prozesse ermöglichen	• Auf unterschiedliche Auffassungen und Argumentationen, aber auch Verspätungen bei der Einhaltung von Zusagen und Vereinbarungen und offen und flexibel reagieren

		• Mit Abschweifungen, Ungenauigkeiten und Unübersichtlichkeiten sowie Spontaneität und Emotionalität freundlich, humorvoll und konstruktiv umgehen • „Störungen“, Verspätungen, „simultane“ Beschäftigungen, unpassende Geräusche oder Bewegungen so weit wie möglich tolerieren

Abbildung 4/6: Kulturdimensionen, Kommunikationsgrundsätze und Kommunikationselemente des KSS/BKS

Abbildung 4/7 zeigt die Kommunikationsgrundsätze nochmals auf einen Blick:

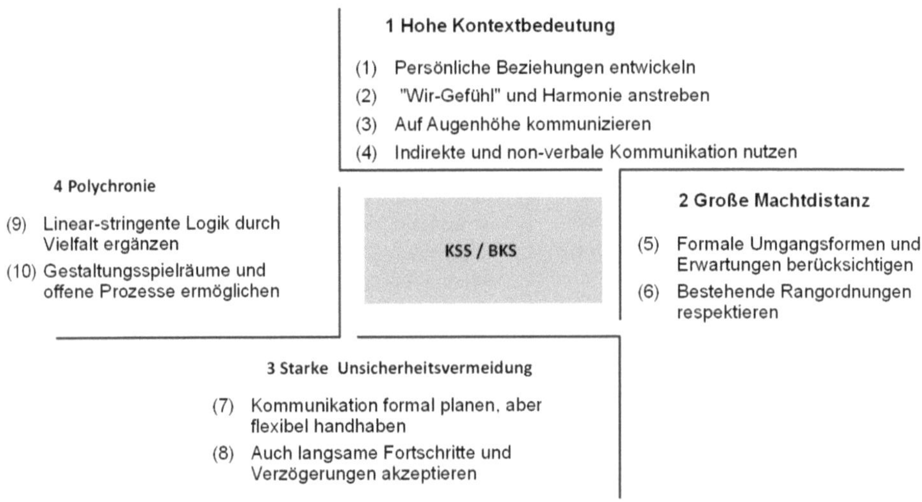

Abbildung 4/7: Kommunikationsgrundsätze des KSS/BKS

Nachdem Sie die Kommunikationsgrundsätze des KSS/BKS kennengelernt haben, bietet sich jetzt für Sie eine Gelegenheit zur Selbstreflexion. Bitte schätzen Sie sich selbst ein, geben Sie sich Schulnoten und beantworten Sie gegebenenfalls auch die Zusatzfragen.

(1)	Bin ich offen für andere Kulturen, Meinungen und Denkweisen und akzeptiere ich auch andere Meinungen?	1	2	3	4	5
(2)	Stelle ich mich selbst auch einmal in Frage? Meine Meinungen, Wertungen und Entscheidungen?	1	2	3	4	5
(3)	Bin ich flexibel genug, um gewohnte Vorgehensweisen zu ändern oder sinnvolle Kompromisse einzugehen?	1	2	3	4	5
(4)	Behandle ich meine Kommunikationspartner freundlich und respektvoll? Nehme ich sie und ihre Interessen ernst und kommuniziere ich auf Augenhöhe?	1	2	3	4	5
(5)	Versuche ich eine gute Arbeitsatmosphäre herzustellen? Wie gelingt mir das?	1	2	3	4	5
(6)	Lege ich Wert auf den Aufbau einer Beziehung zu meinen Kommunikationspartnern?	1	2	3	4	5
(7)	Setze ich häufiger Kommunikationstechniken, wie interessierte Rückfragen, Bestätigungen oder aktives Zuhören ein?	1	2	3	4	5
(8)	Habe ich bereits versucht einen Perspektivenwechsel vorzunehmen? Mit welchem Ergebnis?	1	2	3	4	5
(9)	Bin ich höflich und diplomatisch (oder eher direkt und offensiv)?	1	2	3	4	5
(10)	Gelingt es mir schnell Vertrauen aufzubauen? Wodurch?	1	2	3	4	5
(11)	Drücke ich mich klar und verständlich aus? Und wird mir dies direkt oder indirekt auch bestätigt?	1	2	3	4	5
(12)	Reagiere ich in schwierigen Kommunikationssituationen eher gelassen?	1	2	3	4	5
(13)	Denke ich positiv, auch von meinen Mitarbeitern und bin ich davon überzeugt, dass wir unsere Ziele nur gemeinsam erreichen?	1	2	3	4	5
(14)	Gelingt mir dies üblicherweise in dem von mir gesetzten Zeitrahmen?	1	2	3	4	5
(15)	Entspricht mein Kommunikationsstil dem KSS/BKS? Oder bin ich zumindest bereit, wesentliche Grundsätze und Elemente zu übernehmen?	1	2	3	4	5

Zusammenfassung Kapitel 11

Kulturdimensionen beschreiben immer auch bestimmte Kommunikationsformen und -erwartungen. Die aus den vier Kulturdimensionen abgeleiteten Kommunikationsgrundsätze werden zum KSS/BKS zusammengefasst. Dieser kann nicht nur im Kontakt mit Vertretern der Süd-Gruppe, also in bikulturellen Situationen, sondern vor allem in multikulturellen Situationen mit Beteiligten aus verschiedenen Kulturen angewendet werden.

Für die Kulturdimension Hohe Kontextbedeutung gilt der Leitsatz „Entwickeln und Pflegen von persönlichen Beziehungen". Es kommt darauf an (1) persönliche Beziehungen zu den Kommunikationspartnern zu entwickeln, (2) ein „Wir-Gefühl“ und harmonische Kommunikationsergebnisse anzustreben, (3) auf Augenhöhe zu kommunizieren und (4) die Möglichkeiten indirekter und non-verbaler Kommunikation zu nutzen. Zusammengefasst geht es bei dem Umgang mit Angehörigen von Kulturen mit hoher Kontextbedeutung darum, offen für die auch über fachliche Aspekte hinausgehenden Erwartungen und Bedürfnisse zu sein. Diese sollten in das eigene Kommunikationsverhalten übersetzt und den Kommunikationspartnern vor allem freundlich und respektvoll begegnet werden. Der Aufbau persönlicher Beziehungen, die Entwicklung eines Wir-Gefühls und eine Kommunikation auf Augenhöhe sind hierbei zentrale Parameter.

Für die Kulturdimension Große Machtdistanz gilt der Leitsatz „Erkennen und Berücksichtigen von formalen Anforderungen“. Es kommt darauf an (5) formale Kommunikationserwartungen zu berücksichtigen und (6) bestehende Rangordnungen zu respektieren. Zusammengefasst geht es in Kulturen mit großer Machtdistanz darum, Hierarchien und die hiermit verbundenen Erwartungen und eingespielten Verhaltensweisen zu respektieren. Hierbei spielt die Beachtung von Rangordnungen, Seniorität und formalen Umgangsformen eine besondere Rolle. Durch die Betonung des eigenen Status kann Spielraum gewonnen werden, um die gewünschten Kommunikationsergebnisse zu erreichen.

Für die Kulturdimension Starke Unsicherheitsvermeidung gilt der Leitsatz: „Sich flexibel an Prozesse und Situationen anpassen“. Es kommt darauf an (7) Kommunikation formal zu planen und zu organisieren, diese aber flexibel zu handhaben und (8) eher langsame Fortschritte und Verzögerungen zu akzeptieren. Zusammengefasst geht es in Kulturen mit starker Unsicherheitsvermeidung darum, sich den Kommunikationspartnern gegenüber so zu verhalten, dass Verhaltensweisen vermieden werden, die Unsicherheit hervorrufen oder verstärken könnten. Formale Erwartungen an Kommunikationssituationen sollten berücksichtigt werden, so dass die Prozesse für alle Beteiligten planbar sind, aber gleichzeitig so flexibel gestaltet werden, dass auf Unerwartetes reagiert werden kann. Rasche Fortschritte und eine größere Aufgeschlossenheit gegenüber neuen Vorschlägen können nicht erwartet und Rückschritte müssen eingeplant werden.

Für die Kulturdimension Polychronie schließlich gilt der Leitsatz „Auf Vielfalt setzen“. Es kommt darauf an, (9) linear-stringente Logik durch „Vielfalt“ zu ergänzen oder zu ersetzen, sowie (10) Gestaltungsspielräume und offene Prozesse zu ermöglichen und mit Störungen souverän umzugehen. Zusammengefasst geht es in polychron orientierten Kulturen darum, verschiedenartige und unter Umständen redundante Kommunikationsmittel einzusetzen, offen für Alternativen zu sein und auf Abschweifungen und Nebenwege tolerant und flexibel zu reagieren. Durch die Ermöglichung von Gestaltungsspielräumen im Kommunikationsbereich und die kulturelle Vielfalt der Kommunikationspartner können neue Chancen leichter erkannt und genutzt werden.

12 Erweiterung der interkulturellen Kommunikationskompetenz

Sie haben bereits darüber nachgedacht, ob Sie – bewusst oder unbewusst – den KSS/BKS bereits verwenden. Dabei sind Ihnen möglicherweise Situationen eingefallen, in denen Sie einzelne Kommunikationsgrundsätze oder deren Elemente eingesetzt haben oder in denen Sie diese hätten einsetzen können, falls Sie sie gekannt hätten. Bitte beschreiben Sie einige solcher Kommunikationssituationen.

Kommunikation muss gut geplant und flexibel gehandhabt werden. In Kommunikationssituationen mit Angehörigen verschiedener Kulturen oder mit Gesprächspartnern aus Ländern der Süd-Gruppe, kann es sich herausstellen, dass die Beachtung einzelner Grundsätze des KSS/BKS angebracht ist, aber auf die Anwendung anderer Elemente verzichtet werden kann. Bei der Praktizierung des KSS/BKS kommt es daher zunächst darauf an, zu erkennen, ob eine solche Adaption notwendig ist und in welcher Form diese erfolgen sollte.

Kommunikationsprozesse haben eine eigene Dynamik und folgen keinem einheitlichen Schema. Ergänzende Aspekte, wie bereichs- oder regionalkulturelle Aspekte müssen ebenso wie Persönlichkeitsmerkmale der Kommunikationspartner beobachtet und berücksichtigt werden. Hinzu kommt, dass nur diejenigen Elemente verwendet werden sollten, die mit dem eigenen Kommunikationsstil kompatibel sind.

Die Bereitschaft und Fähigkeit den KSS/BKS flexibel einzusetzen ist damit der zentrale Baustein für die Erweiterung der eigenen interkulturellen Handlungskompetenz. Insofern sollte er im Sinne des 4-Stufen-Prozessmodells spätestens in der 3. Stufe gelernt und praktiziert werden. Grundlage hierfür sind die interkulturellen Kernkompetenzen, Offenheit, Flexibilität und respektvolle Freundlichkeit.

12.1 Kommunikationsstil und Kommunikationsprozess

Die bisherige Darstellung des KSS/BKS bezieht die Kommunikationsgrundsätze der theoretischen Herleitung folgend auf die betrachteten vier Kulturdimensionen. Für die Erklärung und das Verständnis ist dies gut geeignet. Um sie direkt anwenden zu können, möchte ich sie nun aber direkt mit den *Phasen des Kommunikationsprozesses* verknüpfen. Dabei steht die mündliche Kommunikation im Vordergrund. Nach einer Anpassung können die Kommunikationsgrundsätze aber auch bei schriftlicher Kommunikation, auch per Email, und bei der Kommunikation mit virtuellen Teams angewandt werden.

Kommunikationsprozesse sind durch die Doppelstruktur von Sender und Empfänger geprägt, deren Funktionen und Handlungsmuster sich während dieses Prozesses verändern können.[146] Hierdurch und durch die Reaktionen der Beteiligten werden ständig neue Handlungs- und Kommunikationszusammenhänge erzeugt. Zentrale Fragen bei der nachträglichen Analyse solcher Prozesse sind dabei:

- Wie wurde die Kommunikation vorbereitet?
- Wer kommunizierte mit wem?
- Wie wurde darauf reagiert?
- Was wurde gesagt oder nicht gesagt?
- Wie wurde etwas gesagt?
- Welche Kommunikationsergebnisse gibt es?

Betrachtet man multikulturelle Kommunikationsprozesse aus subjektiver Sicht unter dem Gesichtspunkt, wie diese geplant, vorbereitet und gestaltet werden sollen, so sind für Sie folgende Fragestellungen interessant:

(1) Was muss ich bei der Planung und Vorbereitung beachten?

(2) In welcher Form und mit welchen Methoden kommuniziere ich?

(3) Wie verhalte ich mich allgemein während des Kommunikationsprozesses?

(4) Wie verhalte ich mich allgemein während des direkten Kommunikationsprozesses mit meinen Kommunikationspartnern, einschließlich non- und paraverbaler Aspekte?

---

[146] s.a. Bolten (2007/1), S. 19f.

(5) Wie reagiere ich auf Kommunikationsinhalte und -formen der anderen Kommunikationsteilnehmer?

(6) Schließlich: Welche Ergebnisse erwarte ich und wie versuche ich diese Ergebnisse zu sichern?

In Abbildung 4/8 finden Sie nun einen Vorschlag, wie die Kommunikationsgrundsätze und einzelnen Elemente des KSS/BKS diesen Phasen des Kommunikationsprozesses zugeordnet werden können:

Vorbereitung

- Plane die Kommunikation sorgfältig (Datum, Ort, Kleidung, Prozesse, Inhalte), aber bleibe flexibel und plane Zeitpuffer ein
- Entwickle eine persönliche Beziehung zu deinen (zukünftigen) Kommunikationspartnern
- Verwende Small Talk, finde Bereiche von gemeinsamem Interesse und zeige Empathie

Methoden

- Gib klare, kontextbezogene Informationen, benutze einfache Begriffe und nicht-komplexe Argumente
- Verwende Beispiele, Methaphern und Zusatzinfos und setze unterschiedliche Medien ein – sei offen und flexibel
- Verwende Zusammenfassungen, Kommunikationsschleifen und Wiederholungen

Allgemeines Kommunikationsverhalten

- Schaffe ein "Wir-Gefühl" und eine Atmosphäre der Gleichwertigkeit und des Vertrauens
- Sei höflich und geduldig, bleibe freundlich, höre aufmerksam zu und stelle Rückfragen
- Beschreibe kritische Aspekte nur indirekt, führe Innovationen nur schrittweise ein und erkläre sie gut und auch mehrfach

Direktes Kommunikationsverhalten

- Versuche andere Verhaltensweisen und Meinungen zu verstehen und als Optionen und Chancen zu sehen
- Respektiere die Kommunikationspartner, behandle sie mit Wertschätzung und entsprechend ihres sozialen Status'
- Versuche non-verbale Signale richtig zu deuten

Reaktionen

- Gehe konstruktiv, tolerant und humorvoll mit Abschweifungen und Spontaneität und unerwarteten Reaktionen und Störungen um
- Versuche andere Denkmuster und Argumentationen zu verstehen, stelle konkrete Fragen, praktiziere "Perspektivenwechsel" und vermeide direkte Kritik und Polemik
- Sieh nichts als selbstverständlich an, hole Bestätigungen ein

Ergebnisse

- Dokumentiere und kommuniziere Prozesse, Verpflichtungen, Zusammenfassungen und Zwischenergebnisse
- Sei nicht zu optimistisch und erwarte keine allzu kreativen oder innovativen Vorschläge bzw. schnellen Ergebnisse

Abbildung 4/8: Der KSS/BKS im Kommunikationsprozess

Konnten Sie einige der vorgeschlagenen Verhaltensweisen praktizieren? Bitte analysieren Sie Ihre letzten interkulturellen Kommunikationssituationen, ob dies möglich war und wie dies gewirkt hat bzw. hätte.

Probieren Sie anschließend die von Ihnen ausgewählte Kommunikationsstrategie in Ihrer nächsten interkulturellen Kommunikationssituation (wieder) aus, etwa bei einem interkulturellen Teamgespräch oder bei den Vorbereitungen für eine internationale Verhandlung, eine Beratung, eine internationale Konferenz, einen interkulturellen Workshop …

12.2 Schritte zur Umsetzung des Kommunikationsstil Süd

Wie könnte sich der Prozess einer individuellen Auseinandersetzung mit dem KSS/BKS, also der Aneignung seiner Grundsätze und Elemente und deren Anwendung gestalten?

Schritt 1: Analyse

Überprüfen Sie zunächst Ihr derzeitiges oder künftiges berufliches Umfeld im Hinblick auf Art, Umfang und Bedeutung von multi- und interkulturellen Situationen. Sollte sich zeigen, dass multikulturelle Kommunikationskontakte oder die Häufigkeit von Kontakten mit Angehörigen „südlicher" Kulturen zugenommen haben oder zunehmen werden, sollten Sie Ihr in diesen Situationen praktiziertes Kommunikationsverhalten analysieren. Dies gilt vor allem dann, wenn Sie die in diesem Kontext zu erzielenden Erfolge als besonders wichtig und/oder steigerbar einschätzen.

Schritt 2: Erkenntnis

Aus dem Ergebnis dieser Analyse leiten Sie möglicherweise die Erkenntnis ab, dass Sie Ihren Kommunikationsstil ändern oder so anpassen sollten, dass er in interkulturellen Kommunikationskonstellationen (noch) erfolgreicher ist. Sie überprüfen dann, ob und inwieweit Sie – bewusst oder unbewusst – bereits Elemente des KSS/BKS verwenden, um feststellen zu können, welche zusätzlichen KSS/BKS-Elemente ihnen dabei helfen könnten. Diese sollten Sie dann schrittweise in Ihren Kommunikationsstil integrieren.

Schritt 3: Testen und anpassen

In mehreren Schleifen trainieren Sie diese Elemente und passen sie an Ihren Stil an. Dabei überprüfen Sie Ihren Kommunikationsstil und stellen fest, ob Sie eventuell noch weitere Verhaltensweisen an den KSS/BKS anpassen sollten, um den multikulturellen Kommunikationsanforderungen zu genügen.

Schritt 4: Anwendung

Ihren angepassten, um KSS/BKS-Elemente erweiterten Kommunikationsstil setzen Sie nun regelmäßig in multi- oder interkulturellen Situationen ein. Dabei achten Sie darauf, dass Sie ihn in den verschiedenen Situationen flexibel handhaben. Denken Sie auch daran, dass es keineswegs nur darum geht, „harmonische" Kommunikationssituationen zu erzeugen, sondern primär immer darum, Ihr ziel- und ergebnisorientiertes Handeln zu verbessern. Sie sollten daher auch immer überprüfen, ob die Verwendung der interkulturellen Kommunikationsgrundsätze wirklich erforderlich und angemessen ist.[147] Dieser Prozess sollte schließlich zur Entwicklung Ihres eigenen interkulturell kompetenten Kommunikationsstils führen.

Abbildung 4/9 zeigt diese vier Schritte im Überblick.

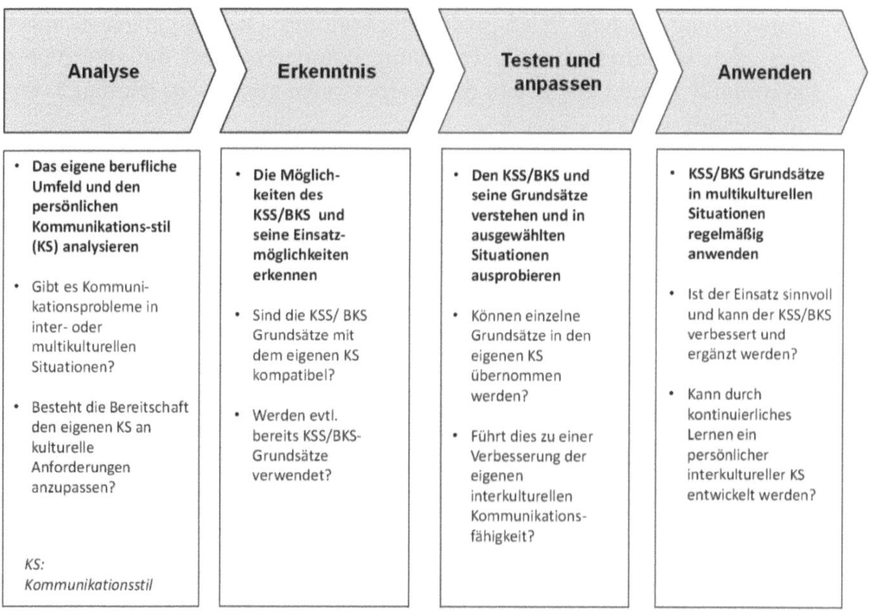

Abbildung 4/9: Schritte zur Umsetzung des KSS

Überlegen Sie bitte, ob die vorgeschlagenen vier Schritte Ihnen dabei helfen werden, den KSS/BKS zukünftig verstärkt anzuwenden.

[147] s.a. Beamer/Varner (2008), S. XVI–XVII

12.3 Empirische Ergebnisse

In diversen – nicht-repräsentativen – Untersuchungen im Rahmen von interkulturellen Praxisprojekten, die von Studierenden des Masterstudiengangs „Interkulturelle Kommunikation und Kooperation“ durchgeführt wurden,[148] sowie von Masterarbeiten, bei denen meist eine kleinere Anzahl von etwa zehn Personen mit unterschiedlicher Erfahrung im interkulturellen Bereich den KSS/BKS über einen kürzeren Zeitraum testen konnten, wurde die *Praxistauglichkeit* des KSS/BKS durchgehend bestätigt.

Im **ersten Projekt**[149] erhielten Mitarbeiter von *exilio*[150], einer Organisation, die sich für die Belange von Migranten und Flüchtlingen einsetzt, die Gelegenheit, den KSS/BKS zu testen. Die Teilnehmer bestätigten, dass sie unabhängig von ihren bisherigen interkulturellen Erfahrungen von der Anwendung des KSS/BKS profitieren konnten. Die Ausgangshypothese, dass sich die interkulturelle Handlungskompetenz und die allgemeinen kommunikativen Fähigkeiten der Testpersonen verbessern würden, konnte bestätigt werden.

Teilnehmer mit interkultureller Erfahrung, die den KSS/BKS in ihre interkulturelle Handlungskompetenz integrieren und ihn mit ihren vorhandenen sozialen und interkulturellen Kompetenzen verknüpfen konnten, profitierten dabei in besonderem Maße. Sie waren zudem in der Lage, ihr vorhandenes Wissen besser zu strukturieren, Komplexität zu reduzieren und kulturelle Hintergründe besser zu verstehen. Zudem gab ihnen der KSS/BKS die Sicherheit, bereits praktiziertes Wissen kompakt zusammengefasst und theoretisch fundiert verwenden zu können. Die 60% der Teilnehmer, die nur über geringe interkulturelle Erfahrungen verfügten, gaben an, dass ihnen der KSS/BKS vorwiegend größere Handlungssicherheit in interkulturellen Situationen vermittelte.

Die große Mehrheit der Testpersonen (90%) beabsichtigt, den KSS/BKS weiter zu verwenden. Keines der Elemente des KSS/BKS wurde als irrelevant bezeichnet. Als sehr relevant wurden von den Testpersonen folgende Elemente angesehen:

- Beachten von formalen, respektvollen Umgangsformen

---

148 vgl. Koch, E. (2009/2)

149 vgl. Wisbauer, B. et al. (2010)

150 www.exilio.de

- Vermeiden von zu engen Zeitvorgaben
- Schaffen eines guten Gesprächsklimas und „Wir-Gefühls"
- Rückfragen, aktives Zuhören, Betonung von Gemeinsamkeiten
- Zulassen von Simultaneität und Emotionalität
- Flexibles Umgehen mit Störungen und Abschweifungen
- Verwenden von Kommunikationsschleifen, Wiederholungen und unterschiedlichen Darstellungsformen
- Vorsichtiges, sorgfältiges Vorgehen bei Änderungs- und Innovationsankündigungen
- Einsatz von Perspektivenwechsel

Wie erwartet, war der kontextbezogene Einsatz eine wichtige Voraussetzung für die optimale Anwendung der KSS/BKS-Grundsätze. Die Teilnehmer konnten insbesondere die kontextrelevanten Elemente des KSS/ BKS dazu nutzen, interkulturelle Kommunikationssituation erfolgreich zu gestalten.

Projekt zwei[151] überprüfte die Relevanz und Anwendbarkeit einer ausgewählten Anzahl von Instrumenten des KSS/BKS bei einer internationalen multikulturellen Arbeitsgruppe eines größeren transnationalen Unternehmens mit Sitz in Deutschland. Die große Mehrheit (92%) der Arbeitsgruppe beurteilte über die Hälfte der vorgeschlagenen Kommunikationsgrundsätze als hilfreich. Ihre Anwendung führte in den meisten Fällen zu einer verbesserten und reibungsloseren Kommunikation, wobei die Beachtung der Grundsätze zur Hohen Kontextbedeutung als besonders hilfreich eingeschätzt wurde. Insgesamt wurde die Kommunikation als spannungsfreier empfunden. Die Mehrzahl der Teilnehmer hatte „ein gutes Gefühl", wenn sie die Kommunikationsgrundsätze befolgte und war sich sicher, dass sie diese auch nach der Testphase weiter anwenden würde.[152]

Eine **dritte Untersuchung**[153], die ebenfalls mit einem deutschen Global Player durchgeführt wurde, kam zu folgenden Ergebnissen:

---

[151] vgl. Konstantin, S. et al. (2012)

[152] Tatsächlich kann die Anwendung dieser Grundsätze nicht bedeuten, alternative Zeit- und Pünktlichkeitsvorstellungen lediglich zu akzeptieren. Flexibel zu sein, kann beispielsweise bedeuten, die Planung und den Einsatz der (humanen) Ressourcen sowie die laufende Kommunikation mit den Mitarbeitern, einschließlich eines möglichen Mikromanagements diesen Gegebenheiten anzupassen.

[153] vgl. Bomert/Lindemann (2015)

- Der KSS/BKS konnte von den meisten Teilnehmern recht schnell in verschiedensten Kommunikationssituationen eingesetzt werden und zwar in Nord- und in Süd-Ländern, sowohl bei der Kommunikation in multikulturellen Teams als auch in Teams, deren Mitglieder ausschließlich aus Süd-Ländern stammen. Einzelne Teilnehmer wendeten in ihrer Tätigkeit einzelne Elemente bereits vorher an, weil diese ihnen bereits bekannt waren und sie die Möglichkeit nutzen wollten, ihre Kommunikation ganz allgemein zu verbessern.
- Das Einführungstraining stellte die KSS/BKS-Überlegungen in den interkulturellen Kontext und regte so die Reflexion über die eigenen Kommunikationsgewohnheiten an. Hierfür reichte – wie auch bei anderen Unternehmen und Institutionen – ein (maximal) halbtägiges Training aus. Anschließend sollten die Kommunikationsgrundsätze in verschiedenen Kontexten angewandt werden. Angemerkt wurde, dass sich – entgegen den zuvor geäußerten Erwartungen – der Zeitaufwand für Kommunikation durch die Anwendung des KSS/BKS nicht erhöht habe.
- Alle Grundsätze wurden als wichtig erachtet und waren – zumindest für Personen mit einer gewissen Erfahrung im interkulturellen Bereich – einfach zu erlernen. Hier spielten ebenfalls die aus der „Hohen Kontextbedeutung“ abgeleiteten Kommunikationsgrundsätze eine zentrale Rolle. Der KSS/BKS wurde als Menü präsentiert, aus dem sich die Teilnehmer „bedienen“ können, um den unterschiedlichen Kontexten, in denen sie sich bewegen, gerecht zu werden.

In einer **vierten Studie** wurde in einer Masterarbeit[154] festgestellt, dass der KSS/BKS von allen Teilnehmern in der täglichen Kommunikation und in unterschiedlichen Kommunikationssituationen, die von *Conference Calls* über private Situationen bis zur Akquise von neuen Projekten reichten, eingesetzt wurde. Auch hier wurden vor allem die aus der „Hohen Kontextbedeutung“ abgeleiteten Kommunikationsgrundsätze angewandt.

Die mit der Kommunikation verfolgten Ziele waren sehr unterschiedlich. Sie reichten vom reinen Informationsaustausch oder dem Zugang zu Netzwerken über die Durchsetzung von (Projekt-)Zielen, Kostenoptimierung und Umsatzmaximierung, bis zur Pflege von Partnerschaften, dem Aufbau eines Vertrauensverhältnisses und der konstruktiven Zusammenarbeit mit Kollegen. Diese Ziele konnten nicht allein durch die Anwendung des KSS/BKS leichter erreicht werden, hierfür war der Testzeitraum

---

[154] vgl. Klosi, E. (2013)

von vier Wochen zu kurz. Dennoch gaben die Teilnehmer an, dass sie ihre Ziele meist schneller erreichen konnten, vor allem, weil der Einsatz der KSS/BKS-Tools zu höherer Kompromissbereitschaft, mehr Klarheit und besserer Verständigung führte.

Die Beschäftigung mit dem eigenen interkulturellen Kommunikationsverhalten wurde von allen Teilnehmern als sehr sinnvoll und der KSS/BKS als praxisnah angesehen. Allerdings stuften die weniger erfahrenen Teilnehmer die Anwendung des KSS/BKS durchweg als hilfreich ein, während die erfahreneren Teilnehmer eine neutrale Haltung einnahmen. Letztere gaben häufig an, dass ihnen mehrere Kommunikationsgrundsätze bereits geläufig waren und sie diese bereits intuitiv in der Praxis nutzten. Die überwiegende Anzahl aller Teilnehmer bestätigte jedoch, dass sie durch den KSS/BKS interkulturelle Kommunikationssituationen besser verstünde, seine Anwendung zu einer Reduktion von Komplexität führen und sich hierdurch die eigene interkulturelle Kompetenz erhöhen würde. Die weniger erfahrenen Teilnehmer berichteten von einer Verringerung von Unsicherheit in Kommunikationssituationen. Auf diese Weise konnte der KSS/BKS bei dieser Teilnehmergruppe zwei wichtige Aufgaben erfüllen:

- Weniger erfahrene Teilnehmer konnten sich effektiv und effizient auf interkulturelle Kommunikations- und Managementsituationen vorbereiten.
- Erfahrenere Teilnehmer dagegen konnten durch die aktive Beschäftigung mit dem KSS/BKS ihre bereits praktizierten (und bewährten) Kommunikationsmethoden auffrischen, bestätigen oder ergänzen.

Die meisten Teilnehmer an dieser Studie gaben an, die KSS/BKS-Tools weiterhin anwenden zu wollen. Sie begründeten dies damit, dass die Tools geholfen hätten, „mehr Vertrauen aufzubauen“, „eine optimistische Denkweise in Bezug auf die Zielerreichung zu entwickeln“, „ein besseres Verständnis für Reaktionen des Kommunikationspartners zu erreichen“, „den eigenen Kommunikationsstil und folglich die Zusammenarbeit mit den Partnern zu verbessern“ und „Brücken im Kommunikationsprozess zu bauen“.

In einer **fünften Studie** wurde die Anwendbarkeit des KSS/BKS in Projekten der Entwicklungszusammenarbeit untersucht.[155] Zehn Mitglieder von drei Entwicklungsorganisationen wurden mit dem KSS/BKS kon-

---

[155] vgl. Mitova, P. (2015)

frontiert und über ihre Erfahrungen mit der Anwendung des KSS/BKS befragt. Das Feedback war ebenfalls sehr positiv. Die Mehrzahl der Teilnehmer bestätigte, dass die Verwendung der KSS/BKS-Kommunikationsgrundsätze sich günstig auf die Kommunikation mit ihren kulturanderen Kommunikationspartnern und zumindest teilweise auf die Erreichung der Projektziele auswirkte. Alle Teilnehmer gaben zudem an, dass sie den KSS/BKS auch zukünftig verwenden wollten.

Falls Sie, angeregt durch die positiven Ergebnisse dieser Studien, auch in Ihrer Organisation eine Studie oder Befragung durchführen wollen, möchte ich Sie ausdrücklich hierzu ermuntern. Ich würde mich freuen, wenn Sie uns Ihre Erfahrungen mitteilen können. Natürlich können wir Sie bei dem Vorbereitungstraining auch gerne mit unserer Erfahrung und unserem Know-how unterstützen.

Zusammenfassung Kapitel 12

Um die Kommunikationsgrundsätze direkt anwenden zu können, können sie mit den *Phasen des Kommunikationsprozesses* verknüpft werden, dabei sind folgende Fragestellungen interessant:

- Was muss ich bei der Planung und Vorbereitung der Kommunikation beachten?
- In welcher Form und mit welchen Methoden kommuniziere ich?
- Wie verhalte ich mich allgemein während des Kommunikationsprozesses?
- Wie verhalte ich mich allgemein während des direkten Kommunikationsprozesses mit meinen Kommunikationspartnern, einschließlich non- und paraverbaler Aspekte?
- Wie reagiere ich auf Kommunikationsinhalte und -formen der anderen Kommunikationsteilnehmer?
- Welche Ergebnisse erwarte ich und wie versuche ich diese Ergebnisse zu sichern?

Die individuelle Aneignung der Grundsätze und Elemente und deren Anwendung kann in folgenden Schritten erfolgen:

Schritt 1 Analyse: Zunächst wird das eigene derzeitige oderkünftige berufliche Umfeld im Hinblick auf Art, Umfang und Bedeutung der multi- und interkulturellen Situationen überprüft. *Schritt 2 Erkenntnis:* Hieraus wird möglicherweise die Erkenntnis abgeleitet, dass der eigene Kommunikationsstil geändert werden sollte. Es wird überprüft, ob bereits Elemente des KSS/BKS verwendet werden und ob zusätzliche Elemente in den eigenen Kommunikationsstil integriert werden sollten. *Schritt 3 Testen und anpassen:* Diese Elemente werden trainiert, der eigene Kommunikationsstil wird erneut überprüft und festgestellt, ob weitere Verhaltensweisen angepasst werden sollten. *Schritt 4 Anwendung:* Der um KSS/BKS-Elemente erweiterte Kommunikationsstil wird regelmäßig in multi- oder interkulturellen Situationen eingesetzt.

In diversen kleineren empirischen Untersuchungen bei unterschiedlichen Organisationen, bei denen Testpersonen und -gruppen den KSS/BKS über einen kürzeren Zeitraum testen konnten, wurde die *Praxistauglichkeit* des KSS/BKS durchgehend bestätigt:

(1) Die Teilnehmer konnten unabhängig von ihren bisherigen interkulturellen Erfahrungen von der Anwendung des KSS/BKS profitieren. Die Beschäftigung mit dem eigenen interkulturellen Kommunikationsverhalten wurde als sehr sinnvoll und der KSS/BKS als praxisnah angesehen.

(2) Die Mehrheit der Testpersonen beabsichtigt, den KSS/BKS weiter zu verwenden.

(3) Die meisten Teilnehmer bestätigten, dass sie durch den KSS/BKS interkulturelle Kommunikationssituationen besser verstünden, Komplexität würde reduziert und Kommunikation reibungsloser verlaufen.

(4) Viele Teilnehmer gaben an, dass sie ihre Ziele schneller erreichen konnten, vor allem, weil der Einsatz der KSS/BKS-Tools zu höherer Kompromissbereitschaft, mehr Klarheit und besserer Verständigung führte.

(5) Alle Grundsätze wurden als wichtig erachtet und waren meist einfach zu erlernen. Die Grundsätze zur Hohen Kontextbedeutung wurden jedoch als besonders hilfreich eingeschätzt.

(6) Teilnehmer mit interkultureller Erfahrung konnten ihre Kommunikationsmethoden auffrischen oder ergänzen, ihr Wissen besser strukturieren und kulturelle Hintergründe besser verstehen, während sich weniger erfahrene Teilnehmer effektiv und

effizient auf interkulturelle Kommunikations- und Managementsituationen vorbereiten konnten.

(7) Der KSS/BKS konnte in verschiedensten Kommunikationssituationen eingesetzt werden und zwar in Nord- und in Süd-Ländern, sowohl bei der Kommunikation in multikulturellen Teams als auch in Teams, deren Mitglieder ausschließlich aus Süd-Ländern stammen.

Teil V: Managementstil Süd – Grundsätze für kulturübergreifendes Management

Stimmen Sie der folgenden These zu: „Ein guter Manager muss ein guter Kommunikator sein, aber nicht jeder, der gut kommuniziert, ist automatisch ein guter Manager."? Falls ja, überlegen Sie bitte, warum dies so ist.

In diesem Teil möchte ich Ihnen den Managementstil Süd oder beziehungsorientierten Managementstil (MSS/BMS) vorstellen, der auf der Grundlage des Kommunikationsstil Süd entwickelt wurde. Schauen Sie sich dafür noch einmal den KSS/BKS an und benennen Sie die Punkte, bei denen Sie noch Hinweise benötigen, die Ihnen interkulturelles Management erleichtern könnten.

Der MSS/BMS verknüpft Grundsätze und Elemente des Managements zu einem Managementstil, der in vielen Kulturen des „Südens", in Interaktionen mit Vertretern dieser Kulturen und vor allem in multikulturellen Situationen erfolgreich eingesetzt werden kann. Auch hier spielen die bereits bekannten Kulturdimensionen Hoher Kontext, Große Machtdistanz, Starke Unsicherheitsvermeidung und Polychronie eine entscheidende Rolle. Aus den managementrelevanten Eigenheiten der Kulturdimensionen können Grundsätze abgeleitet werden, durch die sich interkulturelles Management spürbar verbessert und erfolgreicher werden kann. Auch hier wird angeregt, den eigenen interkulturellen Managementstil zu überprüfen und ihn gegebenenfalls anzupassen.

13 Kulturübergreifendes interkulturelles Management

In der interkulturellen Managementforschung werden Managementmethoden für kulturelle Kontexte analysiert und Adaptionsvorschläge erarbeitet. Trotzdem können Sie als interkultureller Manager nur auf wenig systematisches Wissen zu interkulturellem Management zurückgreifen. Es gibt kaum gesicherte Erkenntnisse darüber, in welcher Weise Sie Ihre Managementtools so gestalten können, dass sie auch in anderen kulturellen Kontexten erfolgreich eingesetzt werden können.

Eine Ausnahme ist der im Folgenden vorgestellte *Managementstil Süd (MSS)*. Hierbei handelt es sich um einen praxiserprobten kulturübergreifenden Managementstil, den Sie ebenso wie den Kommunikationsstil Süd in multikulturellen Situationen, wechselnden kulturellen Kontexten und in vielen „Süd"-Kulturen einsetzen können. Er ist wissenschaftlich-empirisch begründet, außerdem veränderungs- und ergänzungsfähig und lässt sich gut mit Ihrem erprobten eigenen Managementstil verknüpfen. Unter bestimmten Voraussetzungen kann er auch – vorzugsweise mit sachkundiger externer Unterstützung – als Basis für eine erfolgreiche interkulturelle Zusammenarbeit zwischen Partnern verschiedener Kulturen *ausgehandelt* werden.

> Unter einem *Managementstil* wird eine das Management prägende charakteristische Ausdrucks- und Handlungsweise verstanden, die aus einem miteinander verknüpften und für den Managementerfolg mitverantwortlichen, erweiterbaren Katalog von Handlungsgrundsätzen besteht.

In einer interkulturellen Situation muss der persönliche Managementstil angepasst werden. Dies gelingt am besten, wenn Sie handlungsrelevante kulturelle Aspekte erkennen und antizipieren können und so flexibel sind, ihre Handlungsparameter zumindest partiell anzupassen. Sie sollten eine Vorstellung darüber haben, wie Mitarbeiter und Partner ihre soziale Umwelt wahrnehmen, interpretieren und verstehen und dementsprechend handeln. Wenn möglich, sollten Sie daher Kenntnisse über deren Interessen und Werte, über mögliche Erwartungen und Motivationen sowie auch Erfahrungen mit hierarchischen Orientierungen haben.

In der Realität ist die oben genannte Mindestbedingung für interkulturelles Management „das Zusammentreffen zweier Kulturen"[156] eher die Ausnahme. Zunehmend findet Management in Kontexten statt, die durch das Zusammentreffen mehrerer Kulturen, also von Personen mit unterschiedlichem kulturellem Hintergrund geprägt sind und mit denen simultan zielorientiert interagiert und kommuniziert werden muss.[157]

Beispiele 5/1

Dies sind Manager, die in „ihrem" Kulturraum Projekte mit Teilnehmern aus verschiedenen Kulturen durchführen oder Mitarbeiter von internationalen Organisationen, die als „Pendel-Manager" in wechselnden kulturellen Situationen Ergebnisse erzielen müssen. Es sind Berater und Gutachter, die heute in Zentralasien, morgen in Südasien und übermorgen in Ostafrika Workshops moderieren, Gutachten erstellen oder Konfliktberatungen durchführen. Oder es sind (Projekt-)Manager in Auslandspositionen, die mit einer kulturell heterogenen Mitarbeiterschaft Organisationsziele in einem vorgegebenen Zeitraum erreichen müssen.

Die Komplexität dieser interkulturellen Situationen wird zusätzlich dadurch erhöht, dass nationalkulturelle Verhaltens- und Kommunikationsformen der Mitarbeiter oder Verhandlungspartner angesichts der Einflüsse der Globalisierung zugunsten von Mischformen an Einfluss verlieren, etwa dann, wenn diese in westlichen Ländern studiert oder berufliche Erfahrungen gesammelt haben. So treten in anderen Kulturen erlernte Verhaltensmerkmale neben kultureigene Orientierungen und können diese in bestimmten Situationen auch überlagern.

Obwohl Sie solche Konstellationen grundsätzlich erkennen und sich darauf einstellen könnten, geschieht dies in der Praxis meist nur dann, wenn Sie die betreffenden Personen schon länger kennen. Bei neuen Kontakten oder wenn Sie es mit vielen verschiedenen oder wechselnden Personen zu tun haben, fehlen hierzu meist die Zeit oder die notwendigen Informationen. Viele Manager sind allerdings auch einfach nicht dazu bereit, sich ne-

---

[156] vgl. Kapitel 4.2

[157] s.a. Nardon/Steers (2007) S. 172f

ben komplexen fachlichen Fragestellungen auch noch mit weiteren komplizierten „weichen“ Faktoren zu beschäftigen und diese dann auch noch umzusetzen.

Damit stellte sich die Aufgabe, einen Managementstil zu entwickeln, der an die erlernten Managementstandards anknüpfen kann, in multikulturellen und in unterschiedlichen bikulturellen Situationen einsetzbar und darüber hinaus leicht erlernbar und umsetzbar ist.[158] Der MSS ist hierfür konzipiert: Wie der KSS/BKS basiert er auf der Annahme, dass in vielen „südlichen“ Kulturen bestimmte Kulturdimensionen in ähnlicher Weise ausgeprägt sind. Er wird somit aus den gleichen theoretisch-empirischen Überlegungen abgeleitet und kann in multikulturellen Managementsituationen mit Personen aus unterschiedlichen „Kulturen des Südens“ zur Anwendung kommen. In den Ländern, die diesen Kulturen zuzurechnen sind, kann er unmittelbar eingesetzt werden, wobei nationalkulturelle Besonderheiten oder Abweichungen und Unterschiede berücksichtigt werden sollten. Seine Grundsätze sind meist bekannt. Zudem lässt er sich leicht mit einem westlich (bzw. „nördlich“) geprägten Managementstil verknüpfen. Sein größter Vorteil liegt in der Reduktion von Komplexität und der Beschränkung auf in vielen Ländern und Kulturen zu erwartende kulturelle Grundmuster und Verhaltenselemente, so dass eigene *Unsicherheiten reduziert* und die *Erfolgswahrscheinlichkeit* des Handelns *erhöht* werden.

Da Management überwiegend durch Kommunikation vermittelt wird, sind Überlappungen mit dem Kommunikationsstil Süd vorhanden und beabsichtigt. Sowohl Kommunikation als auch Management sind zweckorientiert, beide dienen dazu, Ziele durch Interaktionen mit anderen Personen, hier in einem interkulturellen oder multikulturellen Kontext, zu erreichen. Der hauptsächliche Unterschied besteht darin, dass Management präzise abgrenzbare Bereiche und Funktionen umfasst und unmittelbar handlungsorientiert ist, so dass die im KSS/BKS vorgestellten Elemente anders akzentuiert und ergänzt werden müssen. Ebenso wie dieser bietet der MSS ein „Menü“, dessen Grundsätze und Elemente intelligent situationsbezogen eingesetzt und an den persönlichen Managementstil angepasst werden können.

Der MSS stellt somit Grundsätze bereit, die Sie dabei unterstützen, Ihre Kompetenz so einzusetzen, dass Sie kulturelle Differenzen synergetisch

---

[158] Auf die Definition eines „westlichen“ oder „nördlichen“ Managementstil wird hier verzichtet. Er kann jedoch als tendenzieller Gegenpol aus mehreren der weiter unten dargestellten Managementgrundsätze abgeleitet werden.

nutzen und Konflikte weitgehend vermeiden können. Dabei erzielen Sie umso bessere Ergebnisse, je weniger Sie den MSS schematisch anwenden: Sie sollten die von Ihnen als geeignet bewerteten Managementgrundsätze auf ihre Akzeptanz testen und erst dann selektiv mit Ihrem persönlichen Managementstil verknüpfen. Auch wenn so national-kulturelle Kenntnisse nicht ersetzt und nicht-kulturelle Einflussfaktoren, wie persönliche Aspekte, Informationsnotwendigkeiten, internationale „Umweltbedingungen" aller Art, nur unvollständig erfasst werden können, werden Sie Ihre Ziele in einem multikulturellen Kontext bzw. in einer Vielzahl von „Süd-Ländern" leichter erreichen.

Der MSS ist kein „Welt-Managementstil". Er ist hierfür jedoch eine geeignete Grundlage. Durch den *beziehungsorientierten Ansatz* wird ein Bewusstsein für unterschiedliche Managementerwartungen geschaffen und die Einsicht in die Notwendigkeit eines interkulturell angepassten Managementverhaltens erleichtert. Kennen Sie die MSS-Grundsätze und Elemente und können Sie sie virtuos handhaben, steigt auch Ihre Aufmerksamkeit und Sensibilität für sonst leicht übersehene kontextrelevante Besonderheiten. Analog zum beziehungsorientierten Kommunikationsstil kann der MSS daher auch als *beziehungsorientierter Managementstil* (BMS) bezeichnet werden. Im Folgenden wird deshalb die Abkürzung MSS/BMS verwendet.

Um Missverständnissen vorzubeugen soll noch einmal betont werden, dass der MSS kein kohärentes, in sich geschlossenes System bietet, das auf alle interkulturellen Managementfragen Antworten bereitstellt. Kohärente Systeme werden zu Recht kritisiert, da sie für komplexe, sich ständig wandelnde, von Globalisierung beeinflusste Gesellschaften keine realitätsnahen Ansätze liefern können.[159] Vielmehr werden aus ähnlichen kulturellen Merkmalen Verhaltensgrundsätze abgeleitet, die mit hoher Wahrscheinlichkeit in vielen Kulturen funktionieren. Sie sollten sensibel angewandt werden, getragen von der Haltung, offen, flexibel und respektvoll mit Angehörigen anderer Kulturen zu interagieren.

---

[159] So setzt Hansen (2003), S. 248, der Vorstellung von Kohärenz den Begriff der Kohäsion entgegen. Diese sorge dafür, dass die Mitglieder einer Kultur mit deren Standardisierungen vertraut sind, auch wenn sie unterschiedlich damit umgehen; s.a. Haas (2009), S. 149f.

Zusammenfassung Kapitel 13

Unter einem Managementstil wird eine das Management prägende charakteristische Ausdrucks- und Handlungsweise verstanden, die aus einem miteinander verknüpften und für den Managementerfolg mitverantwortlichen, erweiterbaren Katalog von Handlungsgrundsätzen besteht. In einer interkulturellen Situation muss der persönliche Managementstil angepasst werden. Dies gelingt am besten, wenn handlungsrelevante kulturelle Aspekte bekannt sind und man eine Vorstellung hat, wie Mitarbeiter und Partner ihre soziale Umwelt wahrnehmen, interpretieren und verstehen und dementsprechend handeln. Interkulturelles Management findet jedoch immer mehr in Kontexten statt, die durch das Zusammentreffen von mehreren Personen mit jeweils unterschiedlichem kulturellem Hintergrund geprägt sind und mit denen simultan zielorientiert interagiert und kommuniziert werden muss. Auch wenn dies bekannt ist, so fehlen häufig Zeit, Informationen oder die Bereitschaft sich hierauf einzustellen.

Der Managementstil Süd oder Beziehungsorientierte Managementstil (MSS/BMS) leitet kulturübergreifende Managementgrundsätze aus interkulturellen Forschungsergebnissen ab. Er basiert wie der KSS/BKS auf der Annahme, dass bestimmte Kulturdimensionen bei einer größeren Gruppe von „Ländern des Südens" ähnliche Werte aufweisen. Ebenso wie dieser bietet er ein „Menü", dessen Grundsätze und Elemente intelligent situationsbezogen eingesetzt und an den persönlichen Managementstil angepasst werden können. Dabei sollten zunächst geeignete Managementgrundsätze auf ihre Akzeptanz getestet und erst dann selektiv mit dem eigenen Managementstil verknüpft werden. Bei seinem Einsatz in multikulturellen Situationen, wechselnden kulturellen Kontexten und in vielen „Süd"-Kulturen unterstützt er interkulturelle Manager dabei, kulturelle Differenzen synergetisch zu nutzen und Konflikte weitgehend zu vermeiden. Durch die Beschränkung auf kulturelle Grundmuster und Verhaltenselemente kann der MSS/BMS Komplexität reduzieren, Unsicherheit abbauen und Erfolgswahrscheinlichkeiten erhöht.

Der MSS/BMS ist kein „Welt-Managementstil". Er ist hierfür jedoch eine geeignete Grundlage. Durch den beziehungsorientierten Ansatz wird ein Bewusstsein für unterschiedliche Managementerwartungen geschaffen und die Einsicht in die Notwendigkeit eines interkulturell angepassten Managementverhaltens erleichtert.

14 Kulturdimensionen und Managementstil Süd

Der Managementstil Süd (MSS/BMS) baut ebenso auf kulturellen Erwartungen und Anforderungen auf, die sich aus den in Teil IV erläuterten Konstellationen der vier Kulturdimensionen hohe Kontextbedeutung, große Machtdistanz, starke Unsicherheitsvermeidung und Polychronie ergeben. Um einen erfolgreichen Managementstil mit Personengruppen, deren Verhalten durch diese kulturelle Konstellation geprägt ist, zu praktizieren, werden jetzt die managementrelevanten Grundsätze abgeleitet, wobei eventuell auftretende Widersprüche so weit wie möglich reduziert werden.[160]

Versuchen Sie für die vier vorgestellten Kulturdimensionen jeweils ein bis zwei Managementgrundsätze zu formulieren und vergleichen Sie Ihre Vorschläge anschließend mit den in diesem Kapitel vorgestellten MSS/BMS-Grundsätzen.

In den folgenden kurzen Beispielen[161] sind einige realitätsnahe Situationen skizziert, die Sie leicht mit den Kulturdimensionen in Verbindung bringen können.

Beispiele 5/2

Als Leiter einer Projektgruppe empfangen Sie die Delegation eines wichtigen chinesischen Kunden. Gleich zu dem ersten gemeinsam vereinbarten Termin kommen die Delegationsmitglieder über eine Stunde zu spät; in den Meetings stellen nur wenige Mitglieder meist merkwürdig klingende Fragen und als schließlich ein deutscher Projektteilnehmer einen Vorschlag des chinesischen Chefingenieurs zurückweist, erscheint die Delegation zum nächsten Termin gar nicht.

---

[160] Der MSS/BMS wurde gegenüber früheren Publikationen komprimiert, die Anzahl der Managementgrundsätze wurde auf zehn reduziert. Er wurde damit in der Substanz nicht verändert, allerdings konnten Doppelungen und Widersprüche eliminiert werden. Zudem trägt er dem Wunsch nach noch leichterer Erlernbarkeit und Praxisnähe Rechnung.

[161] Die Beispiele wurden zum Teil gekürzt und zum Teil wörtlich entnommen aus Haller/Nägele (2013), S. 250 ff.

Als neuer CEO einer Tochtergesellschaft in Shanghai teilen Sie sich mit dem bisherigen chinesischen Geschäftsführer eine Sekretärin. Diese kommt mit dem zunehmend größer werdenden Arbeitsumfang jedoch nicht zurecht, so dass Sie sie in einem größeren Arbeitsmeeting bitten, sich zu entscheiden, für wen sie zukünftig arbeiten möchte. Daraufhin verlässt sie empört das Meeting.

Mehrere Wochen vor Ihrer Rückkehr nach Deutschland sucht Sie ein leitender Mitarbeiter zusammen mit seinem Sohn auf. Sie unterhalten sich längere Zeit sehr angeregt und freundschaftlich. Zu Ihrer Überraschung macht er Ihnen beim Abschied mehrere Geschenke und erwähnt nebenbei, dass sein Sohn gerne in Deutschland studieren würde.

14.1 Hohe Kontextbedeutung

Erfolgreiches Management in Kulturen mit hoher Kontextbedeutung berücksichtigt analog zum Kommunikationsbereich neben der Sachebene den sozialen Kontext und die situativen Bedingungen der jeweiligen Situation. Über die bewusste Verknüpfung der Sach- mit der Beziehungsebene wird Vertrauen und Glaubwürdigkeit aufgebaut und somit ein höheres Maß an Zuverlässigkeit und Zielwirksamkeit erzielt. Wie bereits angesprochen, unterscheidet sich „hohe Kontextbedeutung“ hinsichtlich seiner Managementrelevanz nur wenig von Kulturen, die als *kollektivistisch*, *partikularistisch*, *extern gesteuert* oder *diffus* charakterisiert werden.[162] Wenn Sie in einem multikulturellen oder nicht eindeutig bestimmbaren Kontext oder in einem Umfeld, das den „Süd-Ländern“ zuzuordnen ist, tätig sind, sollten Sie, um erfolgreich agieren zu können, versuchen, die hieraus ableitbaren kulturellen Grundsätze anzuwenden.

(1) Personen, nicht Funktionen in den Mittelpunkt stellen

Grundlage für ein erfolgreiches Management sind Gestaltung und Pflege der sozialen Arbeits- und Partnerbeziehungen. Im Zentrum steht die Person und nicht ihre Funktion: Managementinteraktionen sind eingebettet in einen sozialen Kontext, von dem sie nicht getrennt als separate sachlogische Sphäre gesehen werden sollten. Sie sollten daher versuchen durch einen freundlichen und angemessen humorvollen Umgangston ein ange-

---

[162] vgl. hierzu die Überlegungen und Ableitungen in Teil IV

nehmes Arbeitsklima und Wir-Gefühl zu schaffen. Informationen, Anweisungen und Entscheidungen sollten durch kontextrelevante, die individuellen Voraussetzungen und Erwartungen der jeweiligen Person(en) berücksichtigende Zusatzinformationen ergänzt werden.

Der Umgang mit dem *Prinzip wechselseitigen Entgegenkommens*, also der Erwartung für Leistungen auch Gegenleistungen zu erhalten, erfordert in einem beziehungsorientierten Umfeld eine besonders hohe Sensibilität. Um sich keinen Korruptions- oder Bestechlichkeitsvorwürfen auszusetzen gelingt dies häufig nur durch eine höflich-phantasievolle Gratwanderung, bei der Interessen aller Beteiligten berücksichtigt werden müssen.

Da die erforderliche individuelle Fachkompetenz nicht immer im gewünschten Umfang vorausgesetzt werden kann, sind vernetzte Strukturen und Netzwerke linearen Strukturen vorzuziehen. Durch diese können zusätzlich benötigte Kenntnisse und Kompetenzen ergänzend bereitgestellt werden.

(2) Den Mitarbeitern Wertschätzung und Interesse entgegenbringen

Als Manager sollten Sie Partnern und Mitarbeitern höflich und mit *respektvoller Freundlichkeit* begegnen. Persönliche Beziehungen sollten zumindest zu den wichtigsten Mitarbeitern entwickelt werden. Hierfür können individuelle Erfahrungen, der berufliche Hintergrund oder familiäre Interessen genutzt werden. Dies erfordert persönliche Gespräche, die innerhalb und – falls möglich – außerhalb des Arbeitskontextes stattfinden können. Die individuellen Stärken und Schwächen und der persönliche (Erfahrungs-) Hintergrund der Mitarbeiter sollten im Arbeitskontext berücksichtigt werden. Sind persönliche Beziehungen nur zu ausgewählten Schlüsselpersonen möglich, sollten diese eine zentrale Mittlerfunktion im Managementprozess wahrnehmen.

Gemeinsamkeiten in Bezug auf die zu erreichenden Ziele, das Arbeitsverständnis, sollten ebenso wie persönliche Aspekte betont werden und die Grundlage für die Entwicklung oder die Stabilisierung eines Vertrauensverhältnisses bilden. Soziale, gruppenbezogene Aspekte sollten Sie bei wichtigen Interaktionen, wie Koordinations-, Kommunikations- und Informationsaktivitäten, berücksichtigen. Bei der Zusammenstellung von Arbeitsgruppen und Teams sowie in Teammeetings sollten daher neben fachbezogenen auch soziale Kriterien eine Rolle spielen.

Interventionen in Arbeitsabläufe von Mitarbeitern und Partnern und – falls erforderlich – eine enge Führung (Micro-Management) sollten Sie so durchführen, dass diese von den Betroffenen nicht als Kontrolle, sondern als Interesse an der eigenen Person und der Bedeutung ihrer Tätigkeit wahrgenommen wird. Regelmäßige Teamgespräche sollten zur Feinjustierung inhaltlicher und sozialer Aspekte genutzt werden. Notwendige Änderungen sollten ausführlich, möglichst in indirekter und für die betreffende Person nachvollziehbarer Form besprochen werden.

Zusammengefasst kommt es bei dem Umgang mit Angehörigen von Kulturen mit hoher Kontextbedeutung darauf an, offen für die auch über fachliche Aspekte hinausgehenden persönlichen und sozialen Erwartungen und Bedürfnisse zu sein. Diese sollten flexibel in das eigene Managementverhalten übersetzt und den Mitarbeitern freundlich und respektvoll begegnet werden. Um das erforderliche Vertrauensverhältnis aufzubauen kommt es vor allem auf den Aufbau von persönlichen Beziehungen, die Wertschätzung der Mitarbeiter und die Entwicklung eines Wir-Gefühls an.

Überlegen Sie, wie Sie in einer interkulturellen oder multikulturellen Managementsituation aus Ihrem beruflichen Erfahrungsbereich, die Sie möglicherweise bereits selbst erlebt haben, diese beiden Grundsätze umsetzen können.

14.2 Große Machtdistanz

Beispiele 5/3

Zu einem eintägigen internationalen Seminar mit 20 Teilnehmern, das um 9.00 Uhr beginnen soll, erscheint die wichtige Chair Person erst mit einer knapp zweistündigen Verspätung. Sie kann während dieser Verzögerungszeit telefonisch kontaktiert werden, gibt jedoch das Signal, dass ohne sie nicht begonnen werden solle, obwohl sie später, direkt im Anschluss an den verspäteten zeremoniellen Seminarauftakt, das Seminar wegen eines anderen Termins wieder verlassen wird. Verschiedene Vorschläge, etwa das Seminar informell zu beginnen, einen Stellvertreter zu benennen oder den deutschen Projektleiter das Seminar eröffnen zu lassen, werden abgelehnt.

In Kulturen mit großer Machtdistanz wird auf hierarchische und soziale Unterschiede Wert gelegt. Es gibt eine deutliche Distanz zu Höhergestellten, Vorgesetzten oder älteren Personen, die allgemein akzeptiert, betont und eingehalten wird. Der Status von Personen ist eng verknüpft mit Herkunft oder Alter und weniger mit Ergebnissen und Leistungen (*askriptive Kulturen*). Große Machtdistanz führt zu folgenden managementrelevanten Überlegungen:

(3) Bestehende hierarchische Strukturen sinnvoll einbinden

In wichtigen Zielsetzungs- und Entscheidungssituationen sollte in jedem Fall die Zustimmung der höheren Hierarchieebene, beispielsweise von ministeriellen Fachvorgesetzten, von leitenden Mitarbeitern oder Partnern, auch dann eingeholt werden, wenn dies formal nicht notwendig wäre.

Die bereitwillige Übernahme von Verantwortung durch Mitarbeiter ist kaum zu erwarten. Aufgaben mit einem größeren Verantwortungsbereich sollten Sie daher nur Personen übertragen, die hierfür die formale Voraussetzung oder Legitimation besitzen. Falls erforderlich, sollten Sie ihnen kompetente Mitarbeiter zuordnen.

(4) Autorität vermitteln und eindeutige Entscheidungen fällen

Alle Mitarbeiter, die verantwortungsvolle Aufgaben wahrnehmen, sollten eine fundierte Managementkompetenz besitzen, über ein klares Rollenverständnis verfügen und für ihre Tätigkeit eindeutig legitimiert sein. Dies gilt für Sie selbst und Ihre Mitarbeiter mit Entscheidungsbefugnissen. In einem durch widerstreitende und vielfältige Interessen geprägten interkulturellen Umfeld seine Ziele in einem akzeptablen Zeitrahmen erreichen zu können, setzt Autorität voraus.[163] Nur dann können Prozesse auch nach Ihren Vorstellungen gestaltet werden. Diese Autorität sollte sich möglichst auf „natürliche Autorität“ stützen, die sich gründet auf Professionalität und fachliche Kompetenz, eine entsprechende Ausbildung, berufliche Erfahrung sowie soziale und kulturelle Kompetenz.

Um das für die Durchsetzung von Führungsentscheidungen notwendige Vertrauen aufzubauen, sollten Sie verlässlich und vertrauenswürdig sein, klare Entscheidungen treffen und Prozesse, Anweisungen und Erklärungen eindeutig – und gegebenenfalls auch mehrfach – vermitteln.

---

[163] vgl. hierzu auch Braun (2013)

(5) Möglichkeiten für eigenständiges Handeln und Kreativität bereitstellen

Machtdistanz behindert Eigenständigkeit und Verantwortungsfreude von Mitarbeitern. Eine bereitwillige oder freiwillige Übernahme von Verantwortung oder pro-aktives Handeln, das sich zeigen kann in (kritischen) Rückfragen oder kreativen Lösungsvorschlägen, können Sie nicht selbstverständlich erwarten. Das gleiche gilt für die Äußerung eigener Meinungen und Wertungen. Geschieht dies trotzdem, etwa, weil Sie hierzu aufgefordert haben, sollten Sie diese Reaktionen zurückhaltend beurteilen und die Ursachen hierfür prüfen.

Versuchen Sie daher Möglichkeiten und Raum für eigenständiges und kreatives Handeln von Mitarbeitern, Projektbeteiligten und Partnern zu schaffen: Durch Delegation und Partizipation wird die Bereitschaft zu größerer Eigenständigkeit und zur Übernahme von mehr Verantwortung gesteigert. Dies kann zunächst schrittweise unter Anleitung und Beobachtung geschehen, um Irritationen durch zu hohe Unsicherheit (s.u.) zu vermeiden.

Zusammengefasst kommt es in Kulturen mit großer Machtdistanz darauf an, die vorhandenen Hierarchien in geeigneter Form einzubinden und die jeweiligen Erwartungen zu berücksichtigen. Die eigene Autorität sollte in hierarchischen Kontexten angemessen vermittelt und eindeutige Entscheidungen gefällt werden. Parallel dazu sollte schrittweise versucht werden, Raum für individuelle Entfaltungsmöglichkeiten und Eigenständigkeit sowie partizipative Mitwirkungsmöglichkeiten zu schaffen.

Wählen Sie einen der drei Grundsätze aus und überlegen Sie, ob und wie Sie diesen in der nächsten passenden interkulturellen Managementsituation umsetzen können.

14.3 Starke Unsicherheitsvermeidung

Wie bei der Besprechung des Kommunikationsstil Süd dargelegt, ist die Kulturdimension „starke Unsicherheitsvermeidung“ den meisten Ländern des Südens mit der Ausnahme von China und Indien zuzuordnen. Hierbei ist die „angestrebte Unsicherheitsvermeidung" deutlich größer als die „tatsächliche Unsicherheitsvermeidung".

Kulturen mit einem geringeren Grad an Akzeptanz von Unsicherheit und Risiko sind tendenziell weniger tolerant und offen gegenüber anderen und neuen Auffassungen und orientieren sich eher an Regeln und dem üblichen Verhalten der anderen. Damit ist die Bereitschaft, Verhaltensweisen zu variieren, Lernprozesse in Gang zu setzen und Innovationen umzusetzen, nicht sehr stark ausgeprägt.

Der Umgang mit Unsicherheit hängt von den jeweiligen Umständen ab. Trotz allgemein starker Unsicherheitsvermeidung können Personen auf bestimmte Ereignisse auch mit einer geringen Unsicherheitsvermeidung reagieren. Beispielsweise kann der Verlust von Beschäftigung oder das Eingehen von ökonomischen Risiken wegen eines Familienfests ohne größere Probleme akzeptiert werden. Andererseits wird das Risiko – meist im Zusammenhang mit bestehender Machtdistanz – einem Vorgesetzten nicht zuzustimmen oder seine eigene Meinung zu äußern eher vermieden. Die Relevanz für den Managementstil lässt sich wie folgt beschreiben:

(6) Gepflogenheiten beachten und Komplexität reduzieren

Kulturelle und organisationstypische Prozeduren und Gepflogenheiten sowie Regeln der Etikette sollten eingehalten und nur ausnahmsweise mit angemessener Begründung geändert werden. Prozessschritte, Anweisungen und Entscheidungen sollten Sie konkret und formal eindeutig formulieren und kommunizieren bzw. aushandeln. Dabei sollten Sie einfache Formulierungen wählen und schwierige Termini möglichst umschreiben.

Um nicht zu verwirren, sollten Begründungen eher sparsam eingesetzt werden. Sie sollten zudem nicht zu umfangreich oder umständlich ausfallen und eindeutig als solche erkennbar sein. Perfektionismus sollte vermieden werden. Je nach Situation empfiehlt sich ein „spiralförmiges" Vorgehen mit Wiederholungen und Rückfragen oder die Benutzung alternativer Darstellungsformen wie Bilder oder Geschichten.

Komplexe Aufgaben sollten in Teilaufgaben mit konkreten Zwischenzielen zerlegt, nacheinander abgearbeitet und getrennt voneinander überprüft werden. „Last minute"-Entscheidungen sollten Sie, wenn möglich, vermeiden.

(7) Verständnis sichern sowie Prozesse und Ergebnisse regelmäßig monitoren

Entscheidungen, Anweisungen oder Vorschläge werden ebenso wie die Einführung von Innovationen oder neuen Managementinstrumenten – etwa Leistungsindikatoren oder Monitoringverfahren – selten hinterfragt. Verständnis- oder Nachfragen sind eher selten, auch dann, wenn der Komplexitäts- oder Schwierigkeitsgrad hoch ist. Dies bedeutet aber nicht, dass alles verstanden oder gar akzeptiert wurde. Sie sollten daher nichts als selbstverständlich ansehen. Um zielkonformes Handeln zu erreichen und Fehler weitestgehend zu vermeiden, sollten Sie Bestätigungen einfordern und Ihrerseits Nachfragen stellen. Fragen, auf die nur mit ja oder nein geantwortet werden kann, sollten vermieden werden. Und natürlich sollten Mitarbeiter in Ihren Verantwortungs- und Aufgabenbereich sorgfältig eingearbeitet werden.

In Team- und Partnermeetings sollten Arbeits- und Projektfortschritte sowie Zielabstimmungen und notwendige Änderungen ausführlich und für alle Beteiligten nachvollziehbar besprochen werden. Widerstände gegen Neuerungen sollten ernst genommen werden. Ausführliche, „umständliche" und bürokratisch wirkende Reaktionen sollten Sie möglichst tolerieren, auch dann, wenn diese zu Zeitverzögerungen führen. Mitarbeiter und Partner verschaffen sich so mehr Sicherheit, sie gewinnen Zeit, Dinge besser zu verstehen und können ein abweichendes Verständnis in eigener Form zum Ausdruck bringen.

Durchführungsprozesse müssen vorausschauend, eng, aber auch pragmatisch-flexibel begleitet und Unsicherheiten schnell beseitigt werden. Ein angepasstes Monitoring ist Voraussetzung für das Erreichen von Zielen und Wirkungen. Benötigte Informationen sollten personenbezogen, präzise, zeitnah und auch mehrfach bereitgestellt werden. Regelmäßige Rückmeldungen und Status quo-Feststellungen schaffen Transparenz und erhöhen das Verständnis. Dies sichert die Beteiligten ab und erleichtert die Durchführung der nächsten Prozessschritte auf der Basis erreichter Teilziele.

Allerdings können Sie nicht unbedingt erwarten präzise informiert zu werden. Informationen, etwa zum Bearbeitungsstand oder zur Einhaltung von Qualitätsanforderungen müssen Sie selbst einzuholen – möglicherweise von verschiedenen Personen und mit unterschiedlichen Fragestellungen. Dies muss evtl. – unter Ankündigung der Informationswünsche – mit ausreichendem zeitlichem Vorlauf geschehen.

(8) Fehlende „Fehlerkultur" berücksichtigen

Das Eingestehen von Fehlern oder gar ein konstruktiver Umgang mit diesen (*Fehlerkultur*) ist nicht unbedingt zu erwarten. Verständnisschwierigkeiten und Probleme bei der Durchführung sollten Sie daher möglichst antizipieren, um sie frühzeitig verhindern zu können. Persönliche Schuldzuweisungen und offene Kritik müssen dabei vermieden und individuelle Lösungen in 4-Augen-Gesprächen, wozu auch ein ausdrückliches Lob für eine Fehlermeldung gehören kann, gefunden werden.

Ein Feedback zu individuellen Arbeitsleistungen, Fehlern oder zu Fehlverhalten sollte indirekt formuliert werden, wobei dem Prinzip der Gesichtswahrung (*Face Concept*) und dem Erkennen und der Vermeidung von Empfindlichkeiten ein hoher Stellenwert zukommt.

> *Zusammengefasst* kommt es in Kulturen mit starker Unsicherheitsvermeidung darauf an, (kulturelle) Gepflogenheiten einzuhalten und klare Anweisungen zu geben, um Komplexität zu reduzieren. Verhaltensweisen, die Unsicherheit hervorrufen oder verstärken könnten, müssen vermieden werden. Außerdem sollte darauf geachtet werden, dass das Verständnis der Mitarbeiter und Partner für Steuerungsentscheidungen und -prozesse gesichert wird. Der unzureichende Umgang mit Fehlern muss antizipiert und Implementierungsprozesse eng begleitet werden.

> *Welche Schwierigkeiten könnten sich bei der Umsetzung dieser Grundsätze in realitätsnahen interkulturellen Situationen ergeben? Und welche pragmatischen Lösungen schlagen Sie hierfür vor?*

14.4 Polychronie

Polychrone Zeitvorstellungen sind durch Simultanität, Spontaneität und Multi-Tasking charakterisiert, mehrere Dinge passieren nebeneinander, Unvorhergesehenes kann leicht integriert werden, Störungen stellen kein größeres Problem dar. Das genaue Einhalten von zeitlichen Vorgaben, von Planungsschritten und die Beachtung der Verbindlichkeit von Abmachungen stoßen dagegen auf Schwierigkeiten. Ein Polychronie berücksichtigender Managementstil sollte folgende Prinzipien beinhalten:

(9) Strukturen und Regeln vorgeben, aber flexibel handhaben

Strukturen und Regeln sollten als Ordnungsrahmen unbedingt vorgegeben werden, ihre Umsetzung aber flexibel gehandhabt werden, so dass Abweichungen, Alternativen und individuelle Gestaltungsspielräume möglich werden. (Allzu) enge Zeitvorgaben und Zeitfenster sollten Sie vermeiden und Zeitpuffer schon vorab einplanen.

Grundsätzlich sollte offen und angemessen humorvoll auf „Nicht-Erwartetes" reagiert werden. Soweit machbar, bezieht sich dies auch auf Verzögerungen und unerwartete Reaktionen sowie auf – unverbindlich gemeinte – Zusagen oder auch die Nicht-Einhaltung von Vereinbarungen.

(10) Vielfalt und Mehrdimensionalität synergetisch nutzen

Alternative Vorgehensweisen und Methoden, wie ein spielerisches, versuchsweises Herangehen an neue Aufgaben, etwa durch *Trial and Error,* sollten zugelassen und als Chance, Synergieeffekte zu erzielen, begriffen werden. *Multi-Tasking* und Abwechslungen, etwa durch *Job Rotation,* sollten eingeplant werden. Hilfreich dabei ist es, kurzfristige Teil-Ziele zu definieren und ihre Erreichung zu kontrollieren.

Insgesamt sollte ein ganzheitlicher Ansatz gegenüber einem sequentiell-systematischen Ansatz bevorzugt werden. Für Visualisierungen eignen sich Mindmaps, Bilder oder animierte Präsentationen besser als Ablaufdiagramme und Aufzählungen.

Die Potenziale von Mitarbeitern und Partnern mit nicht-linearen Lebensläufen und Karrieren oder nicht einschlägigen Erfahrungen können interessant sein und sollten unbedingt berücksichtigt werden. Chancen kultureller Vielfalt sollten für Synergieeffekte und alternative Lösungen kreativ genutzt werden.

Alle 10 Managementgrundsätze bilden zusammen mit den verschiedenen Einzelaspekten den *Managementstil Süd* bzw. den *beziehungsorientierten Managementstil.* Parallelen mit dem KSS/BKS sind beabsichtigt, wobei zuvor bereits angesprochene Kommunikationsaspekte bei der Darstellung des MSS/BMS konsequenterweise ausgeklammert bleiben.

Ein Hinweis: Betrachtet man die aus den ersten drei erörterten Kulturdimensionen abgeleiteten Managementgrundsätze im Hinblick auf nicht sofort erkennbare Ähnlichkeiten, könnte man auch von differenzierten Strategien zur Schaffung von *Sicherheit* und *Vertrauen* sprechen. Diese Strategien spielen gerade in kulturellen Sub-Strukturen, in denen die Identität mit größeren Einheiten, wie etwa der Nation, nicht ausgeprägt ist, eine besondere Rolle.

Zusammengefasst kommt es in polychron orientierten Kulturen darauf an, Strukturen und Prozesse vorzugeben, diese aber offen zu gestalten und flexibel zu handhaben und regelmäßig zu kontrollieren. Synergien und Vorteile von Vielfalt und Mehrdimensionalität sollen erkannt und genutzt werden.

Stellen Sie sich eines der beiden folgenden Szenarien vor und überlegen Sie, welche fünf Managementgrundsätze Sie wahrscheinlich einsetzen können und auch werden.

- *Als Vertriebsmanager mit Büro in München sind Sie ab sofort für die Region Südeuropa, Nordafrika und Nahost zuständig. Hierzu gehört auch die Personalverantwortung für mehrere kleinere Vertriebsniederlassungen in den betreffenden Ländern.*
- *Sie sind Leiter eines großen auf zwei Jahre befristeten technischen Entwicklungsprojekts eines deutschen Automobilherstellers. Ihr sehr heterogenes Team setzt sich aus Mitarbeitern und Experten aus zehn verschiedenen Ländern zusammen. Projektstandort ist Madrid, einige Projektmitarbeiter arbeiten allerdings in den Büros ihrer Heimatländer.*

Zusammenfassung Kapitel 14

Der Managementstil Süd oder Beziehungsorientierte Managementstil (MSS/BMS) leitet sich ebenso aus kulturellen Erwartungen und Anforderungen ab, die sich aus den bereits erläuterten Konstellationen der vier Kulturdimensionen hohe Kontextbedeutung, große Machtdistanz, starke Unsicherheitsvermeidung und Polychronie ergeben. Parallelen mit dem KSS/BKS sind beabsichtigt, wobei zuvor bereits angesprochene Kommunikationsaspekte bei der Darstellung des MSS/BMS ausgeklammert bleiben.

Zusammengefasst kommt es bei dem Umgang mit Angehörigen von Kulturen mit *hoher Kontextbedeutung* darauf an, offen für die auch über fachliche Aspekte hinausgehenden persönlichen und sozialen Erwartungen und Bedürfnisse zu sein. Diese sollten flexibel in das eigene Managementverhalten übersetzt und den Mitarbeitern freundlich und respektvoll begegnet werden. Um ein Vertrauensverhältnis aufzubauen kommt es vor allem auf die persönlichen Beziehungen, die Wertschätzung der Mitarbeiter und die Entwicklung eines Wir-Gefühls an. In Kulturen mit *großer Machtdistanz* sollten die vorhandenen Hierarchien in geeigneter Form eingebunden und die jeweiligen Erwartungen berücksichtigt werden. Die eigene Autorität sollte angemessen vermittelt und eindeutige Entscheidungen gefällt werden. Parallel dazu soll versucht werden, Raum für individuelle Entfaltungsmöglichkeiten und Eigenständigkeit sowie partizipative Mitwirkungsmöglichkeiten zu schaffen. In Kulturen mit *starker Unsicherheitsvermeidung* kommt es darauf an, Gepflogenheiten einzuhalten und klare Anweisungen zu geben, um Komplexität zu reduzieren. Verhaltensweisen, die Unsicherheit hervorrufen oder verstärken könnten, müssen vermieden werden. Außerdem sollte darauf geachtet werden, dass das Verständnis der Mitarbeiter und Partner für Steuerungsentscheidungen und -prozesse durch geeignete Maßnahmen gesichert wird. Der unzureichende Umgang mit Fehlern muss antizipiert und Implementierungsprozesse eng begleitet werden. Für *polychron orientierte* Kulturen gilt es, Strukturen und Prozesse vorzugeben, diese aber offen zu gestalten und flexibel zu handhaben und regelmäßig zu kontrollieren. Synergien und Vorteile von Vielfalt und Mehrdimensionalität sollen erkannt und genutzt werden.

15 Die zehn Managementgrundsätze des MSS/BMS

15.1 Kulturdimensionen und Managementgrundsätze

In der folgenden Übersicht werden die vorangegangenen Überlegungen tabellarisch zusammengefasst:

Kulturdimension	Managementstil Süd (MSS/BMS)	
	Managementgrundsätze	**Elemente und Beispiele**
Hohe Kontextbedeutung *„Personen in den Mittelpunkt stellen"*	(1) Personen, nicht Funktionen in den Mittelpunkt stellen	• Den jeweiligen sozialen Kontext berücksichtigen und Anweisungen, Entscheidungen und Informationen mit kontextangemessenen Zusatzinformationen ausstatten • Durch einen freundlichen und angemessen humorvollen Umgangston ein angenehmes Arbeitsklima schaffen • Fachkompetenz durch vernetzte Strukturen sicherstellen
	(2) Den Mitarbeitern Wertschätzung und Interesse entgegenbringen	• Mitarbeitern höflich und mit respektvoller Freundlichkeit begegnen, Gemeinsamkeiten und die Tatsache, dass Ziele, Wirkungen und Ergebnisse nur gemeinsam erreicht werden können, betonen • Persönliche Beziehungen aufbauen, die individuellen Stärken und Schwächen und möglichst auch den persönlichen Hintergrund der Mitarbeiter kennen und diese bei Interaktionen einbeziehen • Interventionen so durchführen, dass diese als Interesse an der Person und deren Tätigkeit wahrgenommen werden

Kulturdimension	**Managementstil Süd (MSS/BMS)**	
	Managementgrundsätze	**Elemente und Beispiele**
Große Machtdistanz *„Hierarchien, Formalitäten und Autoritäten angemessen berücksichtigen"*	(3) Bestehende hierarchische Strukturen sinnvoll einbinden	• Höhere Hierarchieebenen, z.B. bei Partnerorganisationen oder Fachvorgesetzte, einbinden • Aufgaben und Verantwortung nur Personen übertragen, die hierfür auch formal legitimiert sind, und durch kompetente Mitarbeiter unterstützen
	(4) Autorität vermitteln und klare Entscheidungen fällen	• Über ein klares Rollenverständnis, fundierte Managementkompetenz und natürliche Autorität verfügen, die sich auf Professionalität, Ausbildung und Erfahrung stützt • Klare Entscheidungen treffen, Anweisungen und Erklärungen eindeutig vermitteln und nachhalten, verlässlich und vertrauenswürdig sein
	(5) Möglichkeiten für eigenständiges Handeln und Kreativität bereitstellen	• Pro-aktives Handeln, kritische Rückfragen, kreative Vorschläge sowie eigene Meinungen und Wertungen nicht selbstverständlich erwarten • Keine bereitwillige Übernahme von Verantwortung erwarten, aber Möglichkeiten für eigenständiges Handeln schaffen • Aufgaben delegieren, Mitarbeiter sorgfältig anleiten und beobachten
Starke Unsicherheitsvermeidung *„Komplexität reduzieren, Verständnis sichern und ‚gesichtswahrend' kommunizieren"*	(6) Gepflogenheiten beachten und Komplexität reduzieren	• Kulturelle und organisationstypische Prozeduren und Gepflogenheiten beachten • Prozessschritte, Anweisungen und Entscheidungen konkret und eindeutig formulieren und kommunizieren und komplizierte Begründungen vermeiden

Kultur-dimension	Managementstil Süd (MSS/BMS)	
	Management-grundsätze	**Elemente und Beispiele**
		• „Spiralförmig" vorgehen und Wiederholungen einplanen, komplexe Aufgaben in Teilaufgaben mit konkreten Zwischenzielen zerlegen, nacheinander bearbeiten lassen und getrennt überprüfen
	(7) Verständnis sichern sowie Prozesse und Ergebnisse regelmäßig monitoren	• Nichts als selbstverständlich ansehen: Bestätigungen und Informationen aktiv einholen, konkrete (Nach-)Fragen stellen, auf (zu) rasche Akzeptanz und fehlende Fragen mit Rückfragen reagieren • Widerstände ernst nehmen, umständliche Reaktionen tolerieren, Arbeitsfortschritte und Änderungen ausführlich besprechen • Durchführungsprozesse vorausschauend, pragmatisch-flexibel begleiten und monitoren und durch regelmäßiges Feststellen des *status quo* Transparenz schaffen • Präzise, situations- und personenbezogen informieren
	(8) Fehlende „Fehlerkultur" antizipieren und Umsetzungsprozesse eng begleiten	• Kein Eingestehen von Fehlern oder Fehlverhalten erwarten, Schwierigkeiten antizipieren und frühzeitig Unterstützung bereitstellen • Direkte (persönliche) Schuldzuweisungen und Kritik vermeiden und individuelle Lösungen für Konflikte suchen, dabei „gesichtswahrend" indirekt kommunizieren und Empfindlichkeiten berücksichtigen

Kultur-dimension	Managementstil Süd (MSS/BMS)	
	Management-grundsätze	**Elemente und Beispiele**
Polychronie *„Mit unerwarteten Reaktionen und Vielfalt konstruktiv umgehen"*	(9) Strukturen vorgeben, aber flexibel handhaben	• Strukturen und Regeln vorgeben, ihre Durchsetzung jedoch flexibel handhaben und individuelle Gestaltungsspielräume ermöglichen • Sehr enge Zeitvorgaben vermeiden und Zeitpuffer einplanen sowie auf Verzögerungen, unerwartete Reaktionen, aber auch unverbindlich gemeinte Zusagen offen und ggf. humorvoll reagieren
	(10) Vielfalt und Mehrdimensionalität synergetisch nutzen	• Systematisch-sequentielle Vorgehensweisen durch ganzheitliche Ansätze, Bilder und Visualisierung ergänzen oder ersetzen • Spielerisches, versuchsweises Herangehen an neue Aufgaben fördern *(trial and error)*, *Multi-Tasking* unterstützen, Abwechslungen *(job rotation)* einplanen

Abbildung 5/1: MSS/BMS: Managementgrundsätze und Beispiele

Schauen Sie nun noch einmal die Beispiele 5/2 an. Welche Lösungen schlagen Sie vor?

Abbildung 5/2 zeigt nun noch einmal die Managementgrundsätze auf einen Blick:

Management-prozesse	**Ziele setzen, planen, entscheiden** • Hierarchische Strukturen einbinden • Autorität vermitteln • Gepflogenheiten beachten und Komplexität reduzieren • Verständnis sichern und monitoren • Strukturen flexibel handhaben	**Koordinieren, organisieren** • Personen in den Mittelpunkt stellen • Autorität vermitteln • Möglichkeiten für eigenständiges Handeln schaffen • Gepflogenheiten beachten und Komplexität reduzieren • Verständnis sichern und monitoren • Strukturen flexibel handhaben	**Kontrollieren, monitoren, Feedback geben** • Wertschätzung und Interesse zeigen • Autorität vermitteln • Verständnis sichern und monitoren • Fehlende Fehlerkultur berücksichtigen • Strukturen flexibel handhaben
Führung	**Visionen, Strategien entwickeln** • Hierarchische Strukturen einbinden • Gepflogenheiten beachten und Komplexität reduzieren • Strukturen vorgeben aber flexibel handhaben • Vielfalt und Mehrdimensionalität nutzen	**Informieren, Kommunizieren** • Personen in den Mittelpunkt stellen • Wertschätzung und Interesse zeigen • Hierarchische Strukturen einbinden • Gepflogenheiten beachten und Komplexität reduzieren • Verständnis sichern und monitoren • Vielfalt und Mehrdimensionalität nutzen	**Motivieren** • Personen in den Mittelpunkt stellen • Wertschätzung und Interesse zeigen • Möglichkeiten für eigenständiges Handeln schaffen • Fehlende Fehlerkultur berücksichtigen • Vielfalt und Mehrdimensionalität nutzen

Abbildung 5/2: Überblick: Managementgrundsätze

15.2 Managementdimensionen und Managementgrundsätze

Alle interkulturellen Grundsätze des MSS/BMS haben ihre Berechtigung, allerdings sind einige in bestimmten Managementsituationen besonders wichtig. Zu Anfang wurden Managementprozesse und Führung als zwei der drei Dimensionen des Managements besprochen.[164]

Stellen Sie sich nun zwei interkulturelle Managementsituationen vor, beispielsweise die Planung einer Marketingkampagne und eine Situation, in der Sie Ihre Mitarbeiter in einer kritischen Situation zu größerer Leistung motivieren wollen. Welche Grundsätze sollten Sie hier besonders beachten?

Die bisherige Darstellung bezieht die Managementgrundsätze auf die ausgewählten Kulturdimensionen. Für die Erklärung und das Verständnis ist dies gut geeignet, für ihren konkreten Einsatz kann es dagegen praktikabler sein, diese direkt mit den Managementdimensionen zu verknüpfen.

Wie zuvor definiert, soll unter *Management* die laufende professionelle Gestaltung, Steuerung und Entwicklung von komplexen Strukturen und Prozessen zur Erreichung von Zielen einer Organisation verstanden werden, wobei drei *Dimensionen* des Managements zu unterscheiden sind: *Managementfelder*, *Managementprozesse* und *Führung* (Leadership). Um *interkulturelles Management* handelt es sich dann, wenn dieses in einem Kontext stattfindet, der von dem Zusammentreffen von zwei oder mehr unterschiedlichen Kulturen geprägt ist.

Eine Frage, die sich nach der Ableitung der Elemente des MSS/BMS stellt, ist, wie sich diese den verschiedenen Managementdimensionen, zuordnen lassen. In Abbildung 5/2 werden ausgewählte Teilbereiche der *Managementprozesse* und der *Führung* – auf die Zuordnung zu den *Managementfeldern* wird hier verzichtet – zu sechs Clustern zusammengefasst.[165] Die Managementgrundsätze in verkürzter Form werden dann den Clustern zugeordnet. Dabei zeigt sich, dass die kontextorientierten und polychroniebezogenen Grundsätze für die strategischen Managementaufgaben eine geringere Bedeutung haben, während für die anderen Bereiche entweder alle oder zumindest die meisten Managementgrundsätze relevant sind. Abb. 5/3 zeigt die Managementgrundsätze noch einmal im Überblick.

---

[164] vgl. Kapitel 3.2 und 4.4

[165] vgl. hierzu die Abbildungen 2/11 und 2/12

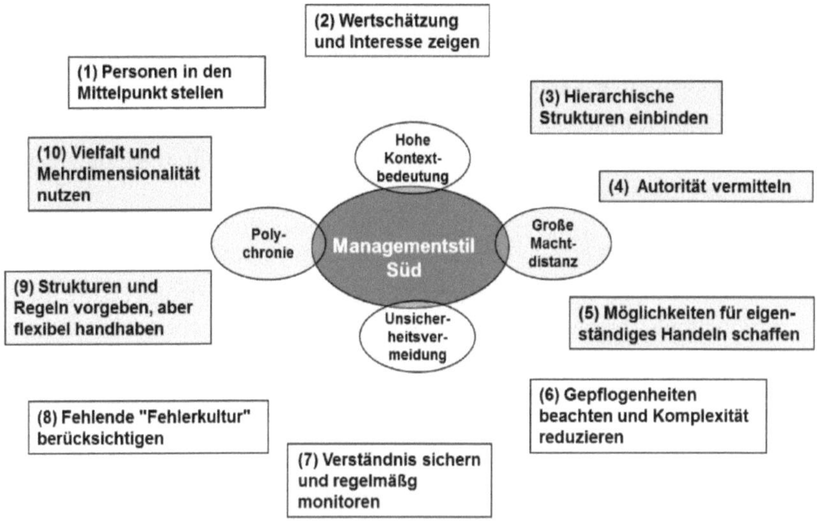

Abbildung 5/3: Managementdimensionen und Managementgrundsätze

Wählen Sie für jedes der sechs genannten Cluster zwei Managementgrundsätze aus, die Ihnen besonders wichtig erscheinen und finden Sie jeweils ein Beispiel – möglichst aus Ihrer beruflichen Praxis.

15.3 Schritte zur Umsetzung des Managementstil Süd

Vorschläge statt Regeln – Adaption statt Übernahme

Die individuelle Auseinandersetzung mit dem MSS/BMS und dessen Integration in den eigenen Managementstil ist analog der beschriebenen Vorgehensweise bei dem Kommunikationsstil Süd vorstellbar:

Schritt 1: Analyse

Überprüfen Sie zunächst Ihr jetziges oder künftiges berufliches Umfeld im Hinblick auf Art, Umfang und Bedeutung der multi- und interkulturellen Managementsituationen. Falls Ihre multikulturellen Kontakte oder Ihre beruflichen Interaktionen mit Angehörigen „südlicher“ Kulturen zugenommen haben oder zunehmen werden, sollten Sie Ihr in solchen multikulturellen Situationen praktiziertes Managementverhalten analysieren. Dies ist vor allem dann sinnvoll, wenn Ihre Aktivitäten in diesem Bereich von Ihnen entweder als besonders relevant oder die Kontakte als ziemlich kompliziert eingeschätzt werden. Sollte Sie die Analyse Ihres Managementstils zufriedenstellen, können die nächsten Schritte entfallen.

Falls Sie jedoch Optimierungsmöglichkeiten gefunden oder Grenzen der Wirksamkeit Ihres Managementstils entdeckt haben, sollten Sie die nächsten Schritte unternehmen.

Schritt 2: Erkenntnis

Sie sollten nun den MSS/BMS grundsätzlich als einen erfolgversprechenden Managementansatz für multikulturelle Situationen verstehen und akzeptieren. Ihren eigenen Managementstil überprüfen Sie dann dahingehend, ob Sie bereits einige Grundsätze des MSS/BMS anwenden und zusätzlich, ob Sie ihn durch weitere MSS/BMS-Elemente ergänzen oder modifizieren möchten. Diese Grundsätze und Elemente sollten Sie dann bewusst auswählen.

Schritt 3: Testen/Anpassung

Nachdem Sie sich aktiv mit den verschiedenen Grundätzen und Elementen und deren Anwendungsmöglichkeiten auseinandergesetzt haben, sollten Sie diese auch schrittweise, systematisch und wiederholt einsetzen. Im Verlauf dieses Prozesses überprüfen Sie bitte, ob diese zu Ihnen und Ihrem Managementstil passen und auch, ob Sie noch weitere Grundsätze regelmäßig anwenden sollten. Das Ergebnis dieses Schrittes ist die Integration der passenden Managementgrundsätze in Ihren Managementstil.

Schritt 4: Umsetzung

Ihren neuen erweiterten persönlichen Managementstil wenden Sie nun regelmäßig in multi- oder interkulturellen Situationen an mit dem Ziel, in diesem Umfeld und diesen Situationen (noch) bessere Ergebnisse zu erreichen. Dabei sollten Sie evaluieren, ob die Anwendung des MSS/BMS erforderlich und angemessen ist bzw. ob der Einsatz einiger Grundsätze oder Elemente vielleicht gar nicht erforderlich ist oder nur in modifizierter Form erfolgen sollte.[166] In diesem Prozessschritt lernen Sie weiter, experimentieren und finden möglicherweise weitere nützliche Grundsätze und entwickeln so Ihren persönlichen interkulturellen Managementstil. Abbildung 5/4 zeigt die Schritte noch einmal im Überblick.

---

[166] s.a. Beamer/Varner (2008), S. XVI–XVII

Analyse	Erkenntnis	Testen / Anpassung	Umsetzung
• Analyse des eigenen beruflichen Umfelds und Einschätzung des eigenen MS • Kulturelle Differenzen und Multikulturalität begrenzen die Wirksamkeit des eigenen MS • **Einsicht in die Notwendigkeit den eigenen MS an multikulturelle Anforderungen anzupassen**	• Grundsätzliche Akzeptanz des MSS/BMS für multikulturelle Situationen • Analyse und Beurteilung des eigenen MS anhand der Kriterien des MSS/BMS • **Einschätzung der Ergänzungs- und Modifikationsnotwendigkeit des eigenen MS durch den MSS/BMS**	• Verstehen, lernen und anwenden der MSS/BMS-Grundsätze • Überprüfung des eigenen MS im Hinblick auf konkrete Integrationsmöglichkeiten des MSS/BMS • **Anpassung und Integration von MSS/BMS-Grundsätzen an bzw. in den eigenen MS** *MS = Managementstil*	• Praktizieren von MSS/BMS-Grundsätzen in multikulturellen Situationen • Testen und evaluieren, ob diese erforderlich und angemessen sind und ggf. laufende weitere Anpassung • **Weiterlernen: Entwickeln eines eigenen interkulturellen MS**

Abbildung 5/4: Schritte zur Umsetzung des Managementstil Süd

Falls Sie diesen Schritten zur Umsetzung des MSS/BMS folgen, wozu ich Sie motivieren möchte, würde ich mich freuen, wenn Sie uns Ihre hiermit gemachten Erfahrungen mitteilen würden. Natürlich würde es auch interessieren, ob Sie die folgenden abschließenden Beobachtungen teilen.

Angesichts des weiter zunehmenden globalen Wettbewerbs steigen die interkulturellen Herausforderungen für alle Unternehmen. Wie erwähnt, wird die Bedeutung interkulturellen Managements von den Unternehmen zwar wahrgenommen, aber noch zu wenig in weiterführende Aktivitäten umgesetzt.[167] Dies kann auch damit zusammenhängen, dass es noch zu wenige praxistaugliche und vielseitig einsetzbare Modelle mit konkreten Umsetzungsvorschlägen für ein systematisches interkulturelles Management gibt. Mit dem Managementstil Süd oder Beziehungsorientierten Managementstil liegt ein solches Modell vor, das vor allem für individuelle kompetenzerhöhende Ansätze von Mitarbeitern geeignet ist und folgende Vorteile aufweist:

---

[167] vgl. Kapitel 6

Sie haben schnelle Erfolge

... weil der MSS/BMS Bekanntes in einem neuen Ansatz kombiniert, so dass Sie mit geringem Aufwand erfolgreich sein können: 20% Aufwand – 80% Erfolg. Der Menüansatz erlaubt es mit einzelnen Grundsätzen zu beginnen und schnell Erfolge zu erzielen.

Sie fühlen sich sicherer

... weil Sie ein Konzept für komplexe, unübersichtliche interkulturelle Situationen zur Verfügung haben, das Sie schrittweise in Ihren eigenen Managementstil integrieren können. Interkulturelle Kompetenz beginnt mit dem ersten Schritt. Mit jedem Schritt gewinnen Sie zusätzliche Kompetenz und Sicherheit.

Sie sind zufriedener

... weil Sie wissen, was andere von Ihnen erwarten. Sie fühlen sich gut, weil Sie richtig reagieren und merken, dass Sie besser „ankommen“ und mit ungewohnten Situationen besser zurechtkommen.

Sie sind innovativ

... weil Sie einen neuen interessanten Ansatz testen, experimentieren und Erfahrungen sammeln können. Lassen Sie einzelne Grundsätze weg, die nicht zu Ihrem Stil passen, verstärken Sie andere oder ergänzen sie den MSS/BMS durch zusätzliche Varianten.

Zusammenfassung Kapitel 15

Die bisherige Darstellung bezieht die Managementgrundsätze auf die ausgewählten Kulturdimensionen, es kann aber praktikabel sein, sie den verschiedenen Managementdimensionen zuzuordnen. Hierzu können Teilbereiche der *Managementprozesse* und der *Führung* zu sechs Clustern zusammengefasst werden: (1) Ziele setzen, planen und entscheiden, (2) Koordinieren und organisieren, (3) Kontrollieren, monitoren und Feedback geben, (4) Visionen und Strategien entwickeln, (5) Informieren und kommunizieren und (6) Motivieren. Dabei zeigt sich, dass die kontextorientierten und polychroniebezogenen Grundsätze für die strategischen Managementaufgaben eine geringere Bedeutung haben, während für die anderen Bereiche entweder alle oder die meisten Managementgrundsätze relevant sind.

Ebenso wie der KSS/BKS sollten auch die Managementgrundsätze des MSS/BMS nicht pauschal übernommen und schematisch angewandt werden. Vielmehr sollte das eigene Managementverhalten reflektiert und überlegt werden, ob es sich bisher in interkulturellen Situationen bewährt hat. Anschließend sollte es mit den Grundsätzen des MSS/BMS verglichen und überprüft werden, ob in einigen Bereichen möglicherweise Anpassungsbedarf besteht. Erst wenn man zu dem Ergebnis gelangt, dass es für bestimmte multi- oder interkulturelle Situationen nützlich sein könnte, den eigenen Stil zu modifizieren, sollten passende Elemente des MSS/BMS ausgewählt, gelernt und in multi- oder interkulturellen Situationen angewandt werden. So praktiziert, bietet der MSS/BMS eine hohe Erfolgswahrscheinlichkeit bei vergleichsweise geringem Lernaufwand. Mit steigender Sicherheit erhöht sich die eigene Zufriedenheit, u.a. deswegen, weil besser mit den Erwartungen Anderer umgegangen werden kann. Dabei kann experimentiert und Neues ausprobiert werden und der eigene Managementstil durch neue Varianten ergänzt und verändert werden.

Teil VI: Interkulturelle Projekte

Durch interkulturelle Kompetenzen können Sie Ihre Erfolgswahrscheinlichkeit in interkulturellen Situationen erhöhen. Dies gilt für alle Bereiche des Managements oder für Beratungssituationen und ebenso für interkulturelle Projekte. Wir klären daher zunächst, was man unter interkulturellen Projekten versteht und worin deren Besonderheiten liegen. Eine wichtige Rolle spielen hierbei Planungsprozesse und Erfolgsmessungen.

Überlegen Sie bitte, welches interkulturelle Projekt Sie in Angriff nehmen könnten, um in Ihrem beruflichen Umfeld noch erfolgreicher zu werden (Beispiele finden Sie weiter unten). Werden Planung und Erfolgsmessung dieses Projekts von nicht-interkulturellen Projekten abweichen? Bitte wählen Sie das Projekt sorgfältig aus, da es Sie durch die nächsten Kapitel begleiten wird. Überprüfen Sie Ihre ersten Überlegungen im Anschluss an die Lektüre der letzten Kapitel.

16 Versuch einer Typologie

Während *Projekte* und *internationale Projekte* in einer Vielzahl von Publikationen behandelt werden, ist die Literatur zu der Thematik dieses Kapitels überschaubar. Mit dem Versuch, eine *Typologie interkultureller Projekte* zu entwerfen, Spezifika der *Planung* sowie der potenziellen *Ergebnisse* und der *Ergebniskontrolle* darzustellen, soll eine Diskussion zentraler Aspekte dieses Projekttypus' angeregt werden.

16.1 Abgrenzung interkultureller Projekte

Ein Projekt ist meist ein einmaliges Vorhaben, bei dem in einer definierten Zeitspanne, unter Berücksichtigung zeitlicher, personeller und finanzieller Restriktionen, ein von einem Auftraggeber definiertes Ziel erreicht werden soll.[168] Damit stehen mindestens drei zentrale Elemente in Wechselbeziehungen zueinander (vgl. Abbildung 6/1):

Abbildung 6/1: Projektelemente

168 in Anlehnung an DIN 69901. Die meisten Überlegungen und Schlussfolgerungen gelten auch für Projekte, die, beispielsweise als Forschungsprojekte, keinen externen Auftraggeber haben, sondern in „eigenem Auftrag" geplant und durchgeführt werden. Auf Besonderheiten dieses Projekttyps wird hier nicht weiter eingegangen.

- der Auftraggeber – oder der Initiator – mit seinen Zielen und Erwartungen sowie seinen finanziellen Mitteln,
- das Projektteam mit seinen Mitgliedern Kompetenzen und individuellen Zielen und
- das Projektthema, einschließlich der Planung, Durchführung und der Ergebnisse.

Zudem spielen die diversen Rahmenbedingungen für das Projekt eine wichtige Rolle.

Ein interkulturelles Projekt ist zunächst ein Projekt, bei dem mindestens eines der drei Elemente „interkulturell" ist, also durch das Zusammentreffen von mindestens zwei Kulturen gekennzeichnet ist. Die Bezeichnung „interkulturelles Projekt" impliziert dabei, dass „Interkulturalität" für die Projektgestaltung oder seine Ergebnisse Relevanz besitzt.

Interkulturelle Projekte lassen sich weiter danach unterscheiden, ob die *Projektakteure* unterschiedlichen Kulturen angehören oder ob das *Projektthema* interkulturell ist. Im ersten Fall ist das Projektteam multikulturell zusammengesetzt[169] oder die Mitglieder des Projektteams und der Auftraggeber stammen aus unterschiedlichen Kulturen. Dies sind auch Projekte, die ganz oder teilweise in einem kulturanderen Umfeld durchgeführt werden, meist mit Partnern der „Gastkultur". Diese Konstellation ist durchgängig in Vorhaben der internationalen Entwicklungszusammenarbeit gegeben.[170] Im zweiten Fall behandelt das Projekt selbst interkulturelle Frage- oder Problemstellungen, die sich im eigenen Land oder in anderen Ländern ergeben oder ergeben werden.[171]

> Verdichtet man nun diese verschiedenen Aspekte, so können als **interkulturelle Projekte im weiteren Sinne** (i.w.S.) solche Projekte bezeichnet werden, bei denen entweder die Projektakteure *oder* das Projektthema interkulturell sind.

Diese „weite" Definition ist aber nicht unproblematisch. Handelt es sich wirklich schon um ein „interkulturelles" Projekt, wenn das achtköpfige Projektteam, das einen Lösungsvorschlag für ein technisches Problem im deutschen Mutterhaus in Deutschland erarbeiten soll, aus neun Deutschen

---

169 vgl. Miedaner (2009); Peters (2009)

170 vgl. Hauser (2009)

171 vgl. Märtens (2009); Mahadevan (2009); Miedaner (2009)

und einem Österreicher besteht? Oder wenn bei der gleichen Konstellation ein Teammitglied ein eintägiges Interview bei der US-amerikanischen Tochtergesellschaft, also in einem kulturanderen Kontext, durchführt? Sicherlich würde hier die oben genannte Hypothese, dass diese Form der Interkulturalität für die Projektgestaltung oder seine Ergebnisse relevant sei, eher abgelehnt werden müssen. Die Tatsache, dass Projektteilnehmer nicht der gleichen Kultur angehören, ist zu berücksichtigen und wird sich möglicherweise auch auf die Projektdurchführung auswirken. Für die Klassifizierung des Projekttyps ist dieses Kriterium aber nicht ausreichend.

Aus diesem Grund soll im Folgenden, nur dann von einem **interkulturellen Projekt** gesprochen werden, nun jedoch im **engeren Sinne**, i.e.S., wenn das Projekt ein interkulturelles Thema oder eine interkulturelle Problemstellung behandelt.

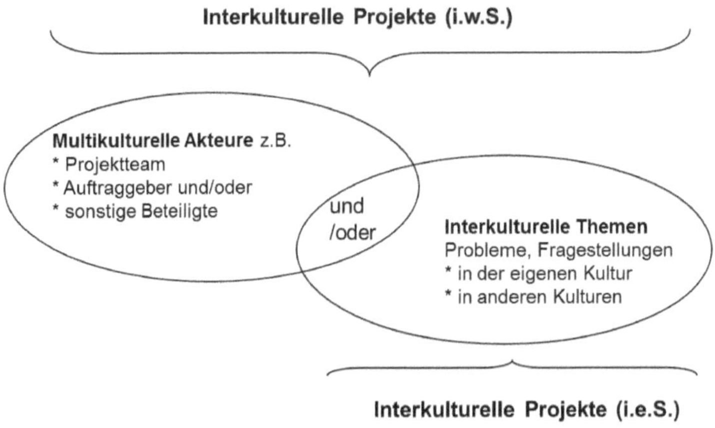

Abbildung 6/2: Interkulturelle Projekte

In allen grenzüberschreitenden Vorhaben, bei denen globale Akteure aktiv sind, etwa bei Kooperationen im Rahmen der internationalen Entwicklungszusammenarbeit, spielen interkulturelle Aspekte immer eine Rolle. Allerdings werden sie keineswegs immer explizit erwähnt. Erst wenn Interkulturalität zum Thema – oder sogar zum Problem – gemacht wird, können interkulturelle Unterstützungsprojekte initiiert oder Problemlösungen entwickelt werden. Im Übrigen können interkulturelle Projekte interkulturelle Fragen innerhalb der eigenen Kultur oder in anderen Kulturen behandeln. Damit soll entsprechend der obigen Überlegungen erst dann von interkulturellen Projekten (i.e.S.) gesprochen werden, wenn Interkulturalität auch *explizit* zum Thema gemacht wird. Konsequenterweise wird daher folgende **Definition** vorgeschlagen:

> „Interkulturelle Projekte (i.e.S.) bearbeiten interkulturelle Frage- oder Problemstellungen, die sich aus interkulturellen Interaktionen in der *eigenen Kultur* oder in *anderen Kulturen* ergeben oder ergeben werden."

Beispiele 6/1

- Verbesserung von interkulturellen Arbeitssituationen z.B. bei interkulturellen Teams, internationalen Projekten oder grenzüberschreitenden Übernahmen (M&A) durch interkulturelle Trainings oder Workshops
- Entwicklung von kulturell angepassten Produkten für neue Märkte
- Überprüfung und Verbesserung von individueller oder institutioneller interkultureller Managementkompetenz
- Konzeption und Durchführung von praxisorientierten interkulturellen Forschungsprojekten
- Vorbereitung und Durchführung von interkulturellen Konferenzen oder Aktionstagen
- Konzeption oder Durchführung von interkultureller Weiterbildung oder interkulturellem Coaching

Im Folgenden kann weiter unterschieden werden zwischen projektbezogenen Maßnahmen, die direkte Interaktionen mit *kulturell homogenen* oder mit *multikulturellen* Gruppen notwendig machen. Beispiele für interkulturelle Problemstellungen finden sich etwa bei *Märtens* (Interkultureller Wissenstransfer-Workshop für Ingenieure), *Mahadevan* (Standortübergreifende Ingenieursarbeit) und *Miedaner* (ICM Pass: Evaluierung interkultureller Managementkompetenzen für einen Global Player).[172] *Märtens* beschreibt ein Projekt bei dem mit kulturell homogenen Gruppen gearbeitet wird, während die von *Mahadevan* und *Miedaner* präsentierten Projekte mit multikulturellen Gruppen durchgeführt wurden. Abbildung 6/3 zeigt diese Zusammenhänge im Überblick.

---

[172] vgl. die Beiträge der genannten Autoren in: Koch/Speiser (2009)

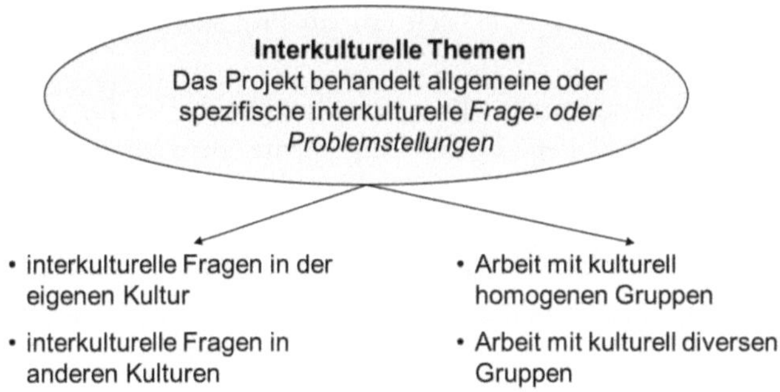

Abbildung 6/3: Interkulturelle Projekte

In welchen Bereichen Ihres Arbeitsumfeldes würden Sie die Planung und Durchführung interkultureller Projekte als sinnvoll ansehen? Was möchten Sie mit diesen Projekten erreichen?

16.2 Interkulturelle Projektformen

Unabhängig von dieser allgemeinen Unterscheidung können verschiedene Formen interkultureller Projekte unterschieden werden. Interkulturelle Projekte können *Vorbereitungs-* oder *Durchführungsprojekte* sein, wobei die Grenzziehung nicht immer eindeutig ist und von den angestrebten Wirkungen und Zielen abhängt. So kann beispielsweise ein Projekt, das eine Befragung zu einem interkulturellen Thema konzipiert und durchführt, als Durchführungsprojekt eingestuft werden. Da die Ergebnisse aber für weitergehende Aktionen verwendet werden sollen, hat es für die auftragserteilende Organisation eher eine vorbereitende Funktion.

Beispiele 6/2

Ein interkulturelles Projekt sollte eine internationale Befragung zur interkulturellen Managementkompetenz der in verschiedenen Ländern tätigen Manager eines mittelständischen Global Players konzipieren. Die Ergebnisse und Schlussfolgerungen liegen dem Unternehmen vor. Das Unternehmen möchte nun die nächsten Schritte unternehmen, um die Ergebnisse für einen gezielten interkulturellen Kompetenzaufbau zu nutzen. Insofern handelte es sich um ein Projekt mit vorbereitendem Charakter.

Ein anderes interkulturelles Projekt sollte Mitarbeiter für einen Auslandseinsatz vorbereiten. Gleichzeitig diente es dazu, interkulturelle Trainingseinheiten für ähnliche Folgeprojekte zu testen. In Bezug auf die trainierten Mitarbeiter handelte es sich um ein Durchführungsprojekt, während die mit der Konzeption solcher Trainings beauftragte Abteilung es als Vorbereitungsprojekt einstufte.

für mit	**Interkulturelle Fragen im eigenen Land**	**Interkulturelle Fragen für andere Länder**
Kulturell homogenen Gruppen	(1) Interkulturelle Bildungsprojekte für Schüler, Jugendliche oder bestimmte Berufsgruppen in Form von Ausbildung, Training oder Events als e-learning, Rundfunk- oder TV-Sendung (2) Projekte zur besseren Integration von Flüchtlingen oder Arbeitsmigranten (3) Diversity Management Projekte zur Verbesserung der Kommunikation in Unternehmen (4) Mitarbeiterschulung für die Zusammenarbeit mit ausländischen Kunden für Unternehmen und Organisationen (5) Anpassung der Unternehmenskultur an globalisierungsbedingte interkulturelle Anforderungen für Unternehmen	(1) Vorbereitung von Schülern, Künstlern oder Hochschullehrern für Auslandstätigkeiten oder Austauschprojekte (2) Allgemeine Überprüfung der interkulturellen Kompetenzen von Mitarbeitern und Entwicklung von Strategien für den interkulturellen Kompetenzaufbau für Unternehmen (3) Sensibilisierung oder Training von Mitarbeitern für eine längere Auslandstätigkeit (4) Analyse der kulturellen Anforderungen für Markteintrittsstrategien in ausländische Märkte für Unternehmen (5) Wissenstransfer-Konzepte für die Reintegrationsplanung für Unternehmen und Organisationen
Kulturell diversen Gruppen	wie oben, das Projekt arbeitet jedoch direkt mit Angehörigen unterschiedlicher Kulturen zusammen	

Abbildung 6/4: Interkulturelle Projekttypen

Interkulturelle Projekte können ferner Praxis- oder Forschungscharakter haben. *Interkulturelle Praxisprojekte* werden von Auftraggebern mit dem Ziel vergeben, Lösungsansätze für interkulturelle Problemsituationen vorzubereiten oder durchzuführen. Hierfür müssen Analysen erstellt, Studien durchgeführt, Rechercheergebnisse aufbereitet und Konzepte entwickelt werden. Durch *interkulturelle Forschungsprojekte* sollen dagegen für bislang nicht oder nur unbefriedigend geklärte interkulturelle Sachverhalte Erklärungen gefunden werden. Diese können dann Praxisprojekte vorbereitender oder durchführender Art zur Folge haben. Abbildung 6/4 zeigt eine

Auswahl von verschiedenen Projektgruppen bereits durchgeführter interkultureller Projekte, die nach den oben angesprochenen Kriterien systematisiert wurden.[173]

Zusammenfassung Kapitel 16

Bei einem interkulturellen Projekt stehen mindestens drei zentrale Elemente in Wechselbeziehungen zueinander: Der Auftraggeber mit seinen Zielen, Erwartungen und finanziellen Mitteln, das Projektteam mit seinen Mitgliedern, Kompetenzen und individuellen Zielen und das Projektthema, einschließlich der Planung, Durchführung und der Ergebnisse. Ein interkulturelles Projekt ist damit zunächst ein Projekt, bei dem mindestens eines der drei Elemente „interkulturell" ist. Die Bezeichnung „interkulturelles Projekt" impliziert dabei, dass „Interkulturalität" für die Projektgestaltung oder seine Ergebnisse Relevanz besitzt.

Als interkulturelle Projekte im weiteren Sinne (i.w.S.) können also Projekte bezeichnet werden, bei denen entweder die Projektakteure oder das Projektthema interkulturell sind. Die Tatsache, dass Projektteilnehmer nicht der gleichen Kultur angehören, ist zu berücksichtigen und wird sich möglicherweise auch auf die Projektdurchführung auswirken, für die Klassifizierung des Projekttyps ist dieses Kriterium aber nicht ausreichend. Aus diesem Grund soll im Folgenden, nur dann von einem interkulturellen Projekt gesprochen werden, nun im engeren Sinne, i.e.S., wenn das Projekt ein interkulturelles Thema oder eine interkulturelle Problemstellung behandelt. Interkulturelle Projekte können interkulturelle Fragen innerhalb der eigenen Kultur oder in anderen Kulturen behandeln. In beiden Fällen kann mit kulturell homogenen oder mit kulturell diversen Gruppen gearbeitet wird. Es wird daher folgende Definition vorgeschlagen: Interkulturelle Projekte (i.e.S.) bearbeiten interkulturelle Frage- oder Problemstellungen, die sich aus interkulturellen Interaktionen innerhalb der eigenen Kultur oder in anderen Kulturen ergeben oder ergeben werden."

---

173 Siehe hierzu: Koch/Speiser (2009), insbesondere die dort im Anhang unter dem Titel „Interkulturelle Praxisprojekte" skizzierten Projekte des Masterstudiengangs „Interkulturelle Kommunikation und Kooperation"; Beispiele finden sich auch unter: www.gs.hm.edu/interkulturelle_kommunikation_kooperation/kooperationen_projekte/praxisprojekte/praxisprojekte_1/praxisprojekte_2014.de.html

Es können verschiedene Formen interkultureller Projekte unterschieden werden: Interkulturelle Projekte können *Vorbereitungs-* oder *Durchführungsprojekte* sein, wobei die Grenzziehung nicht immer eindeutig ist und von den angestrebten Wirkungen und Zielen abhängt. Ferner können interkulturelle Projekte Praxis- oder Forschungscharakter haben. *Interkulturelle Praxisprojekte* werden von Auftraggebern mit dem Ziel vergeben, Lösungsansätze für interkulturelle Problemsituationen vorzubereiten oder durchzuführen. Durch *interkulturelle Forschungsprojekte* sollen dagegen für bislang unbefriedigend geklärte Sachverhalte Erklärungen gefunden werden.

17 Planung interkultureller Projekte

Interkulturelle Projekte sind zunächst einmal Projekte! Als solche werden sie in einem vorgegebenem Zeit- und Ressourcenrahmen geplant und durchgeführt. Dies geschieht mit den üblichen Projektmanagementmethoden, die an die interkulturelle Situation angepasst werden müssen.[174] Der Umfang und der Grad der Detailliertheit der Planung hängen von den besonderen Umständen des Projekts ab. Eine wichtige Rolle spielen der Projekttyp, die Ressourcenausstattung und die Dauer des Projekts sowie die Frage, inwieweit der Auftraggeber im Rahmen der *Projektinitiierung* das Projektteam in die Projektgestaltung und die Zieldefinition einbezieht. Diese Überlegungen müssen in den drei zentralen Planungsschritten *Situationsanalyse und Zielplanung*, *Strategieplanung* und *Durchführungsplanung*, berücksichtigt werden. Abbildung 6/5 gibt einen Überblick über die wichtigsten Planungsschritte.

Situationsanalyse und Zielplanung	Strategieplanung	Durchführungsplanung
• Festlegen des interkulturellen Themen- bzw. **Problembereichs** • Festlegen der durch das Projekt zu bearbeitenden (Teil-) **Bereiche** • Identifizieren der relevanten **Rahmenbedingungen** • Durchführen einer **Akteursanalyse** • Klären des Projektnutzens und der **Projektziele** (und Nicht-Ziele) mit dem Auftraggeber • Konkretisieren des **Projektauftrags**	• Definieren des Beitrags der Projektergebnisse zu den **Organisationszielen** • Festlegen der angemessenen Methodik und **Vorgehensweise** • Festlegen der zu erbringenden **Leistungen** und der **Nutzung der Leistungen** ggf. durch den Auftraggeber • Darstellung der **Wirkungskette**: Leistungen - Nutzung der Leistungen - Projektziel • Durchführen einer **Risikoanalyse** und einer **Nebenwirkungsanalyse**	• Festlegen der **Voraussetzungen** für das Erreichen der verschiedenen Stufen der Wirkungskette • Formulieren von **Meilensteinen** • Ableiten und Zuordnen der **Aktivitäten** und Bestimmen der Verantwortlichen • Erstellen der **Ablaufplanung:** Inhalte, Termine, Verantwortlichkeiten, Ressourcen, Besonderheiten etc.

Abbildung 6/5: Überblick über die Planung interkultureller Projekte

[174] s.a. Haller/Nägele (2013), S. 316ff

17.1 Situationsanalyse und Zielplanung

Bitte überlegen Sie, mit welchen spezifischen Schwierigkeiten Sie möglicherweise bei der Planung Ihres interkulturellen Projekts zu rechnen haben. Skizzieren Sie die Ausgangslage und formulieren Sie dann ein realistisches Ziel.

Üblicherweise beginnt ein Projekt mit Vorgesprächen zwischen dem Auftraggeber und Vertretern des Projektteams. Im *Projektauftrag* werden dann der Zeit- und Kostenrahmen, die zu erreichenden Ziele (und möglichst auch Nicht-Ziele) sowie wenn möglich auch schon die Grundlinien der Projektstrategie vereinbart. Bei der Planung vieler interkultureller Praxisprojekte zeigte sich jedoch, dass diese Phase der **Projektinitiierung** in der Realität ganz anders verlaufen kann.

Eine vollständige Auftragsklärung, mit einer Festlegung von Zielen und Strategie zu einem so frühen Zeitpunkt – ohne eine vorherige Situationsanalyse und ohne eine Einbeziehung des Projektteams und zum Teil weiterer Akteure – ist bei solchen Projekten nur schwer möglich. Wenn Sie ein interkulturelles Projekt planen, sollten Sie die Startphase daher für eine Situationsanalyse und eine fundierte Zielplanung nutzen, um die Voraussetzungen für einen machbaren Projektauftrag zu schaffen. Diese Phase sollte schwerpunktmäßig folgende Schritte umfassen:

- Abgrenzung des interkulturellen Themenbereichs und Festlegung der interkulturellen Kernfragen
- Analyse der Rahmenbedingungen und Festlegung der benötigten organisationsspezifischen Informationen
- Durchführung einer Akteursanalyse
- Festlegung des Projektnutzens und der Projektziele.

In der Situationsanalyse müssen alle projektrelevanten situativen Bedingungen analysiert und geklärt werden. Zuerst muss der zu bearbeitende **Themenbereich** mit den Problemen und Fragestellungen genau dargestellt und die von dem Projekt zu bearbeitenden interkulturellen Teilbereiche festgelegt werden. Da interkulturelle Fragestellungen auch mit betriebswirtschaftlichen, technischen oder internationalen Problemen verknüpft sind, müssen die interkulturellen Kernfragen herausgearbeitet und von benachbarten Themen systematisch abgegrenzt werden.

Bei vielen durchgeführten interkulturellen Praxisprojekten zeigte sich, dass sowohl Auftraggeber als auch das Projektteam hiermit Schwierigkeiten hatten. Dies liegt zum einen daran, dass es vielfach an Erfahrung beim Umgang mit interkulturellen Problemfeldern fehlt, zum anderen, dass interkulturelle Spezifika tatsächlich nicht immer zweifelsfrei zu isolieren sind. Diese Abgrenzung ist jedoch wichtig, um explizite Lösungsansätze für die interkulturelle Situation – und nicht für andere möglicherweise ebenfalls wichtige Aspekte – zu entwickeln. Zum anderen kann so eine unproduktive zusätzliche Arbeitsbelastung des Projektteams während der für das Projekt zur Verfügung stehenden Zeit vermieden werden. Der Einsatz von Visualisierungstechniken zur Abbildung einer komplexen Ausgangssituation ist ratsam.

Beispiel 6/3

Einem Projekt, das den Auftrag hatte, interkulturelle Probleme des Markteintritts eines deutschen Unternehmens in Großbritannien zu identifizieren, gelang es nicht, diese von anderen Aspekten einer Markteintrittsstrategie zu isolieren. Dies war jedoch notwendig, um klare Aussagen über die kulturell bedingten Probleme und Möglichkeiten zu erhalten, die Grundlage für die zu entwickelnden kulturangepassten Lösungsansätze sein sollten. Interessanterweise war der Auftraggeber mit dem Ergebnis trotzdem zufrieden, da auch er sich vorab keine klaren Vorstellungen über seine Erwartungen an die Projektergebnisse gemacht hatte.

Nach der Abgrenzung der durch das Projekt zu bearbeitenden **Bereiche** werden die **Rahmenbedingungen** analysiert und die benötigten organisationsbezogenen **Informationen** zusammengestellt. Auf diese Weise kann sich das Projektteam mit den Grundzügen der Organisationsstrategie (Vision, strategische Ziele, Werte, Internationalisierungsstrategie etc.), den organisatorischen Zuständigkeiten und administrativen Besonderheiten vertraut machen. Diese Informationen sollten dann im Hinblick auf zu erwartende *Schwierigkeiten* und Hindernisse sowie mögliche (Unterstützungs-) *Potenziale* für die Projektdurchführung analysiert werden.

Beispiel 6/4

s. Beispiel 6/3: Die kulturbezogenen Lösungsvorschläge hängen in erheblichen Maße von anderen Variablen ab, wie den administrativen Voraussetzungen für einen Markteintritt, dem Zeitplan, den für die Markteinführung vorgesehenen Produkten, den von der Marktforschung ermittelten Zielgruppen, den vorgesehenen Regionen, den bisher verfolgten Marketingstrategien sowie den personellen und finanziellen Ressourcen. Diese Parameter sollten dem Projektteam bekannt sein, um dieses in die Lage zu versetzen, weitere relevante Informationen einzuholen und gegebenenfalls die Projekt-Fragestellung weiter einzugrenzen.

Eine **Akteursanalyse** (*stakeholder analysis*), mit der geklärt wird, welche Organisationseinheiten, Personen oder Personengruppen von der jetzigen Situation oder den möglichen Projektergebnissen betroffen sind, ist ein wichtiger Teil der Situationsanalyse. Die Analyse hat das Ziel, Schlüsselakteure, wie Entscheidungsträger und Zielgruppen der geplanten Maßnahme, sowie deren Interessen, Ziele, Potenziale oder Defizite in Bezug auf das Projekt zu ermitteln. Gerade bei komplexen interkulturellen Projekten kann es sein, dass zu Anfang nicht alle möglichen *stakeholder* bekannt sind oder als solche erkannt werden, wie etwa Freunde und Verwandte von Beteiligten, informelle oder religiöse Führer oder indirekt Betroffene.[175] Es kann daher notwendig werden, die Akteursanalyse im Verlauf des Projekts zu ergänzen.

Beispiel 6/5

Ein interkulturelles Projekt hatte den Auftrag, ein bereits eingeführtes Konzept für einen vorwiegend administrativ-sachlich orientierten Managementkurs für zukünftig im Ausland tätige Manager um interkulturelle Elemente zu ergänzen, um die Kursteilnehmer für diese Fragen zu sensibilisieren. Erst gegen Ende des Projekts wurde deutlich, dass der Auftraggeber zwar die Auftragsverantwortung hatte, dass aber die Kursleiter die wichtigere Durchführungsverantwortung besaßen und von den für sie neuen – meist zusätzlichen – interkulturellen Kursinhalten erst überzeugt werden mussten.

Trotz eines von dem Projektteam entwickelten überzeugenden angepassten Konzepts, das auch den knappen Zeitrahmen des Kurses und die unbedingt zu vermittelnden Inputs berücksichtigte und zudem in der Lage war, die neuen interkulturellen Inhalte mit den bisherigen Inhalten intelligent zu verknüpfen, wurde das Konzept nicht umgesetzt. Eine

[175] s.a. Haller/Nägele (2013) S. 324 f.

frühzeitige Einbeziehung der faktischen Entscheidungsträger, der Kursleiter, hätte die Wahrscheinlichkeit für eine Umsetzung des Konzepts erhöht.

In einem ersten Schritt sollten daher alle möglichen Akteure und Beteiligten ermittelt werden. Für die wichtigsten Akteure können dann mithilfe der Tabelle, einer angepassten SWOT-Analyse (vgl. Abbildung 6/6), Interessen, denkbare Funktionen und Potenziale und mögliche Schwierigkeiten systematisch erhoben werden.

Akteure	Interessen und Ziele	Potenzielle Funktionen im Projekt (*opportunities*)	Potenziale und Kompetenzen für das Projekt (*strengths*)	Mögliche zukünftige Probleme (*threats*)

Abbildung 6/6: Tabelle zur Akteursanalyse

Die entscheidenden Akteure sollten Sie möglichst von Anfang an einbinden, wobei auch kulturelle Unterschiede angemessen berücksichtigt werden sollten. Abbildung 6/7 zeigt ein mögliches Ergebnis einer Akteursanalyse mit einer schematischen Einstufung der Beteiligten nach den Kriterien „Einfluss- und Unterstützungspotenzial“ in vier Gruppen. Die Positionen A bis E stellen die angenommenen Kriterienkombinationen von fünf verschiedenen Akteuren bzw. Akteursgruppen dar. So hat A beispielsweise ein hohes Einflusspotenzial, unterstützt das Projekt aber nur wenig und kann als möglicher Opponent bezeichnet werden. E dagegen verfügt ebenfalls über viel Einfluss, unterstützt aber das Vorhaben, so dass er zu den Projektpromotoren gezählt werden kann.

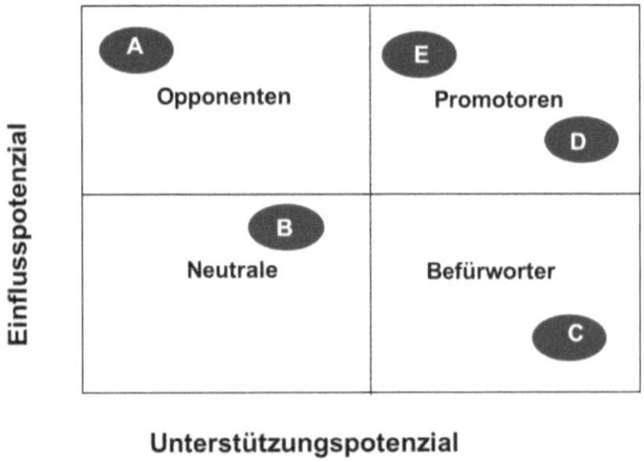

Abbildung 6/7 Akteursanalyse: Einfluss- und Unterstützungspotenziale

Wurde das **Projektziel**, die *direkte Wirkung* des Projekts, nicht bereits zu Beginn festgelegt oder ausgehandelt, so sollte dies spätestens am Ende der Situationsanalyse geschehen. Die Formulierung des Projektziels sollte sich am **Nutzen** des Projekts für den Auftraggeber orientieren. Dieser sollte präzise und möglichst in messbarer Form – direkt oder indirekt durch *Indikatoren* – formuliert werden. Er könnte darin bestehen, dass realistische Lösungsvorschläge für organisationsinterne *interkulturelle Konflikte* oder für die Mobilisierung von interkulturellen *Synergiepotenzialen* vorliegen.[176] Er könnte ferner in einer Analyse kulturell bedingter *Erwartungen an Produkteigenschaften* bestehen: Implikationen von Produktnamen, Erwartungen an den Produktnutzen, mögliche Zielgruppen, bevorzugte Farben und Größen der Verpackung oder die Art der Vertriebskanäle für den neuen ausländischen Markt. Ein wieder anderer Nutzen kann für den Auftraggeber darin liegen, Elemente und Instrumente zur Verfügung gestellt zu bekommen, mit deren Hilfe die *Unternehmenskultur* an die Anforderungen der Globalisierung angepasst werden kann.

Der Prozess der *Nutzendefinition* kann aufgrund unterschiedlicher kultureller Interpretationen zentraler Parameter zeitraubend sein.[177] Diese müssen von Auftraggeber und Projektteam einheitlich verstanden werden. Ein Konsens über Details kann später erfolgen, wahrscheinlich müssen einzelne Aspekte nachjustiert oder flexibel gehandhabt werden. Erschwert wird dieser Prozess meist dadurch, dass, wie erwähnt, die Methodik zur Messung des Nutzens interkultureller Faktoren noch nicht ausgereift ist.

[176] vgl. hierzu insbesondere Kapitel 18

[177] s.a. Hauser (2009)

Beispiel 6/6

Ein interkulturelles Projekt hatte die Aufgabe, ein „Diversity Management Konzept" für ein Unternehmen zu entwerfen. Erst im Projektverlauf stellte sich heraus, dass das Unternehmen hierunter keineswegs etwa den Entwurf eines Umsetzungskonzepts für die bessere Integration „diverser Gruppen" verstand, sondern dass es der Geschäftsleitung darum ging, die Mitarbeiter für diesen Ansatz erst einmal durch ein Training zu sensibilisieren. Diese unterschiedliche Interpretation zentraler Begriffe führte angesichts der vereinbarten kurzen Projektdauer nur aufgrund der Flexibilität und Kompetenz des Projektteams doch noch zu akzeptablen Ergebnissen.

Diese Schritte sind Grundlage für den wahrscheinlich mehrstufigen Auftragsklärungs- und **Auftragskonkretisierungsprozess** mit dem Auftraggeber. Bei interkulturellen Projekten ist aber zu erwarten, dass laufend neue Fragestellungen oder Erkenntnisse auftreten, die nicht immer den interkulturellen Kernbereich betreffen. Die neuen Fragestellungen sollten benannt und bewertet werden, entweder um sie später durch das Projekt bearbeiten zu lassen oder um sie auszuklammern und sich auf die Bearbeitung der interkulturellen Kernfragen zu konzentrieren.

Nicht zu unterschätzen ist die Bedeutung der Zielvereinbarung und eines gemeinsamen Zielverständnisses für die **Motivation** des Projektteams und dessen Identifikation mit dem Projekt. Für das Team sollten die Ziele herausfordernd, aber erreichbar sowie interessant und inspirierend sein. Handelt es sich um ein interkulturelles Team, so ist es vorteilhaft, wenn das Projektziel die Nutzung der unterschiedlichen Kompetenzen der Teammitglieder ermöglicht.[178] Die folgende Checkliste fasst die wichtigsten Punkte noch einmal zusammen.

Checkliste Situationsanalyse und Zielplanung

- Können die interkulturellen Teilbereiche von anderen Themenbereichen und Fragestellungen abgegrenzt werden?
- Können hieraus die durch das Projekt zu klärenden interkulturellen Fragen präzise abgeleitet werden?

---

[178] vgl. Haas / Mortensen (2016)

- Kennen wir die relevanten strategischen Ziele und Werte der Organisation sowie die wichtigsten organisationsspezifischen Rahmenbedingungen, administrativen Besonderheiten und Zuständigkeiten?
- Sind die Organisationseinheiten, Personen oder Personengruppen, die von der jetzigen Situation oder von den erwarteten Projektergebnissen positiv oder negativ betroffen sind, bekannt?
- Kennen wir Interessen, Ziele, Potenziale und Defizite in Bezug auf das Projekt der wichtigsten Stakeholder und Zielgruppen?
- Wurde der Nutzen für den Auftraggeber in Form eines operationalen Ziels formuliert?
- Gibt es ein gemeinsames Zielverständnis zwischen Auftraggeber und Team und innerhalb des Teams? Ist das Ziel motivierend und wird es als erreichbar angesehen?
- Wurde der Auftrag mit dem Auftraggeber geklärt und schriftlich konkretisiert?

? *Überprüfen Sie bitte, ob es sich bei dem von Ihnen gewählten Projekt um ein wichtiges Projekt handelt, dass zudem auch machbar ist. (Falls dies nicht der Fall ist, wählen Sie einen alternativen Ansatz.) Gehen Sie anschließend die obige Checkliste durch und versuchen Sie auf alle Fragen Antworten zu finden.*

17.2 Strategieplanung

Obwohl das Ziel nun festgelegt ist, besteht – aufgrund der mangelnden Erfahrung mit interkulturellen Projekten – häufig noch Unsicherheit darüber, was ein solches Projekt zu leisten vermag, nicht selten sowohl bei dem Auftraggeber selbst als auch bei dem Projektteam. Der Klärung, *wie* das Ziel erreicht werden soll, kommt daher eine besonders große Bedeutung zu. Bei der **Strategieplanung** geht es vorwiegend um die Beantwortung folgender Fragen:

- Inwiefern können die angestrebten Ziele und Wirkungen die „interkulturelle Situation“ der Organisation soweit verbessern, dass sich hieraus ein relevanter Beitrag zur Erreichung der Ziele der Organisation ergibt? Welche Voraussetzungen müssen hierfür gegeben sein?

- Welche strategischen Optionen und Vorgehensweisen gibt es, um die Ziele zu erreichen und welche sind auch geeignet?
- Welche Einzelleistungen und Leistungspakte müssen erbracht werden, um die Strategie in dem gegebenen Zeit- und Kostenrahmen umzusetzen?
- Wie und von wem können diese Leistungen anschließend so genutzt werden, dass die angestrebten Ziele und Wirkungen auch erreicht werden?
- Welche Risiken und möglichen Nebenwirkungen gibt es und in welcher Form müssen diese berücksichtigt werden?

Zunächst muss das Projektziel den übergeordneten **Organisationszielen** zugeordnet werden. Diese können je nach Art des Projekts strategische oder operative Ziele der Organisation sein. Da die Organisationsziele meist nur einen indirekten Zusammenhang mit dem Projekt aufweisen, wird durch diesen Schritt die Relevanz des Projekts für die Erreichung übergeordneter Ziele unterstrichen (*indirekte Wirkung*).

Eine Organisation wird sich meist nur dann zur Initiierung interkultureller Projekte entschließen, wenn sowohl eine Veränderungsbereitschaft besteht, als auch die Einsicht, dass Verbesserungen auch durch Maßnahmen, die nicht dem Kerngeschäft zuzurechnen sind, erreicht werden können. Hierbei ist zu beobachten, dass die Nutzenerwartungen der Entscheidungsträger an interkulturelle Projekte desto konkreter und realistischer sind, je größer deren internationale oder interkulturelle Kenntnisse und Erfahrungen sind. Diese sind erfahrungsgemäß nicht bei allen Entscheidungsträgern der auftragserteilenden Organisation vorhanden.

Um organisationsinterne Probleme zu reduzieren, ist es daher vorteilhaft, die mit dem Projekt verknüpften konkreten Erwartungen, die Strategie selbst und die Projektfortschritte und -erkenntnisse auch mit der **übergeordneten Führungsebene** der auftraggebenden Organisation abzustimmen oder das Einverständnis zu wichtigen Einzelschritten einzuholen.

Beispiel 6/7

Im Rahmen eines interkulturellen Projekts sollten – zunächst durch eine Befragung – Möglichkeiten zur Verbesserung des Informations- und Wissensaustausches und der Zusammenarbeit zwischen einheimischen Mitarbeitern und Impatriates des ausländischen Mutterkonzerns eruiert werden. Die Ergebnisse wurden in einem Workshop präsentiert, anschließend wurden Handlungsempfehlungen abgeleitet. Die Umsetzung, also die Nutzung der Projektleistungen, die allerdings nicht mehr Teil des Projekts war, erfolgte dann jedoch nicht, so dass die angestrebten Wirkungen und damit der Nutzen für die Organisation nicht eintraten.

Tatsächlich hatte es der direkte Auftraggeber, der Leiter der Personalabteilung, versäumt, seinen Vorgesetzten Bedeutung und Nutzen der Projektergebnisse für eine Verbesserung des Umgangs zwischen den untersuchten Gruppen zu vermitteln. Eine sorgfältige Vorab-Analyse, eine Einbeziehung der höheren Führungsebene und einer Präzisierung des zu erwartenden Nutzens hätte die Akzeptanz und damit die Wahrscheinlichkeit für eine Nutzung der Projektergebnisse erhöht.

Frühzeitig sollten Sie daher auch klären, welche Aktivitäten noch vor Beginn des Projekts durchgeführt werden sollten, um den Zeitbedarf für das Projekt richtig einschätzen zu können. Durch ein professionelles Zeitmanagement sollte es gelingen, die vereinbarten Ziele trotz eines begrenzten Zeitbudgets rechtzeitig erreichen zu können.

Vorgeschaltete Aktivitäten können auch einen Einfluss auf die Projektstruktur haben. Diese können beispielsweise eine realistischere Sicht auf die Projektdurchführung bewirken, so dass entschieden werden könnte, diese in **zwei Phasen** einzuteilen: In der *Vorphase* könnten die notwendigen Inputs in Richtung auf ein zunächst noch vage bestimmtes Ziel geklärt werden, zudem könnten nochmals organisationsbezogene Prioritäten, interkulturelle Besonderheiten oder bestehende Restriktionen analysiert werden. In der *Hauptphase* würde das eigentliche Projekt mit eindeutiger Zielklärung und realistischem Zeitplan umgesetzt werden.

Das folgende Beispiel zeigt, dass die während der Projektdurchführung auftretenden Schwierigkeiten antizipiert und frühzeitig erfasst werden sollten. Der Einfluss auf den Zeitplan und die Präzision der Ergebnisse kann erheblich sein und im Negativfall zu unzureichenden Ergebnissen führen.

Beispiel 6/8

Bei der Durchführung eines interkulturellen Projekts, das für ein Unternehmen eine internationale Befragung zur interkulturellen Managementkompetenz im Unternehmen konzipieren und organisieren sollte, wurde schnell deutlich, dass es zunächst darauf ankommen würde, den Konflikt zwischen der Erstellung eines online-fähigen, aber aussagefähigen Fragebogens, den betriebsinternen Genehmigungsprozeduren und dem für die individuelle Beantwortung des Fragebogens zur Verfügung stehenden Zeitfensters zu lösen.

Der Projektauftrag, einschließlich der als wesentlich angesehenen Voraussetzungen, war durchaus eindeutig formuliert. Trotzdem traten bei dieser forschungsnahen Fragestellung erhebliche Schwierigkeiten bei der Umsetzung auf, vor allem bei dem Feintuning der Fragen. So war es notwendig, die wichtigsten Aspekte interkultureller Managementkompetenz sprachlich neutral in einem unmissverständlichen, umfassenden, standardisierten Online-Fragebogen zu erfassen, dessen Beantwortung eine halbe Stunde nicht überschreiten durfte. Außerdem war die Einholung der Genehmigungen für den Inhalt, die Versendung und die Auswertung der anonymen Fragebogen durch Geschäftsleitung, Personalabteilung und Betriebsrat außerordentlich zeitintensiv.

Eine natürlich zielabhängige Strategie für ein Projekt kann beispielsweise darin bestehen,

- eine Fragebogenerhebung zu interkulturellen Themen auf der Grundlage eines theoretischen Modells durchzuführen, die Antworten zu analysieren und hieraus abgeleitete Vorgehensweisen vorzuschlagen,
- eine aus einer Literaturrecherche entwickelte Vorgehensweise zu empfehlen und deren Relevanz durch strukturierte Interviews zu belegen,
- ein auf der Grundlage eines Handlungsmodells konzipiertes interkulturelles Trainingskonzept, durch das z.B. kulturübergreifende Managementgrundsätze vermittelt werden sollen, zu entwickeln oder
- innovative Konzepte für interkulturelle Produkte, etwa eines interkulturellen E-learning-Tools, eines interkulturellen Wissensmanagementmodells, eines E-Books oder einer interkulturellen *iPhone application*, zu entwickeln.

Die Wahl der geeigneten Strategie müssen Sie begründen. Dies sollte möglichst kriteriengestützt durch theoretische und/oder praxisorientierte Vorteile im Vergleich mit mindestens einem *alternativen Strategieansatz* erfolgen, wobei deutlich werden muss, wieso gerade durch die vorgeschlagene Strategie die angestrebten Wirkungen besser – effektiver, effizienter, schneller oder vollständiger – erreicht werden können. Falls es bereits zu einem *früheren Zeitpunkt* Ansätze gab, diese oder ähnliche interkulturelle Fragestellungen zu bearbeiten, so sollten deren Ergebnisse in ihrer Bedeutung für das eigene interkulturelle Projekt eingeschätzt und wenn möglich auch berücksichtigt werden.

Die Strategie konkretisiert sich in **Leistungen** oder Leistungspaketen, die das Projekt für den Auftraggeber erstellt. Beispiele für vereinbarte Leistungen sind Analysen, (Trainings-)Konzepte, Broschüren, durchgeführte Trainings und Coachings. Auch wenn Sie diese als Teil der Strategie oder auch als Meilenstein bereits mit dem Auftraggeber vereinbart haben, kann es sein, dass Sie im Projektverlauf zu der Erkenntnis gelangen, dass einzelne Leistungspakete geändert oder neu definiert werden müssen, um die gewünschten Wirkungen zu erzielen. Die gewählte Strategie sollte daher so flexibel angelegt sein, dass Modifikationen möglich sind.

In den meisten Fällen müssen die bereitgestellten Leistungen auch von der Organisation des Auftraggebers (*Nutzer*) genutzt werden, um den erwarteten Nutzen und damit das Projektziel zu erreichen (**Nutzung der Leistungen**). Dies kann – je nach Projektdefinition – innerhalb oder außerhalb des Projektzeitraums erfolgen. Im Folgenden finden Sie einige Beispiele für „genutzte Leistungen".

Beispiele 6/9

- Durchführung eines interkulturellen Trainings oder Coachings auf der Grundlage eines durch ein Projekt erstellten Konzepts
- Analysengestützte Umsetzung von Handlungsempfehlungen
- Internationale Markteinführung eines Produkts
- Erstellen einer interkulturellen Broschüre
- Durchführen eines e-learning Kurses / Aktionstages / Kongresses / Workshops
- Integration von Flüchtlingen / Arbeitsmigranten / Impatriates in ein Unternehmen auf der Grundlage eines durch ein Projekt erstellten Konzepts
- Begleitung oder Umsetzung eines durch ein interkulturelles Projekt geplanten Auslandsaufenthalts

Das Erreichen der jeweils nächsten Ebene ist meist von weiteren *Voraussetzungen* abhängig. So erfolgt die *Nutzung* der Leistungen durch die Nutzer nicht automatisch, diese müssen evtl. erst informiert, beraten oder motiviert werden. Auch die *Zielerreichung* selbst wird von weiteren Voraussetzungen abhängen, wie beispielsweise der Auswertung von Trainings und der Umsetzung der im Training erworbenen Kompetenzen durch die Teilnehmer. Es gehört zu den Aufgaben des Projekts, diese „zwischen den Ebenen" liegenden Voraussetzungen, die auch als *Wirkungshypothesen* bezeichnet werden, zu erkennen, darzustellen und durch eine professionelle Projektsteuerung herbeizuführen oder zumindest positiv zu beeinflussen.

Sie haben ein Projekt geplant, das Ihnen einen bestimmten definierten Nutzen bringen soll und haben daraus ein Ziel abgeleitet und formuliert, mit dem ein Beitrag zur Erreichung der Ziele Ihrer Organisation geleistet wird. Sie haben ihr Projektteam motiviert und sich einen Überblick über die möglichen Akteure verschafft. Ferner haben Sie eine Vorstellung davon, welche Interessen die Akteure haben und wie deren Beiträge für das Projekt aussehen könnten.

Legen Sie jetzt die durch das Projekt zu erbringenden Leistungen fest, überlegen Sie, wie diese Leistungen genutzt werden können und welche Voraussetzungen hierfür erbracht werden müssen.

Zu jeder Strategieplanung gehört ebenfalls die Planung des **Risikomanagements**. Risiken werden definiert als *extern* oder *intern verursachte Ereignisse*, deren Eintritt die Zielerreichung negativ beeinflussen kann. Diese Ereignisse können, müssen aber nicht durch die Interkulturalität des Projekts verursacht sein. Das Risikomanagement umfasst die *Identifizierung* von Risiken, ihre *Bewertung* und *Klassifizierung* nach *Eintrittswahrscheinlichkeit* und *negativer Wirkung*, eventuelle *Strategieanpassungen* im Fall extremer Risiken, die Planung von *Maßnahmen* zur Abschwächung der Folgen des Eintritts von Risiken mit erheblichen negativen Folgen für das Projekt sowie das *Monitoring* der Risiken. Abbildung 6/8 zeigt die Schritte des Risikomanagements im Überblick.[179]

[179] Dieses Tool kann auch für die Nebenwirkungsanalyse genutzt werden

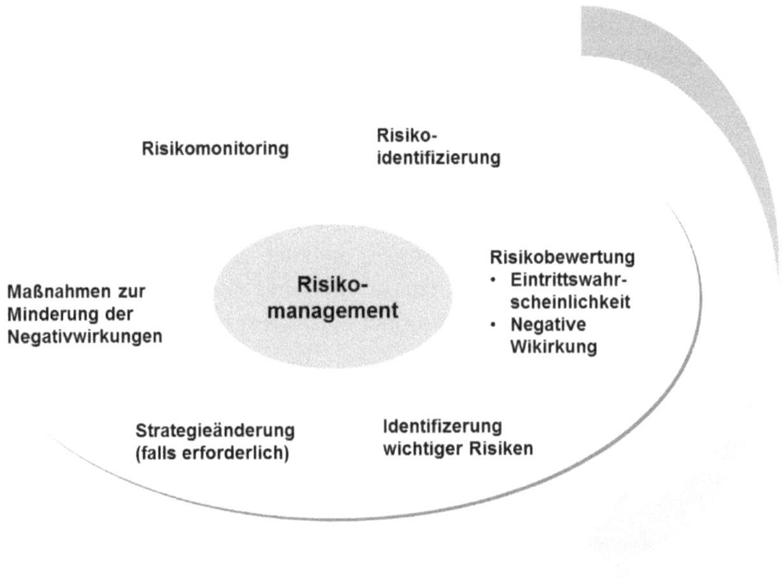

Abbildung 6/8: Risikomanagement

Jede Aktivität, Leistung oder Wirkung kann ungeplante Nebenwirkungen haben. Auch wenn dies meistens unterbleibt, sollte die Risikoanalyse daher ergänzt werden durch eine **Nebenwirkungsanalyse**. Nebenwirkungen können sich entweder *positiv* als Verstärker oder Multiplikator auf die Projektergebnisse auswirken oder sie können als *negative Nebenwirkungen* unerwünschte kulturelle Probleme oder sonstige *Kollateralschäden* verursachen, die bei der Projektplanung übersehen wurden. Analog zur Risikoanalyse kann die Nebenwirkungsanalyse in folgende Schritte unterteilt werden: *Identifizierung* von positiven und negativen Nebenwirkungen, *Bewertung* der negativen Wirkungen, Planung von *Gegenmaßnahmen* und das *Monitoren* des Eintritts der negativen Wirkungen.

In Abbildung 6/9 können die Ergebnisse der Nebenwirkungsanalyse übersichtlich dargestellt werden.[180] Die Ziffern 1 – 3 bezeichnen identifizierte negative Nebenwirkungen, die nach den beiden genannten Kriterien beurteilt und den entsprechenden Feldern zugeordnet wurden. Mit Nr. 3 wurde eine negative Nebenwirkung identifiziert, die eine niedrige Nega-

[180] Dieses Tool kann ebenfalls für die Risikoanalyse genutzt werden.

tivwirkung und eine niedrige Eintrittswahrscheinlichkeit aufweist und deswegen tendenziell vernachlässigt werden kann. Nebenwirkung Nr. 1 ist dagegen problematisch. Wenn möglich, sollten Maßnahmen ergriffen werden, durch die entweder die Eintrittswahrscheinlichkeit gesenkt oder die negative Wirkung abgeschwächt werden kann. Nebenwirkung Nr. 2, deren negative Wirkung groß, deren Eintritt aber nicht sehr wahrscheinlich ist, sollte in jedem Fall beobachtet werden.

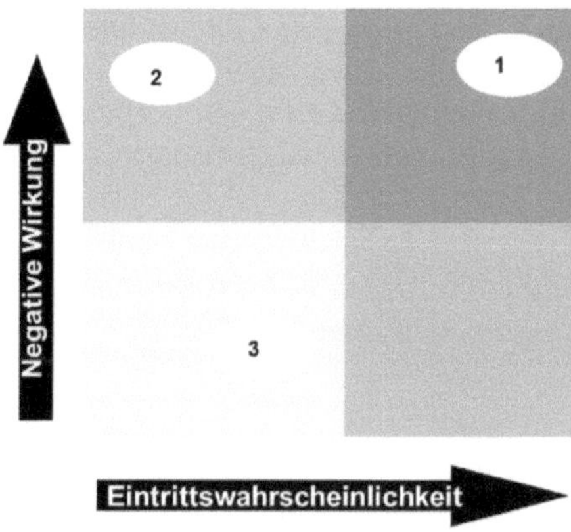

Abbildung 6/9: Nebenwirkungsanalyse

Beispiele 6/10

Interne Risiken können durch Managementfehler, wie unzureichende Information, fehlerhafte Entscheidungen, Nicht-Berücksichtigung kultureller Sensibilitäten im Team, zu wenig eingeplante Zeitpuffer, einen problematischen Kommunikations- oder Managementstil, den Ausfall von Teammitgliedern, ungenügende Leistungserbringung durch einzelne Teammitglieder, das Überschreiten des Kostenlimits oder zu niedrige Qualität der Ergebnisse entstehen.

Externe Risiken können im Einflussbereich des Auftraggebers liegen, wie Nicht-Erreichbarkeit, Kommunikationsprobleme, Wechsel von Verantwortlichkeiten, nachträgliche Wünsche oder Forderungen an das Projektteam, oder in der Umsetzbarkeit der Projektstrategie, Probleme bei der Genehmigung für die Durchführung von Befragungen, zu geringer Rücklauf bei Umfragen, Nicht-Verwertbarkeit von Aussagen oder Umfrageergebnissen, Datenverarbeitungsprobleme etc.

Positive Nebenwirkungen sind häufig eine größere Breitenwirkung etwa durch Multiplikatoren, größeres Interesse an Interkulturalität bzw. eine ungeplante Sensibilisierung von Mitarbeitern für interkulturelle Themen, die Übernahme von Maßnahmen durch andere Abteilungen, Folgeaufträge zur schnellen Umsetzung vorgeschlagener Maßnahmen etc.

Negative Nebenwirkungen können bestehen in kulturellen Diskriminierungen von Personengruppen, zu hohen Erwartungen an die Projektergebnisse durch den Auftraggeber und dadurch geringere Motivation interkulturelle Projekte auch zukünftig durchzuführen, relative Vorteilsverluste für nicht durch das Projekt Begünstigte etc.

Wodurch unterscheiden sich Risiken und Nebenwirkungen? Führen Sie bitte für Ihr geplantes Projekt eine Risikoanalyse und eine Nebenwirkungsanalyse durch.

17.3 Die Wirkungskette als Instrument

Nach der Ziel- und Strategieplanung sollten Sie in der Lage sein, die Strategie und den Wirkungszusammenhang in wenigen Sätzen so zusammenzufassen, dass diese auch von Dritten verstanden und nachvollzogen werden kann. Hierfür stelle ich die einzelnen Schritte noch einmal zusammen:

Ein interkulturelles Projekt erbringt für die Organisation des Auftraggebers einen speziellen *Nutzen*, der als *Projektziel* formuliert wird und durch *Indikatoren* gemessen wird. Durch diese *direkte Wirkung* wird ein Beitrag zur Erreichung der *Organisationsziele* (*indirekte Wirkung*) geleistet. Hierfür erbringt das Projekt vereinbarte *Leistungen*, die vom Auftraggeber oder beauftragten Personen, möglicherweise auch durch das Projektteam im Rahmen des Projekts selbst, die *Nutzer*, in einer bestimmten Form genutzt oder umgesetzt werden (*Nutzung der Leistungen*). Das Projektziel wird in der Regel erst durch die Nutzung der Leistungen erreicht. Für die Erreichung der jeweils nächsthöheren Ebene (Leistungen – Nutzung der Leistungen – Projektziel – Organisationsziel) gibt es häufig *Voraussetzungen* (Wirkungshypothesen), die erkannt, benannt und durch das Projekt herbeigeführt werden müssen. Extern oder intern verursachte *Risiken* können die Leistungserbringung und damit die Erreichung des Projektziels gefährden. Durch das Projekt erzeugte ungeplante *negative Nebenwirkungen* können ebenfalls den Projekterfolg negativ beeinflussen, während *positive Nebenwirkungen* diesen verstärken können. In beiden Fällen müssen Maßnahmen geplant werden, die die möglichen negativen Wirkungen abschwächen.

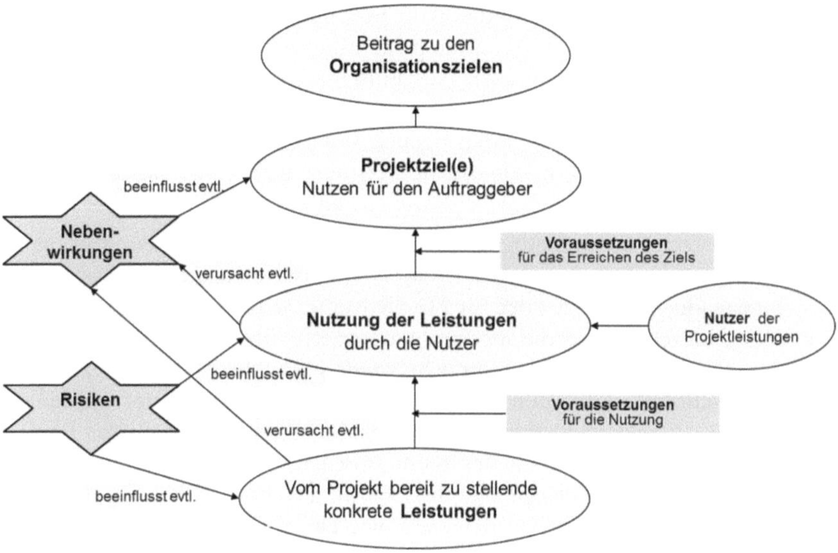

Abbildung 6/10: Wirkungskette interkultureller Projekte

Diese Zusammenhänge lassen sich grafisch in Form einer **Wirkungskette** darstellen (vgl. Abbildung 6/10).[181]

Die Ebenen der Wirkungskette bauen aufeinander auf: Die Leistungen müssen präzise definiert und so erbracht werden, dass sie vom Nutzer auch in

---

181 Die Orientierung auf Wirkungen und die Erstellung von Wirkungsketten sowie die hiermit zusammenhängende Terminologie wurde von der deutschen Gesellschaft für Internationale Zusammenarbeit (GIZ) für die Planung und das Monitoring von Vorhaben der internationalen Entwicklungszusammenarbeit entwickelt. Es wurde in diesem Beitrag auf interkulturelle Projekte angepasst. Inzwischen wurde die Wirkungskette von dem „Wirkungsmodell" abgelöst, das nicht-lineare Strukturen besser abzubilden vermag. Für die Planung interkultureller Projekte ergibt sich hierdurch jedoch kein Mehrwert, so dass ich hier der Wirkungskette als Planungsmodell den Vorzug gebe; vgl. auch http://www.giz.de

der gewünschten Form verwendet werden können. Werden sie nur unvollständig, fehlerhaft oder zu spät bereitgestellt, können sie in der Regel auch nicht richtig genutzt werden. Das folgende Beispiel zeigt typische Umsetzungsprobleme.

Beispiel 6/11

Ein für einen Berufsverband konzipierter und durchgeführter interkultureller Wissenstransfer-Workshop für Mitarbeiter mit Auslandserfahrung und solche, die vor einer Auslandsentsendung stehen, war für die Teilnehmer gerade deswegen gewinnbringend, weil sie selbst die Nutzung mitgestalten und an ihren eigenen Vorstellungen ausrichten konnten: Sie konnten die bereitgestellte Leistung nutzen und dadurch ihre Ziele erreichen.

Der Nutzen für den Verband hängt nun aber davon ab, ob das erprobte Konzept als Teil des verbandsinternen Wissensmanagement-Systems regelmäßig eingesetzt oder für Mitgliedsunternehmen angeboten wird. Erst dadurch können die angestrebten längerfristigen positiven Wirkungen für den Auftraggeber erreicht werden. Da diese weiteren „Nutzungsschritte“ durch den Auftraggeber jedoch nicht geleistet wurden, war das Projekt nicht nur nicht nachhaltig, es erreichte auch das Projektziel, die „Verbesserung des interkulturellen Wissensmanagementsystems“, nicht. Ausschlaggebend hierfür war, dass notwendige Voraussetzungen für das Erreichen des Ziels, wie ein weitergehendes Commitment der Auftraggeber, die Benennung organisationsinterner Umsetzungsbeauftragter und ein Finanzierungskonzept nicht vorab identifiziert und damit nicht als Teil des Projekts gesehen worden waren.[182]

Die Wirkungskette bildet den geplanten Verlauf des Projekts nach der Auftragserteilung ab. Allerdings ist in den meisten Fällen das Projekt selbst nur für die Leistungserstellung verantwortlich, da es diese *direkt* beeinflussen kann. Auf die Nutzung der Leistungen und den Nutzen selbst kann das Projektteam meist nur *indirekt* Einfluss nehmen. Trotzdem ist es nicht zielführend, ein Projekt auf das Erbringen von Leistungen zu beschränken, ohne die Nutzung dieser Leistungen mit zu planen, da so die Zielerreichung gefährdet wäre. Die Nutzung der Leistungen muss daher mitgeplant und durch eine enge Zusammenarbeit zwischen Projektteam und

---

[182] vgl. Märtens (2009)

Auftraggeber sichergestellt werden. Dies gilt insbesondere für interkulturelle Beratungs- und Trainingsprojekte oder für Projekte, die die Erstellung von interkulturellen Studien, Strategien oder Produkten beinhalten.

In allen Fällen sollten gerade interkulturelle Projekte so umsetzungsorientiert geplant und durchgeführt werden, wie nur irgend möglich. Dies ist vor allem angesichts der vielfach noch bestehenden Skepsis der Entscheidungsträger in Bezug auf die positiven Beiträge, die diese Projekte zu leisten vermögen, angebracht,[183] um die Motivation zur Durchführung weiterer interkultureller Projekte zu erhöhen.

Beispiel 6/12

Ein interkulturelles Projekt hatte den Auftrag, ein E-learning-Modul zur Erhöhung der interkulturellen Kompetenz von akademischen Krankenhausmitarbeitern zu entwickeln. Die Projektleistung umfasste die Entwicklung und Bereitstellung eines Moduls, das den kulturadäquaten Umgang der Nutzer mit Patienten aus dem arabischen Kulturraum verbessern sollte. Um den Nutzen für den Auftraggeber, einen Weiterbildungsanbieter, der in der angestrebten Vermarktbarkeit des Moduls für die Zielgruppe bestand, sicherzustellen, musste diese das Modul auch einsetzen. Die Voraussetzungen dafür, dass das medizinische Fachpersonal den Kurs mit hoher Wahrscheinlichkeit auch absolviert, mussten also mitgeplant werden.

Dies beinhaltet Überlegungen zur Attraktivität des Moduls, zu seiner Aktualität und seiner Praxisrelevanz. Ein wesentlicher Anreiz für die Nutzung ist aber die Anrechnung auf vorgeschriebene Pflichtfortbildungen, die von anderen Instanzen genehmigt werden muss. Diese zusätzliche Bedingung wurde dem Projektteam nicht vermittelt, so dass es sich bei der Modulentwicklung ausschließlich auf die interkulturellen Inhalte konzentrierte und zusätzliche Nutzungsbedingungen nicht mitbeachtete. Folge war, dass das Modul nicht vermarktet wurde.

Erweist sich bei gleichbleibender Nutzenerwartung die Nutzung der Leistungen als unerwartet kompliziert, kann ein Fortsetzungsprojekt in Erwägung gezogen werden. Dieses könnte sich dann mit den Voraussetzungen zur Nutzung der Leistungen, etwa der Einführung der entwickelten Methoden und Konzepte oder der Durchführung von Trainings beschäftigen.

183 vgl. Abschnitt 6.1

Checkliste Strategieplanung

- Leisten die zu erwartenden Projektergebnisse einen Beitrag zu Erreichung der Organisationsziele?
- Welche konkreten messbaren Leistungen kann das Projekt erbringen?
- Wie soll das Projekt vorgehen, um die Leistungserstellung sicherzustellen? Und wie wird dies begründet?
- Wie und von wem können die Leistungen so genutzt werden, dass der erwartete Nutzen und damit das Projektziel erreicht werden können? Müssen hierfür Voraussetzungen geschaffen werden?
- Welche Vorarbeiten sind vor Projektbeginn zu erbringen? Ist es sinnvoll, eine Vorphase zu einzuplanen?
- Wurden die Erwartungen an das Projekt und die Strategie mit der übergeordneten Führungsebene der Organisation abgestimmt?
- Wurden eine Risikoanalyse und eine Analyse der Nebenwirkungen durchgeführt und Maßnahmen zur Reduzierung der negativen Einflüsse überlegt?

Nachdem Sie Ihr Projekt sorgfältig geplant haben, stellen Sie es bitte noch einmal zusammenhängend übersichtlich an Hand einer Wirkungskette dar.

17.4 Durchführungsplanung

Basierend auf der gewählten Strategie werden Sie nun den Prozess der Leistungserstellung in Teilziele oder *Meilensteine* unterteilen und einen verbindlichen *Zeitplan* mit realistischen Zeitpuffern erstellen. Falls erforderlich, können weitere *Indikatoren* formuliert werden, durch die das Erreichen der Meilensteine und ggf. deren Qualität gemessen werden können.

Anschließend werden die Leistungen in einzelne *Aktivitäten* zerlegt, die *Verantwortlichen* bestimmt, *Ressourcen* zugeteilt und ein *Projektmonitoring*[184] eingerichtet. Falls einige der zuvor identifizierten *Voraussetzungen* (Wirkungshypothesen) Aktivitäten sind, werden diese in die Durchführungsplanung übernommen. Zusätzlich sollte überlegt werden, ob und in welcher Form sich das Projekt mit anderen Organisationseinheiten oder Projekten insgesamt oder in Einzelfragen abstimmen und *koordinieren* muss.

Die Durchführungsplanung kann in einem **Projektablaufplan** (Operationsplan) abgebildet werden, der einen Überblick über die einzelnen Schritte, Verantwortlichkeiten, Ablauftermine und erforderliche Ressourcen in einem übersichtlichen Format festlegt (vgl. Abbildung 6/11). Dabei ist darauf zu achten, dass die Meilensteine deutlich als zu erreichende Teilziele formuliert sind, während die einzelnen Aktivitäten noch nicht zu detailliert beschrieben werden müssen.

Operationsplan für IK Projekt					(5) Zeitplanung Quartal				(6) Monitoring (erfolgt später)		Sonstige	
Nr	(1) Leistung	(2) Meilenstein	(3) Aktivität	(4) Verantwortung	1	2	3	4	Status +/-	Entscheidung	(7) Budget	(8) Risiko (R) Nebenwirkung (N)
1			A1	Person X								R1 und N1 beachten
2	A	M1	A2			M1						
3			A3	Person Y								R2 beachten
4			B1	Person Z								N 2 beachten
5	B		B2	Person V								
6		M2	B3				M2					R 3 und N3 beachten

Abbildung 6/11: Projektablaufplan (Beispiel)

[184] vgl. Kapitel 18

Die Erstellung eines Projektablaufplans erlaubt es systematisch zu überprüfen, ob die geplanten Aktivitäten ausreichend sind, wie geplant durchgeführt werden und die Leistungen in der vereinbarten Form erbracht werden (können). Obwohl der Ablauf damit vorstrukturiert ist, ermöglichen die eingeplanten Freiheitsgrade eine flexible Handhabung.

Für interkulturelle Projekte i.w.S., bei denen Angehörige verschiedener Kulturen beteiligt sind, wie etwa bei Projekten mit Migranten oder mit internationalen Managern sollten kulturell divergierende Auffassungen, Einstellungen und Verhaltensweisen frühzeitig antizipiert werden, um sie im gesamten Planungsprozess und spätestens bei der Projektdurchführung berücksichtigen zu können.

Dabei wird es notwendig sein, *interkulturelle Zeitpuffer* einzuplanen, um divergierende Zeitvorstellungen abfedern zu können. Um einen absehbaren Zeitverzug zu vermeiden, sollten Projekte möglichst von einer starren Zeitachse entkoppelt werden, so dass einzelne Schritte vorgezogen und nacheinander geplante Schritte auch parallel ausgeführt werden können.

Checkliste Durchführungsplanung

- Wurden Meilensteine festgelegt, deren Erreichen man messen kann? Wurden hierfür Indikatoren formuliert?
- Hat die Organisation zu einem früheren Zeitpunkt schon versucht, vergleichbare interkulturelle Ziele zu erreichen?
- Sollte sich das Projekt mit anderen Organisationseinheiten oder Projekten abstimmen oder mit diesen kooperieren?
- Wurde ein Projektablaufplan mit Meilensteinen, Aktivitäten, Verantwortlichkeiten, Terminen und Ressourcenerfordernissen erstellt?
- Wurden genügend Zeitpuffer eingeplant?
- Sind die erforderlichen Ressourcen für die Erstellung der Leistungen vorhanden?

Erstellen Sie für Ihr Projekt einen Projektablaufplan (Operationsplan).

Zusammenfassung Kapitel 17

Für interkulturelle Projekte wird ein dreistufiger Planungsprozess vorgeschlagen. In der Situationsanalyse werden die interkulturellen Problembereiche identifiziert, die durch das Projekt bearbeitet werden sollen. Die Rahmenbedingungen werden analysiert, eine Akteursanalyse gibt Aufschluss über bestehende Interessen und Zielgruppen, zudem wird der organisationsspezifische Informationsbedarf bestimmt. Im Rahmen der Zielplanung erfolgt dann die Auftragsklärung, bei der auch der Projektnutzen und damit das Projektziel festgelegt werden.

In der Strategieplanung wird der Beitrag des Projekts zu den Organisationszielen definiert. Anschließend werden die Vorgehensweise, die durch das Projekt zu erbringenden Leistungen und die Nutzung dieser Leistungen durch den Auftraggeber oder andere Nutzer geplant. In der Risikoanalyse werden extern oder intern verursachte Risiken, die die Leistungserbringung und damit die Erreichung des Projektziels gefährden können, identifiziert. In der Nebenwirkungsanalyse werden durch das Projekt erzeugte ungeplante negative Nebenwirkungen sowie positive Nebenwirkungen analysiert. In beiden Fällen müssen Maßnahmen geplant werden, die die möglichen negativen Einflüsse auf den Projekterfolg abschwächen. Die Wirkungskette verknüpft die verschiedenen Ebenen logisch miteinander und bildet den geplanten Verlauf des Projekts nach der Auftragserteilung ab.

Die Durchführungsplanung kann in einem Projektablaufplan abgebildet werden, der einen Überblick über Meilensteine, Verantwortlichkeiten, Ablauftermine und erforderliche Ressourcen in einem übersichtlichen Format gibt. Hier wird zudem geklärt, ob und in welcher Form das Projekt mit anderen Organisationseinheiten kooperieren kann. Obwohl die Projektdurchführung damit vorstrukturiert ist, ermöglichen die eingeplanten Freiheitsgrade, dass diese auch flexibel gehandhabt werden kann. Dabei wird es notwendig sein, „interkulturelle Zeitpuffer“ einzuplanen, um divergierende Zeitvorstellungen abfedern zu können.

18 Ergebniskontrolle interkultureller Projekte

Der Nutzen, den Sie sich von Ihrem Projekt versprechen, haben Sie bereits in dem Projektziel formuliert. Überlegen Sie, wie man diesen eventuell messen könnte?

Erfolgreiche Projekte basieren häufig auf **Kosten-Nutzen-Analysen.** Wegen fehlender Erfahrungswerte können diese bei interkulturellen Projekten aber nur ausnahmsweise durchgeführt werden oder sie beruhen auf eher spekulativen Annahmen. So werden auf der Nutzenseite z.B. zunächst nur allgemeine Aspekte, wie etwa ein „besseres Betriebsklima" vermutet. Diese reichen allerdings kaum aus, um Entscheidungsträger von einem geplanten interkulturellen Projekt zu überzeugen.

Effektivität und Relevanz eines interkulturellen Projekts für die Organisation müssen also realistisch eingeschätzt werden, um den erwarteten Nutzen präzise und möglichst auch messbar darstellen zu können. Dass dies häufig gar nicht oder zu spät geschieht, liegt an der unzureichenden Kenntnis interkultureller Sachverhalte und falschen Erwartungen. Daher sollte schon bei der Vorbereitung des Projektangebots der mögliche Projektnutzen abgeschätzt werden, um so messbare Ziele und passende Leistungen mit dem Auftraggeber aushandeln und vereinbaren zu können.

Auf der anderen Seite müssen nur schwer quantifizierbare Nebenwirkungen einkalkuliert werden. So können interkulturelle Projektaktivitäten, wie etwa Interviews oder Fragebogenaktionen, im ungünstigen Fall interkulturelle Sensibilitäten verletzen, im günstigen das Bewusstsein für die Bedeutung interkultureller Maßnahmen erhöhen (*awareness raising*).

Beispiel 6/13

Diversity Management-Projekte können das Ziel haben, interkulturelle Konflikte zu reduzieren und durch Heterogenität entstehende Synergieeffekte für die Organisation zu mobilisieren. Werden solche interkulturellen Projekte geplant, muss aber auch darauf geachtet werden, dass nicht Unterschiede zu stark hervorgehoben werden, so dass neue Trennungslinien, Ausgrenzungen und Diskriminierungsmöglichkeiten erst geschaffen werden. Diese ungeplanten negativen Nebenwirkungen können einen Erfolg des Projekts abschwächen oder gar konterkarieren.

Das gleiche gilt für **Risiken** bei der Projektdurchführung. Ein Risiko kann beispielsweise darin bestehen, dass die auftraggebende Organisation während der Projektlaufzeit Mitarbeiter aus unternehmenspolitischen Gründen entlassen muss, so dass der Stellenwert des Projekts sinkt und die Durchsetzung der Projektvorschläge erschwert wird.

Die Möglichkeiten den konkreten Nutzen interkultureller Projekte festzustellen sind zudem begrenzt.[185] Eine direkte Messung durch *Kennziffern*, die sich unmittelbar aus den Zielen ableiten lassen, wie Gewinnsteigerungen oder Kostensenkungen, ist bei interkulturellen Projekten nur selten möglich, da derartige Projekte häufig Ergebnisse und Wirkungen erzielen sollen, die gerade *nicht direkt messbar* sind.

In diesem Fall werden **Indikatoren** zur Erfolgsmessung benötigt. Während Kennziffern Ergebnisse und Wirkungen *direkt* messen, werden Indikatoren dann genutzt, wenn Ergebnisse *indirekt* gemessen werden sollen. Dies ist immer dann notwendig, wenn diese durch komplexe oder abstrakte Begriffe ausgedrückt werden, wie „höhere Leistungsfähigkeit", „bessere Qualität", „effektiveres Teammanagement", „verbesserte Kommunikation", „interkulturelle Unternehmenskultur", „gestiegene Wettbewerbsfähigkeit" oder eben auch „besseres Betriebsklima". Hierbei können sowohl *qualitative* als auch *quantitative* Indikatoren verwendet werden, wobei beide möglichst eindeutige Zielwerte aufweisen sollten.

Beispiele 6/14

Ein qualitativer Indikator, der die „größere Zufriedenheit" von Mitarbeitern in einer multikulturell zusammengesetzten Abteilung eines Unternehmens messen soll, kann dies anhand von subjektiven qualitativen Interviews „vorher – nachher" ermitteln, wenn festgelegt wird, dass eine Mindestanzahl, z.B. 50%, eine solche Verbesserung feststellen können. Durch einen quantitativen Indikator könnte die Qualitätssteigerung in derselben Abteilung durch den Rückgang fehlerhafter Produktion um einen bestimmten Prozentsatz über einen bestimmten Zeitraum (z.B. 20% innerhalb eines Jahres) ermittelt werden.

[185] vgl. Kapitel 8

> Das komplexe Ziel „höhere Leistungsfähigkeit" kann durch die Indikatoren: „Zunahme von Kundenkontakten um einen bestimmten Prozentsatz", „Umsatzsteigerung um ... %" oder „gestiegene Produktivität um ... %", jeweils in einem bestimmten Zeitraum, gemessen werden.
>
> Eine „Qualitätssteigerung" kann durch „Rückgang an Reklamationen um ... %", „geringere Personalfluktuation" oder eine „kostenneutral mögliche Gewährung längerer Garantiezeiten" gemessen werden.

Nach einer gängigen Formel sollen Indikatoren „*SMART*" sein: *specific* (spezifisch), *measurable* (messbar), *achievable* (erreichbar), *relevant* (relevant) und *timebound* (zeitbezogen).

Das Anforderungsspektrum an Indikatoren lässt sich noch etwas erweitern. Sie sollten *richtig* formuliert sein, d.h. klare Angaben darüber enthalten, wer was wann in welchem Umfang geändert haben sollte. Zudem sollten sie *valide* sein und genau die interkulturellen Wirkungen messen, die auch erreicht werden sollen. Des Weiteren sollten sie nur *wichtige* und *plausible* Ergebnisse messen, also bedeutsame Wirkungen des Projekts, die auch ausschließlich durch dessen Aktivitäten und Leistungen und nicht durch andere Einflussfaktoren erreicht wurden. Die Messung der Indikatoren sollte ohne allzu großen Aufwand möglich sein (*effizient*) mit Daten, die auch zeitnah erhoben werden können. Schließlich sollen sie *kulturell akzeptabel* sein, dies gilt für den Indikator selbst, die Erhebungsmethoden und die Ergebnisse. Abbildung 6/12 stellt diese Kriterien zusammen.

Nr.	**Der Indikator muss .... sein**	**Das heißt: Der Indikator soll ...**
1	**richtig**	... deutlich machen, **was** genau **wann** durch **wen** erreicht sein soll
2	**valide**	... eine genaue Antwort auf eine präzise gestellte **Frage** geben
3	**wichtig**	... nur wirklich **bedeutsame** Aspekte messen
4	**realistisch**	... nur tatsächlich **erreichbare** Ergebnisse messen
5	**wirkungsorientiert**	... möglichst **Verhaltensänderungen** oder andere durch das Projekt hervorgerufene **Wirkungen** messen
6	**plausibel**	... nur das messen, was wirklich durch das **Projekt** bewirkt wurde
7	**effizient**	... ohne allzu großen **Aufwand** messbar sein
8	**messbar**	... sich auf **Daten** stützen, die auch zeitnah **erhoben** werden können
9	**akzeptierbar**	Schließlich sollen der Indikator selbst, die Messung und die Konsequenzen **interkulturell** akzeptiert werden

Abbildung 6/12: Checkliste für Indikatoren

Was sollen und können interkulturelle Projekte nun tatsächlich bewirken? Grundsätzlich liegt ihr Nutzen in der Steigerung von Effektivität oder Effizienz der jeweiligen Organisation.[186] Die **Effektivität** kann erhöht werden, wenn das Projekt die *Leistungsfähigkeit* im interkulturellen Kontext erhöht, wenn also die Nutzung der Projektergebnisse zu besseren Arbeitsergebnissen führt. Dies kann durch das Initiieren von *Lernprozessen* auf individueller und auf institutioneller Ebene geschehen, etwa dadurch, dass die Mitarbeiter die Möglichkeit erhalten, ein besseres Verständnis interkultureller Zusammenhänge zu erwerben und neue Methoden für ihren Arbeitskontext zu nutzen. Damit steigen individuelle *Leistungsfähigkeit* und Handlungskompetenz und meist auch Motivation und Zufriedenheit. So kann es beispielsweise gelingen,

- die auf interkulturelle Situationen bezogene Problemlösungsfähigkeit von Mitarbeitern und Organisation zu erhöhen,
- kulturell angemessene und nachhaltigere Entscheidungen zu treffen,
- durch die Reduzierung interkultureller Konfliktsituationen eine Verlängerung der produktiven Arbeitszeit und hierdurch einen direkten Beitrag zu Kostensenkungszielen zu liefern,
- die Voraussetzungen für Innovations- und Änderungsprozesse zu verbessern und die in der Globalisierung liegenden Chancen zu vergrößern oder
- durch die Verbesserung des Betriebsklimas die *Zufriedenheit* und *Motivation* der Mitarbeiter zu erhöhen.

Die Effektivitätsüberlegungen können durch eine Einschätzung der **Nachhaltigkeit** ergänzt werden, also ob die durch das interkulturelle Projekt vermittelten Ansätze und Konzepte, Instrumente und Methoden dauerhaft genutzt, institutionalisiert oder weiterentwickelt werden. Dies ist anzunehmen, wenn sie überzeugen können und überzeugend vermittelt werden konnten.

Effizienzüberlegungen können in zwei Richtungen gehen: Zum einen kann *kurzfristig* abgeschätzt werden, ob die direkten Projektdurchführungskosten in einem vertretbaren Verhältnis zu einem evtl. quantitativ messbaren Nutzen stehen. Zum anderen kann analysiert werden, ob die Projektfolgekosten durch die erwarteten positiven Wirkungen, wie Kos-

---

[186] vgl. hierzu BMZ (2006); OECD (1991)

tensenkungen oder Produktivitätssteigerungen, auf *längere Sicht* überkompensiert werden. Projektfolgekosten sind im Wesentlichen die Kosten, die durch die Umsetzung der von dem Projekt vorgeschlagenen Lösungsvorschläge entstehen, wie Weiterbildungsmaßnahmen oder eine Anpassung der Organisationskultur. Hier wird also geprüft, ob die Umsetzung der Projektvorschläge zu einer Steigerung des Organisationsgewinns beitragen kann.

Der an den Indikatoren gemessene Projektnutzen ist der Maßstab für den Projekterfolg. Es liegt daher im Interesse von Auftraggeber und Projektteam, schon zu Projektbeginn ein **Monitoringsystem** einzuführen, durch das der Projektverlauf regelmäßig beobachtet werden kann, um bei Abweichungen gegensteuern zu können. Eine Ampel (grün, gelb, rot) kann signalisieren, ob Entscheidungsbedarf besteht. Da die angestrebten Projektwirkungen ja häufig erst durch die Nutzung der Leistungen erreicht werden können, ist es in vielen Fällen angebracht, das Monitoring über die direkte Projektlaufzeit hinaus fortzuführen. Durch Monitoring kann systematisch geprüft werden, ob

- eine Nutzung der Leistungen zu erwarten ist und auch stattfindet,
- die antizipierten Voraussetzungen (Wirkungshypothesen) hierfür ausreichend sind,
- durch die Nutzung der Leistung die angestrebten Ziele tatsächlich erreicht werden (können),
- ein Beitrag zu den Organisationszielen geleistet wird und ob
- Risiken oder negative Nebenwirkungen eintreten und ggf. Gegenmaßnahmen wirkungsvoll waren.

Projekt:							Messung 1 Datum:		
Nr.	Was wird gemessen?	Indikator	Welche Daten werden benötigt?	Wer ist verantwortlich für die Datenerhebung und -bewertung?	Wann wird gemessen?	Welche Unterstützung oder Ressourcen werden benötigt?	Ausgangs- oder Basiswert	Ergebnis	Entscheidung
1	Nutzung der Leistung / Wirkungshypothesen								
2									
3									
4	Nutzen (Ziel) / Wirkungshypothesen								
5									
6	Risiken / Nebenwirkungen								
7									
8									
9									

Abbildung 6/13: Monitoringplan

Hierfür kann ein Monitoringplan aufgestellt werden, der einen Überblick darüber gibt, was gemessen werden soll, ob hierfür Indikatoren notwendig sind, welche Daten tatsächlich benötigt und gemessen werden können, wer für die verschiedenen Monitoringaktivitäten verantwortlich ist, wann und wie oft die Messungen erfolgen sollen und ob hierfür evtl. fachliche oder finanzielle Ressourcen bereitgestellt werden müssen. Ferner sollte ein Ausgangs- oder Basiswert bestimmt, die Monitoringergebnisse festgehalten und bewertet werden – hierfür kann eine Ampeldarstellung gewählt werden – und schließlich sollten die notwendigen Entscheidungen dokumentiert werden, vgl. Abb. 6/13.

Ich schlage vor, das Monitoring schon frühzeitig zu planen und Prozesse und Verantwortlichkeiten spätestens nach der Auftragsklärung festzulegen, um die für die Bewertung des Nutzens relevanten quantitativen und qualitativen Daten schon bei Projektbeginn erheben und sie für die Erstellung der Kosten-Nutzen-Analyse nutzen zu können.

Checkliste Ergebniskontrolle

- Wurden „smarte" Indikatoren zur Messung des Nutzens und der Projektziele formuliert?
- Lassen sich die direkten und indirekten Kosten für die Durchführung der Projektvorschläge abschätzen?
- Kann das Projekt die Effizienz und/oder die Effektivität der Organisation nachhaltig verbessern?
- Werden Lernprozesse in Bezug auf das bessere Verständnis interkultureller Zusammenhänge initiiert? Sind diese nachhaltig?
- Lässt sich eine auf überprüfbaren Hypothesen basierende Kosten-Nutzen-Analyse erstellen?
- Wurde ein Monitoringsystem eingerichtet und ein Monitoringplan erstellt?

Entwickeln Sie abschließend für Ihr Projekt ein Monitoringsystem und stellen dieses dann in einem Monitoringplan dar.

Zusammenfassung Kapitel 18

Die Ergebnisanalyse interkultureller Projekte sollte auf einer Kosten-Nutzen-Analyse basieren. Bei den Kosten müssen auch die Folgekosten und die Kosten unerwünschter negativer Nebenwirkungen berücksichtigt werden. Diesen muss der Nutzen gegenübergestellt werden, der meist in einer Steigerung der Effektivität oder der Effizienz der jeweiligen Organisation gesehen wird. Positive *Effizienzeffekte* sind dann gegeben, wenn die Projektwirkungen auf längere Sicht direkt oder indirekt zu einer Senkung von Kosten oder zur Steigerung der Gewinne der Organisation führen. Eine Erhöhung der *Effektivität* liegt dann vor, wenn das Projekt durch die explizite Berücksichtigung interkultureller Aspekte auf längere Sicht zu einer größeren Leistungsfähigkeit der Organisation beiträgt. Durch die Einschätzung der *Nachhaltigkeit* soll festgestellt werden, ob die durch das interkulturelle Projekt vermittelten Ansätze und Konzepte, Instrumente und Methoden dauerhaft genutzt, institutionalisiert oder weiterentwickelt werden. Da eine direkte Messung häufig schwierig ist, bietet sich eine indirekte Messung über Indikatoren an, die „SMART" sein sollten: specific (spezifisch), measurable (messbar), achievable (erreichbar), relevant (relevant) und timebound (zeitbezogen).

Es liegt im Interesse von Auftraggeber und Projektteam schon zu Projektbeginn ein Monitoringsystem einzuführen, durch das der Projektverlauf regelmäßig beobachtet wird, um bei Abweichungen gegensteuern zu können. Ein Monitoringplan gibt einen Überblick darüber, was gemessen werden soll, ob Indikatoren formuliert werden müssen, welche Daten hierfür benötigt werden, wer für die verschiedenen Monitoringaktivitäten verantwortlich ist, wann und wie oft die Messungen erfolgen sollen und ob fachliche oder finanzielle Ressourcen bereitgestellt werden müssen. Ferner sollte ein Ausgangswert für den Indikator bestimmt, die Monitoringergebnisse festgehalten und bewertet und die notwendigen Entscheidungen dokumentiert werden.

Nachdem Sie sich jetzt durch das Buch hindurch gearbeitet haben, könnten Sie reflektieren, welche Erkenntnisse Ihnen das „Praxistraining Interkulturelles Management" gebracht hat. Die folgenden Fragen können Ihnen hierzu Anstöße geben:

- *Ist mir das Thema „Interkulturelles Management" jetzt vertraut?*
- *Bin ich motiviert, meine neuen Erkenntnisse bald umzusetzen?*
- *Welche Erkenntnisse möchte ich in den nächsten Monaten umsetzen?*
- *Was könnte mich daran hindern, diese umzusetzen?*
- *Inwiefern haben mir die Fragen im Text geholfen?*
- *Welche Kapitel finde ich für meine Arbeit besonders nützlich?*
- *Was habe ich in diesem Buch vermisst?*

Über Ihre Rückmeldung würde ich mich freuen.

Literaturverzeichnis

Apfelthaler, G. (1999) Interkulturelles Management. Die Bewältigung kultureller Differenzen in der internationalen Unternehmenstätigkeit; Wien

Aretz, H.-J. et al. (2002) Diversity und Diversity-Management im Unternehmen; Münster u.a.

Bank für Internationalen Zahlungsausgleich (BIZ) Jahresbericht (www.biz. org)

Barmeyer, C. (2000) Interkulturelles Management und Lernstile. Studierende und Führungskräfte in Frankreich, Deutschland und Quebec; Frankfurt a.M./New York

Bartlett, C. / Ghoshal, S. (2002) Managing across Borders. The transnational solution; London

Beamer, L. / Varner, I. (2008) Intercultural Communication in the Global Workplace, 4th ed.; New York

Bergmann, N. / Sourisseaux, A.L.J. (Hrsg.) (2003) Interkulturelles Management, 3. Aufl.; Berlin u.a.

Bolten, J. (2002) Interkulturelles Coaching, Mediation, Training und Consulting als Aufgaben des Personalmanagements internationaler Unternehmen; in: Bolten, J./Erhardt, C. (Hrsg.) Interkulturelle Kommunikation, Sternenfels; S. 369–394

Bolten, J. (2007) Was heißt „Interkulturelle Kompetenz"? Perspektiven für die internationale Personalentwicklung; in: *Berninghausen, J. / Kreuzer, V.* (Hrsg.) Wirtschaft als interkulturelle Herausforderung; London/Frankfurt a.M. 2007, S. 21–42

Bolten, J. (2007/1) Einführung in die interkulturelle Wirtschaftskommunikation; Göttingen

Breidenbach, J. (2009) Abschied von den Schubladen. Wie wir kulturelle Unterschiede neu verstehen können; in: Felixberger, P. / Gleich, M. (Hrsg.) Culture Counts; Berlin, S. 147–157

Breidenbach, J. / Nyíri, P. (2008) Maxikulti. Der Kampf der Kulturen ist das Problem zeigt die Wirtschaft uns die Lösung? Frankfurt a.M./New York

Bryan, L. et al. (2000) Die neue Weltliga. Wie Unternehmen von grenzenlosen Märkten profitieren; Frankfurt a.M./New York

Bundesministerium für wirtschaftliche Zusammenarbeit und Entwicklung (BMZ) (2006) Evaluierungskriterien für die deutsche bilaterale Entwicklungszusammenarbeit. Eine Orientierung für Evaluierungen des BMZ und der Durchführungsorganisationen; Berlin

Chen, G.-M. / Miike, Y. (2006) The Ferment and Future of Communication Studies in Asia: Chinese and Japanese Perspectives, in: China Media Research 2, S. 1–12

Cheverton, P. (2004) Key Marketing Skills; London

Chokar, J.S. et al. (2007) Culture and Leadership Across the World: The Globe Book of In-Depth Studies of 25 Societies; Mahwah, N.J./ London

Deardoff, D. (2006) Interkulturelle Kompetenz – Schlüsselkompetenz des 21. Jahrhunderts? Thesenpapier der Bertelsmann Stiftung

Deutsche Bank Research (2010) Globale Finanzzentren nach der Krise, Frankfurt a.M., 30.11.2010

Dörrenbächer, C. / Riedel, C. (2000) Strategie, Kultur und Macht. Ein kleiner Streifzug durch die Literatur zur Internationalisierung von Unternehmen; in: Dörrenbächer, C. / Plehwe, D. (Hrsg.) Grenzenlose Kontrolle? Organisatorischer Wandel und Politische Macht multinationaler Unternehmen; Berlin, S. 15–41

Doz, Y. / Prahalad, C. (1993) Managing DMNCs: A Search for a New Paradigm; in: Bartlett, C. / Westney, D. (Hrsg.) Organisation Theory and the Multinational Corporation; London u.a.

Dülfer, E. / Jöstingmeyer, B. (2008) Internationales Management in unterschiedlichen Kulturbereichen; 7. Aufl.; München

Earley, C.P. / Singh, H. (1995) International and intercultural management research: What's next? in: DeNisi, A. et al. (Hrsg.) The Academy of Management Journal, Vol. 38, No. 2

Edmans, A. (2011) Does the stock market fully value intangibles? Employee satisfaction and equity prices. http://faculty.london.edu/ aedmans/Rowe.pdf

Ehrmann, H. (2006) Balanced Scorecard, 4. Aufl.; Ludwigshafen

Emiliani, M.L. (2003) Linking leaders' beliefs to their behaviors and competencies; in: Management Decision 41/9

Fernandez, D. T. et al. (1997) Hofstede's Country Classification 25 Years Later. The Journal of Social Psychology, 137(1), pp 43–54

Festing, M. (2009) Internationales Personalmanagement und Internationales Management; in: Oesterle, M.-J. / Schmidt, S. (Hrsg.) Internationales Management; Stuttgart, S. 517–543

Fockenbroch, D. / Terpitz, K. (2010) Die Zukunft des Managements: Der Blick in die Glaskugel; in: Handelsblatt vom 31.12.2010, S. 38f.

Gooderham, P. / Nordhaug, O. (2001) Are Cultural Differences in Europe on the Decline? Economic Business Forum, Vol. 8, pp 48–53

Goodstein, L. D. (1981) Commentary: Do American Theories Apply Abroad? Organizational Dynamics, (Summer), pp 49–54

Haas, H. (2009) Das interkulturelle Paradigma; Passau

Haas, M. / Mortensen, M. (2016) Die Geheimnisse guter Teamarbeit; in: Harvard Business Manager, Juli 2016, S. 32–39

Hall, E. (1989) Beyond Culture; New York

Hall, E. / Hall, M. (1990) Understanding Cultural Differences; Yarmouth/ Maine

Haller, P.M. / Nägele, U. (2013) Praxishandbuch Interkulturelles Management, Wiesbaden

Hampden-Turner, C. / Trompenaars, F. (2000) Building Cross-Cultural Competence. How to Create Wealth from Conflicting Values; New York u.a.

Hansen, K.P. (2003) Kultur und Kulturwissenschaft. Eine Einführung, 3. Aufl.; Tübingen

Harris, P.R. / Moran, R. (1999) Managing Cultural Differences; 5th ed.; Woburn MA

Hatzer, B. / Layes, G. (2005) Interkulturelle Handlungskompetenz; in: Thomas, A et al. (Hrsg.) Handbuch Interkulturelle Kommunikation und Kooperation, Bd. 1 Grundlagen und Praxisfelder; Göttingen, 2. Aufl.

Hauser; A. (2009) Interkulturelle Erfolgsfaktoren im Consulting – Saudi-arabische Projekterfahrungen; in: Koch, E. / Speiser, S. Interkulturelle Projekte – Angewandte Interkulturalität; München/Mering, S. 87–106

Helmolt, K. v. (2007) Einsatz gesprächsanalytischer Methoden zur Vermittlung interkultureller Kompetenz in Training und Beratung; in: Straub, J. et al. (Hrsg.) Handbuch Interkulturelle Kommunikation und Kompetenz; Stuttgart, S. 736–772

Henze, J. (2007) Interkulturelle Kommunikation und Kompetenz: Nichtwestliche Perspektiven, in: Straub, J. et al. (Hrsg.) Handbuch interkulturelle Kommunikation und Kompetenz: Grundbegriffe, Theorien, Anwendungsfelder; Stuttgart, S. 304–314

Hofstede, G. (1980) Culture's Consequences – International Differences in Work Related Values; London u.a.

Hofstede, G. (1991) Cultures and Organizations. Software of the Mind. Intercultural Cooperation and its Importance for Survival; London u.a.

Hofstede, G. (2006) Lokales Denken – globales Handeln, 3. Aufl.; München

Holden, N. (2004) Cross-Cultural Management; Harlow

Holtbrügge, D. / Schillo, K. (2006) Virtuelle Auslandsentsendungen; WiSt Heft 6/ 2006, S. 320–324

Holzbaur, U. (2000) Management; Ludwigshafen

Holzmüller, H. (2009) Prozedurale Herausforderungen in der Forschung zum Interkulturellen Management und Ansätze zu deren Handhabung; in: Oesterle, M.-J. / Schmidt, S. (Hrsg.) Internationales Management; Stuttgart, S. 251–282

Hopfenbeck, W. (1998) Allgemeine Betriebswirtschafts- und Managementlehre; Landsberg

House, Robert J. et al (ed.) (2004) Culture, Leadership, and Organizations: The GLOBE Study of 62 Societies; Thousand Oaks, California

Hunt, J. W. (1981) Applying American behavioral science: Some cross-cultural problems. Organizational Dynamics, (Summer), pp 55–62

IBM (2010) Global CEO Study 2010 „Unternehmensführung in einer komplexen Welt"

Inglehart, R. / Welzel, C. (2005) Modernization, Cultural Change and Democracy; New York (www.worldvaluessurvey.org WVSContents.jsp) (Abrufdatum: 01.05.2016)

Inglehart, R. / Welzel, C. (2010) Changing Mass Priorities: The Link Between Modernization and Democracy. Perspectives on Politics June 2010, Vol 8, No. 2

Jammal, E. / Schwegler, U. (2007) Interkulturelle Kompetenz im Umgang mit arabischen Geschäftspartnern. Ein Trainingsprogramm; Bielefeld

Javidan, M. et al. (2010) Der Globale Manager; in: Harvard Business Manager, Juni 2010, 2010, S. 24–33

Javidan, M. et al. (eds.) (2007) The Global Mindset; Emerald Group Publishing Ld., Bingley (UK)

Jung, R.H. et al. (2011) Allgemeine Managementlehre, 4. Aufl. 2011

Kaplan, R.S. (2001) Die strategiefokussierte Organisation. Führen mit der Balanced Scorecard; Stuttgart

Kaplan, R.S. et al. (2010) Allianzen führen mit der Balanced Scorecard; in: Harvard Business Manager, April 2010, S. 77–85

Kaplan, R.S. / Norton, D.P. (1997) Balanced Scorecard. Strategien erfolgreich umsetzen; Stuttgart u.a.

Khanna, T. (2014) Intelligent expandieren; in Harvard Business Manager, November 2014, S. 26–37

Khanna, T. / Palepu, K. (2010) Winning in Emerging Markets: A Road Map for Strategy and Execution, Harvard Business Review Press

Koch, E. (2006) Internationale Wirtschaftsbeziehungen; München, 3. Aufl.

Koch, E. (2008/1) Interkulturelles Management: Vorschläge zur Abgrenzung und Systematisierung; in: Koch, E. / Speiser, S. (Hrsg.) Interkulturelles Management – Neue Ansätze, Erfahrungen und Erkenntnisse; München/Mering, S. 1–33

Koch, E. (2008/2) Entwicklung interkultureller Managementkompetenz – Das 4-Stufen-Prozessmodell; in: Koch, E. /Speiser, S. (Hrsg.) Interkulturelles Management – Neue Ansätze, Erfahrungen und Erkenntnisse; München/Mering, S. 101–127

Koch, E. (2009/1): Was sind Interkulturelle Projekte? – Typen, Planung, Ergebnisse; in: Koch, E. / Speiser, S. (Hrsg.) Interkulturelle Projekte – Angewandte Interkulturalität; München/Mering, S. 1–33

Koch, E. (2009/2) Interkulturelle Praxisprojekte – Erfahrungen und Einsichten. Kooperationen des Masterstudiengangs „Interkulturelle Kommunikation und Kooperation" mit Unternehmen und privaten Organisationen; in: Koch, E. / Speiser, S. (Hrsg.) Interkulturelle Projekte – Angewandte Interkulturalität; München/Mering, S. 185–210

Koch, E. (2009/3) Plädoyer für einen Kommunikationsstil Süd – Kommunikation in multikulturellen Situationen; in: Koch, E. / Speiser, S. (Hrsg.) Interkulturelle Projekte – Angewandte Interkulturalität; München/Mering, S. 159–184

Koch, E. (2010) Remittances and Brain Gain – Impacts of International Migration; in: Koch, E. / Speiser, S. Internationale Migration – Chancen und interkulturelle Anforderungen, München/ Mering, S. 1–22

Koch, E. (2012/1) Managementstil Süd: Überlegungen zu interkulturellen Steuerungsgrundsätzen für Entwicklungsprojekte; in: Koch, E. / Speiser, S. (Hrsg.) Interkulturalität in der internationalen Entwicklungszusammenarbeit; München/Mering

Koch, E. (2014) Interkulturelles Management in Transnationalen Unternehmen. Theoretische Ansätze und empirische Ergebnisse; in: Barié-Wimmer, F./von Helmholt, K./Zimmermann, B. (Hrsg.) Interkulturelle Arbeitskontexte. Beiträge zur empirischen Forschung; Stuttgart, S. 203–226

Koch, E. (2015) (Hrsg.) Neue interkulturelle Projekte – Innovative Lösungen für Unternehmen und Institutionen; München/Mehring

Koch, E. (2016) Globalisierung: Wirtschaft und Politik. Chancen – Risiken – Antworten; Wiesbaden, 2. Aufl.

Krewer, B. / Uhlmann, A. (2015) Modelle zur internationalen Kompetenzentwicklung; Bad Honnef, 2. Aufl.

Kroeber, A. / Kluckhohn, C. (1952) Culture – a Critical Review of Concepts and Definitions. Papers of the Peabody Museum of American Archaeology & Ethnology, XLVII, I.

Kutschker, M. / Schmid, S. (2002) Internationales Management; München/Wien

Latorre, P. (2004) Was heißt hier eigentlich Kultur? Anthropologische Fragen an die interkulturelle Kommunikationsforschung; in: Bolten, J. (Hrsg.) Interkulturelles Handeln in der Wirtschaft; Sternenfels, S. 25–39

Mahadevan, J. (2009) Standortübergreifende Ingenieursarbeit als interkulturelles Projekt. Vom nationalkulturellen Training zum Cross-Site Consulting; in: Koch, E. / Speiser, S. (Hrsg.) Interkulturelle Projekte – Angewandte Interkulturalität; München/ Mering, S 107–120

Malik, F. (2000) Führen Leisten Leben – Wirksames Management für eine neue Zeit, 2. Aufl.; Stuttgart/München

Marcharzina, K. / Oesterle, M.-J. (Hrsg.) (2002): Handbuch Internationales Management: Grundlagen – Instrumente – Perspektiven, 2. Aufl.; Wiesbaden

Märtens, I. (2009) Interkultureller Wissenstransfer-Workshop – Element eines Wissensmanagement-Systems; in: Koch, E. / Speiser, S. Interkulturelle Projekte – Angewandte Interkulturalität; München/Mering, S. 53–66

Maznevski, M. / Zander, L. (2001) Leading Global Team: Overcoming the Challenge of the Power Paradox; in: Mendenhall, M. et al. (ed.) Developing Global Business Leaders; Westport/London

McCarthy, C. (2009) Developing German Leaders' Cross-Cultural Competencies – The Transferability of Leadership Models across Cultures in Multinational Corporations; in: Koch, E. / Speiser, S. (Hrsg.) Interkulturelle Projekte – Angewandte Interkulturalität; München /Mering, S. 121–142

McKinsey & Company (2015) Playing to win: The new global competition for corporate profits. Full Report. www.mckinsey.de/2015-0909/ playing- win-new-global-competition-corporate-profits, September 2015

McLuhan, M. (1962) The End of Geography; Toronto

Meckl, R. (2006) Internationales Management; München

Meier, H. / Roehr, S. (Hrsg.) (2004) Einführung in das Internationale Management; Herne/Berlin

Mendenhall, M.E. et al. (2001) Developing Global Leaders: Policies, Processes, and Innovations; Westport CT/London

Meyer E. (2014) Looking A Culture In The Eye, SZ vom 26.09.2014, New York Times, Internationally weekly

Miedaner, G. (2009) „ICM Pass" – Evaluierung und Weiterentwicklung interkultureller Managementkompetenzen; in: Koch, E. / Speiser, S. (Hrsg.) Interkulturelle Projekte – Angewandte Interkulturalität; München/Mering, S. 23–38

Müller, S. / Gelbrich, K: (1999) Interkulturelle Kompetenz und Erfolg im Auslandsgeschäft: Status quo der Forschung, in: Dresdner Beiträge zur Betriebswirtschaftslehre 21, TU Dresden

Müller, S. / Gelbrich, K: (2004) Interkulturelles Marketing, München

Nardon, L. / Steers (2007) Learning Cultures on the Fly; in: Javidan, M. et al. (eds.) The Global Mindset; Emerald Group Publishing Ld., Bingley (UK), pp 171–190

o.V. Global Cities Index Methodology, Foreign Policy, 18 August 2010

o.V. The 2008 Global Cities Index, Foreign Policy, 15 October 2008

OECD (1991) Development Assistance Committee: Principles for Evaluation of Development Assistance; Paris

Oesterle, M.-J. / Schmid, S. (Hrsg.) (2009) Internationales Management – Forschung, Lehre, Praxis; Stuttgart

Peters, J. (2009) IK-Profil – Ein Assessment-Center zur Feststellung interkultureller Kompetenz von Mitarbeitern; in: Koch, E. / Speiser, S. (Hrsg.) Interkulturelle Projekte – Angewandte Interkulturalität; München/Mehring, S. 39–52

Recklis, D. (2006) Die PEST(LE) – Analyse. http://www.themanagement.de/Management/PEST-Analyse.htm

Reich, R. (1997) Die neue Weltwirtschaft – Das Ende nationaler Ökonomie, Frankfurt a.M. u.a.

Reineke, R.-D. (2001) Business Driven Intercultural Management; in: Reineke, R.-D. / Fussinger, Ch. (Hrsg.) Interkulturelles Management; Wiesbaden

Rigeaudeau, J.-P (2009) Umgang mit Veränderungen: Eine Herausforderung für Hochschulen und Unternehmen; in: Oesterle, M.-J. / Schmid, S. (Hrsg.) Internationales Management – Forschung, Lehre, Praxis; Stuttgart

Rüegg-Stürm, J. (2003) Das neue St. Galler Managementmodell; Bern

Scherm, E. / Süß, S. (2001) Internationales Management: Eine funktionale Perspektive; München

Scherm, E. / Süß, S. (2002) Personalführung in internationalen Unternehmen; in: WISU 4/2002, S. 512–526

Schmid, S. (2002) Markeintritts- und Markbearbeitungsstrategien internationaler Unternehmen, in: Das WiSt, Nr. 5 (2002), S. 669–676

Schneider, S. / Barsoux, J.-L. (2003) Managing across cultures, Harlow, 2nd ed.

Scholz, C. / Stein, V. (2000) „Competitive Acceptance" im kulturübergreifenden Wettbewerb; in: Gutmann/Kabst: Internationalisierung im Mittelstand. Chancen – Risiken – Erfolgsfaktoren. Gerhard und Lore Kienbaum Stiftung; Wiesbaden, S. 193–226

Schwarz-Woelzl, M. / Maad, C. (2004) Diversity und Managing Diversity Teil 2: Fallbeispiele, Good Practice

Seelmann-Holzmann, H. (2010) Cultural Intelligence; Wiesbaden

Seidenbiedel, G. (2008) Internationales Management; Stuttgart

Simon, H. (2007) Hidden Champions des 21. Jahrhunderts. Die Erfolgsstrategien unbekannter Weltmarktführer; Frankfurt a.M./New York

Söderberg, A.-M. / Holden, N. (2002) Rethinking Cross Cultural Management in a Globalizing Business World; in: International Journal of Cross Cultural Management 2/2002

Söllner, A. (2008) Einführung in das Internationale Management; Wiesbaden

Spencer-Oatey, H. (ed.) (1999) Culturally speaking – Managing rapport through talk across cultures; London

Stahl, G. / Björkmann, I. (Hrsg.) (2006) Handbook of Research in International Human Resource Management; Cheltenham (UK)

Stender-Monhemius, K. (2006) Schlüsselqualifikationen; München

Stevenson, D. (2008) Die Storytheater-Methode; Offenbach

Stuber, M. (2009) Diversity. Das Potenzial-Prinzip, 2. Aufl.; Köln

Stumpf, S. et al. (2003) Assessment-Center als Instrument zur Förderung der Handlungskompetenz von Fach- und Führungskräften in der internationalen Jugendarbeit; in: Internationaler Jugendaustausch- und Besucherdienst der Bundesrepublik Deutschland (IJAB) e.V. (Hrsg.) Forum Jugendarbeit International; Münster, S. 70–91

Thiel, A. et al. (2007) Europa und seine Fremden: Migration, Integration und die Gestaltung kultureller Vielfalt; in: Johler, R. et al. (Hrsg.) Europa und seine Fremden; Tübingen, S. 13–26

Thomas, A. (1993) Psychologie interkulturellen Lernens und Handelns; in: Thomas, A. (Hrsg.) Kulturvergleichende Psychologie; Göttingen

Thomas, A. (1996) Psychologie interkulturellen Handelns; Göttingen

Thomas, A. (2003) Interkulturelle Kompetenz – Grundlagen, Probleme und Konzepte; in: Erwägen Wissen Ethik 14/1; S. 137–150

Trompenaars, F. / Woolliams, P. (2004) Business Weltweit. Der Weg zum interkulturellem Management; Hamburg

Ulrich, H. (1984) Management; Bern

Ulrich, P. / Fluri, E. (1992) Management; Bern

UNCTAD World Investment Report, diverse Jahrgänge

Unruh, G. / Cabrera, Á. (2013) Im Klub der Weltbürger. In: Harvard Business Manager. Juli 2013, S. 92–97

Vedder, G. (Hrsg.) (2004) Diversity Management und Interkulturalität; München/Mering

vom Brocke, J. (2010) Business Process Management (BPM); in: WISU Heft 4/2010, S. 502-507

Wächter, H. et al. (2003) Personelle Vielfalt in Organisationen; München/Mering

Wächter, H. et al. (2004) Anwendungsfelder des Diversity Management; München/Mering

Warneken, B. (2006) Einleitung; in. ders. (Hrsg.) Dazu gehören zwei: Über Sozialbeziehungen zwischen Deutschlandtürken und Deutschen; Tübingen, S. 8–23

Welge, M. / Holtbrügge, D. (2006) Internationales Management, 4. Aufl.; Stuttgart

Welsch, W. (1999) Transculturality – the Puzzling Form of Cultures Today; in: Featherstone, M. / Lash, S. (eds.) Spaces of Culture: City, Nation, World; London, pp 194–213

Wieder, R. (2009): Strategisches Kommunikationsmanagement für interkulturelle Projekte; in: Koch, E. / Speiser, S. (Hrsg.) Interkulturelle Projekte – Angewandte Interkulturalität; München/ Mering, S. 143–158

Wood, J.D. (1998) Nicht nur Kultur; in: IMD et al. (Hrsg.) Das MBA-Buch: Mastering Management; Stuttgart, S. 484–490

World Bank (2010) World Development Indicators, September 2010

World Bank: World Development Report (versch. Jahrgänge), Washington D.C.

WTO (2010) International Trade Statistics; Geneva

Nicht veröffentlichte **Masterarbeiten** im Masterstudiengang „Interkulturelle Kommunikation und Kooperation" an der Hochschule München

Diwald, S. (2014) Die Anwendbarkeit des Kommunikationsstils Süd in interdisziplinär zusammengesetzten Teams – Erkenntnisse aus der Befragung von zwei interdisziplinär zusammengesetzten Startup-Teams

Hergeth, S. (2012) Virtuelle Personalführung in einem globalisierten Umfeld – Analyse und Schlussfolgerungen.

Kilpert, J. (2008) Interkulturelles Management in internationalen Unternehmen. Eine Untersuchung zur Praxis interkulturellen Managements in Unternehmen der Elektrobranche im Großraum München.

Klosi, E. (2013) Die Anwendung des Kommunikationsstils Süd in der Praxis. Erkenntnisse aus der Untersuchung des Kommunikationsverhaltens eines multikulturellen Teams in einem Transnationalen Unternehmen.

Miedaner, G. (2011) Interkulturelle Aspekte im Management von „Hidden Champions" – eine empirische Untersuchung zu interkulturellen Einflussfaktoren in ausgewählten Managementfeldern bei mittelständischen Weltmarktführern.

Mitova, P. (2015) Anwendung und Evaluierung des Kommunikationsstil Süd in Projekten der Entwicklungszusammenarbeit.

Schmidt, B. (2015) Messbarkeit des Mehrwerts von interkultureller Kompetenz auf Unternehmensebene: Grundansätze und Indikatoren.

Wagner, L. (2012) Interkultureller Wissenstransfer und Lernstile. Chinesische Flugbegleiter in ihrer Ausbildung bei der Deutschen Lufthansa. Eine empirische Untersuchung ihres Lernverhaltens anhand von zwei Stildimensionen.

Nicht veröffentlichte **Berichte** über die Durchführung von **Interkulturellen Praxisprojekten** im Rahmen des Masterstudiengangs „Interkulturelle Kommunikation und Kooperation" an der Hochschule München

Konstantin, S., Petho, M.; Solovey, O.; Vogel, P. (2012) Communication Style South. Evaluation in a multicultural group of „BSH Hausgeräte GmbH"

Lindemann, A, Bomert, V., Diwald, S., Mikhnova, E. (2013) Analyse der Anwendbarkeit des Kommunikationsstil Süd bei dem transnationalen Unternehmen „Atos“

v. Sarnowski, M. (2015) Feldforschungsprojekt zur praktischen Anwendung des KSS/BKS in der multikulturellen Erwachsenenbildung.

Wisbauer, B; Bustamante, V.; Hergeth, S.; Hodzic, E.; Wagner, L. (2010) Überprüfung der Anwendbarkeit des Kommunikationsstils Süd bei „exilio“

Zusätzliche Internetquellen

http://50.30.47.15/Ebook/Anthropology_Linguistics/Goodenough_Ward_H_1964.pdf

http://geerthofstede.nl/dimensions-of-national-cultures

http://knoema.de/mhrzolg/gdp-statistics-from-the-world-bank#World

http://siteresources.worldbank.org/INTPROSPECTS/Resources/334934128899076074 5/ MigrationandDevelopmentBrief24.pdf;

http://transkulturelles-portal.com/index.php?view=article&catid=83%3A812&id= 95%3Averbale-nonverbale-paraverbale-kommunikation&format=pdf&option= com_content&Itemid=152

http://UN_MigrantStock_2013T1-1.xls)

www.aseminfoboard.org

www.bsh-group.de

www.culturaldetective. com

www.culturalnavigator.com

www.siemens.com

www.the-linde-group.com

www.volkswagenag.com

www.worldvaluessurvey.org/

www.worldvaluessurvey.org/wvs/ articles/folder_published/article_base_54

Index